作物栽培技术

◎孟彦　陈鑫伟　李新国　主编

中国农业科学技术出版社

图书在版编目（CIP）数据

作物栽培技术 / 孟彦，陈鑫伟，李新国主编．—北京：中国农业科学技术出版社，2018. 2（2023.4 重印）
ISBN 978-7-5116-3513-6

Ⅰ. ①作…　Ⅱ. ①孟…②陈…③李…　Ⅲ. ①作物-栽培技术　Ⅳ. ①S31

中国版本图书馆 CIP 数据核字（2018）第 030584 号

责任编辑　姚　欢
责任校对　马广洋

出 版 者　中国农业科学技术出版社
北京市中关村南大街 12 号　邮编：100081
电　　话　(010)82109702(发行部)　(010)82106636(编辑室)
(010)82109703(读者服务部)
传　　真　(010) 82106631
网　　址　http://www.castp.cn
经 销 者　各地新华书店
印 刷 者　北京中科印刷有限公司
开　　本　787 mm×1 092 mm　1/16
印　　张　15. 25
字　　数　400 千字
版　　次　2018 年 2 月第 1 版　2023 年 4 月第 2 次印刷
定　　价　52. 00 元

《作物栽培技术》

编 委 会

主　　编：孟　彦　陈鑫伟　李新国

副 主 编：许志学　孙喜云　闫向前　闫延梅

张　艳　尚　赏　李媛媛　王中玉

张　杰　朱晓玉　赵　玉　王卫华

李金宇　管玉芝　娄本东　张春辉

编　　委：（按姓氏笔画排序）

丁　芳　王爱梅　付翠丽　刘　建

汤其宁　许殿民　孙德富　李兰真

李春峰　何　鑫　陈敏菊　周　帅

赵晓昉　姜曙光　郭书亚　霍建中

前　言

党的十九大报告强调："确保国家粮食安全，把中国人的饭碗牢牢端在自己手中"。报告还明确提出要实施乡村振兴战略，实施食品安全战略，让人民吃得放心。粮食是座桥，一头连着农田，一头连着餐桌。党的十八大以来，我国粮食连年丰收，同时城乡居民对粮食的消费需求也在不断升级。过去是"发愁吃不饱"，如今"就想吃得好"。我们要牢固树立粮食安全观，全面落实国家粮食安全战略，切实保障国家粮食安全。必须实施以我为主、立足国内、确保产能、适度进口、科技支撑的国家粮食安全战略。要依靠自己保口粮，集中国内资源保重点，做到谷物基本自给、口粮绝对安全。更加注重农产品质量和食品安全，转变农业发展方式，抓好粮食安全保障能力建设。继续在创新发展、转型升级和提质增效等方面下工夫，才能健全粮食安全保障体系，为推进农业供给侧结构性改革筑牢产业基础。十九大报告还指出：发展是解决我国一切问题的基础和关键，发展必须是科学发展，必须坚定不移贯彻创新、协调、绿色、开放、共享的发展理念。

习近平总书记在党的十九大报告中，17 次提到"科技"，特别是在"加快建设创新型国家"部分，短短 300 多字提到了 9 次"科技"，还提到了 5 次"技术"，彰显了科技的重要作用。他提出了"创新是引领发展的第一动力，是建设现代化经济体系的战略支撑"和"科技是核心战斗力"等划时代论断。创新驱动实质上是人才驱动，科技是第一生产力、人才是第一资源。人才强、科技强，才能带动产业强、经济强、国家强。报告明确要求，培养造就一大批具有国际水平的战略科技人才、科技领军人才、青年科技人才和高水平创新团队。在此背景下编辑出版《作物栽培技术》一书很有必要，利用现代的农业栽培技术提升整体栽培水平，培养一大批懂农业，爱农民，爱农村的专业技能人才。为国家粮食安全，乡村振兴，农业发展，农村繁荣，食品安全，以达到让农业更绿，让农村更美，让农民更富做出应有的贡献。

本书简要介绍了作物栽培的基础知识，主要介绍了大田常见栽培作物：小麦、玉米、高粱、甘薯、花生、大豆、向日葵、芝麻、棉花、甘蔗、谷子等，以及优良种质资源在栽培中的应用。

在本书编写过程中，参考了本专业的相关科技文献，并得到了国内有关科研院校和同仁的大力支持，谨在此一并表示感谢！由于编者水平有限，疏漏和欠妥之处在所难免，恳请读者批评指正！

编　者

2017 年 12 月

目　录

第一章 绪 论

第一节 作物栽培的任务

一、作物栽培的概念

作物栽培是研究作物生长发育、产量和品质形成规律及其与环境条件的关系，以求探索通过栽培管理、生长调控和优化决策等途径，来实现作物优质、高产、高效，可持续发展的理论、方法与技术的总称。

栽培作物的生产过程，概括起来主要包括3个方面，即作物、环境和技术措施。作物栽培技术不仅要研究作物个体的生长发育和器官形成规律，而且要研究作物群体的结构和发展变化规律，探讨如何协调群体与个体的矛盾。作物与外界环境条件之间的关系也是作物栽培技术必须研究的内容。在作物栽培过程中必须树立生态平衡的意识，兼顾生产力增长、资源高效利用和环境安全，实现农业生产系统的可持续发展。

二、作物栽培的任务

作物栽培的内容很广，且综合性强，又密切联系生产实际，就其主要任务归纳如下。

(一) 为保障国家粮食安全，提供科技支撑

一个国家唯有立足粮食基本自给，才能掌握粮食安全的主动权，才能保障国运民生。党中央国务院提出，要将中国人的饭碗牢牢端在自己手中，碗中要盛中国粮。这是由粮食的极端重要性决定的。粮食是一种特殊的产品，不仅具有食物属性，还同时具有政治、经济、能源、人权等多重属性。只有坚持立足国内实现粮食基本自给，才能做到“手中有粮，心中不慌”。同时，也是由我国作为人口大国的特殊国情决定的。我国是世界上最大的粮食消费国，每年消费量要占到世界粮食消费总量的1/5，占世界粮食贸易量的两倍多。如果我国出现较大的粮食供求缺口，不仅国际市场难以承受，也会给低收入国家的粮食安全带来不利影响。也是由我国农业发展水平决定的。目前，我国小麦和水稻单产水平与世界前10位国家相比，仅为它们平均水平的60%左右。从国内看，粮食增产潜力巨大，如果过度进口粮食，必然会冲击国内粮食生产，不利于农业发展和农民增收。因此，这也是由国际粮食市场的不确定性决定的。当前，除了受一般供求规律的左右，其他各种因素对粮食生产的影响也越来越明显，包括美元贬值、气候因素以及自然灾害导致的粮食供给不足，生物

燃料和消费结构变化导致的粮食需求旺盛，以及部分国家出口禁令、国际投机资本在期货市场上的炒作等。据测算，近10年来全球谷物消费需求年均增长1.1%，而产量年均仅增长0.5%，难以满足消费需求的持续增加。

稳定粮食播种面积，作物栽培具有不可替代的作用，提高单产水平，是提高我国粮食综合生产能力的主要路径。这就需要充分发挥科技对粮食增产的支撑作用，借助良种、良肥、良法综合配套，利用自然条件和各种技术手段，探索现代农业发展新机制。

（二）为保障全民食品安全，提供技术保障

粮食作物、油料作物和经济作物是最原始的食品和食品加工原料。当前，环境污染、土壤污染、化肥污染、农药污染、农膜污染、除草剂污染等严重影响和制约着食品安全。食品安全是指能够有效地提供全体居民以数量充足、结构合理、质量达标的包括粮食在内的各种食物。食品安全还包含“要有充足的粮食储备”。粮食的最低安全系数是储备量至少应占需要量的17%~18%。食品安全不仅是管出来的，也是种出来的，这就需要借助现代的作物栽培技术，从源头上治理和预防食品的各种不安全因素，以生产出优质高效的符合人们需求的多元化食品。

（三）为增加供给的多样性，改善作物品质的必然选择

随着我国建成小康社会目标的实现，人民生活水平的日益提高，国人不但要吃得饱，还要吃得好。这就要求作物栽培技术拓宽研究领域，需要研究的作物种类更加丰富多样，由“粮食作物-经济作物”二元结构，向“粮食作物-经济作物-饲料作物”三元结构甚至多元化发展，为改善我国人民的食物构成提供物质基础。按照不同的生产目标和需求标准，人均粮食300千克只能算温饱的低限水平，400千克可算是温饱有余的水平，只有500千克以上才能算是充足富裕的水平，才有足够的粮食来增加畜产品食物的比例。在以前单独的追求产量，已不能适应社会发展的需要，目前，必须达到优质，才能满足市场的需求，质量标准不断出现，对各种作物品质的要求更加严格和迫切，家庭农场、承包大户、农业合作社的兴起，一些专业化生产正在形成，有机食品、绿色食品、无公害生产日趋得到全社会的普遍认可，因此，必须借助作物栽培技术改善作物品质，这也将是未来农业的发展方向。

（四）为实现农业可持续发展，提高作物生产效益的基础性措施

土地是不再生资源，在坚持18亿亩（1亩≈667平方米。下同）耕地红线的前提下，必须依靠科技的支撑作用，来提升农业的总体发展水平。可持续农业包含两层含义：一是发展生产满足当代人的需要；二是发展生产不以损坏环境为代价，使各种资源得到延续利用。小康不小康，关键看“老乡”。因此，可持续发展的目标是改变农村贫困的落后面貌，逐渐达到农业生产率的稳定增长，提高食物生产数量和质量，保护食物安全，发展农村经济，增加农民收入。只有走可持续发展道路，才能够保护和改善农业生态环境，合理、持续地利用自然资源，最终实现人口、环境与发展的和谐。

增产不增收，已严重地影响着农业发展和农民生产的积极性。调整生产内部结构，实现作物生产效益和农民增收是作物栽培的重要内容之一。

三、作物栽培技术的主要科技成就

（一）作物栽培技术的历史

在我国，作物栽培是一门古老而又富于生命力的科学。春秋战国时期的《吕氏春秋》中，就有农事种植的记载。西汉的《氾胜之书》、后魏的《齐民要术》、南宋的《陈旉农书》、元代的《农桑辑要》及清代的《授时通考》等古农书都是对我国古农业中的精耕细作、用地养地、抗逆栽培、因地制宜和因时制宜等经验的总结，至今仍有指导价值。

新中国成立之前，我国只有《作物学》，内容包括育种、栽培、植病、昆虫、肥料、土壤、气象及贮藏技术，而无独立的《作物栽培技术》。新中国成立后，随着我国农业科技的发展和学科分工的需要，《作物栽培》走向分化，专业的作物栽培技术应运而生。

（二）作物栽培技术的主要科技成就

半个世纪以来，中国作物栽培科研工作取得了重大进展，对我国农业发展做出了突出贡献。主要表现在以下几个方面。

第一，研究与参加编制了各种主要作物的生态适应区划，合理种植制度区划和品质生态区划（与土壤肥料、耕作、气象学等专业协作进行）；充分发挥区域比较优势，加快农业布局调整和优化；提出重点地区的栽培技术改革途径，促进农业大面积平衡增产。

第二，研究了作物高产、稳产、优质、高效的植株个体形态、群体长势与长相，群体结构的动态指标，营养诊断指标，水分生理指标等。有重点地研究了与农业现代化相适应的生产操作机械化、农业技术指标化、栽培措施标准化，逐步形成了规范化的综合栽培技术体系。

第三，研究了作物栽培技术改革的新途径和新方法。如节能、省工、低消耗、高效率的栽培技术新途径；无土栽培、保护地栽培、覆盖栽培等新技术体系；信息技术在作物栽培中的应用等。

第四，研究了提高作物产量和品质的生物学理论基础。如研究作物产量形成过程中产量构成因素与器官建成的关系，器官同伸规律及其调节控制机理；群体结构及其发展动态，农田生态系统与光能利用；作物生长发育（包括产品数量与质量形成过程）对营养、水分的需要和吸收利用规律。作物田间诊断的原理、内容、方法和指标，以及作物生长发育对环境的要求、适宜范围、临界指标和对不良条件的反应等。

第五，揭示作物的生长发育规律及其与环境条件的关系，配套集成了各种作物在主要产区的高产、稳产、优质、高效栽培技术，如“小麦玉米一体化吨粮栽培技术”、“冬小麦精播高产栽培技术”等，为我国作物生产的发展做出了重要贡献。

四、作物栽培技术的发展

（一）作物的“源、流、库”理论及其应用

作物产量的形成，实质上是通过叶片的光合作用进行的，因此，源是指生产和输出

光合同化物的叶片。就作物群体而言，是指群体的叶片面积及其光合能力。从产量形成的角度看，库主要是指产品器官的容积和接纳营养物质的能力。流是指作物植株体内输导系统的发育状况及其运转速率。从源与库的关系看，源是产量库形成和充实的物质基础。源、库器官的功能是相对的，有时同一器官兼有两个因素的双重作用。从源、库与流的关系看，库、源大小与对流方向、速率、数量都有明显的影响，起着“拉力”和“推力”的作用。源、流、库在作物代谢活动和产量形成中构成统一的整体，三者的平衡发展状况决定作物产量的高低。国内外在近代作物栽培生理研究中。特别是在作物产量和品质形成的理论探讨中，常用源、流、库三因素的关系研究与阐明其形成规律，探索实现高产、优质的途径，进而挖掘作物产量的潜力。

（二）作物生长模拟研究及其应用

作物生长模拟是在作物科学中引进系统分析方法和应用计算机后兴起的一个研究领域。它是通过对作物生育和产量的实验数据加以理论概括和数据抽象，找出作物生育动态及其与环境之间关系的动态模型，然后在计算机上模拟作物在给定的环境下整个生育期的生长状况，确定因地制宜、因苗管理的应变决策，提出分类指导的最佳方案，提高现代化管理水平。

（三）作物智能栽培技术

作物智能栽培使作物栽培技术的研究工作从定性理解向定量分析、概念模式向模拟模型、专家经验向优化决策转化。作物智能栽培首先必须依赖于作物模拟模型及智能决策支持系统来实现对作物生产系统的动态预测和管理决策，提高生物技术的定量化、规范化和集成化程度。作物智能栽培的理论基础广泛，涉及计算机技术、信息科学、系统科学、管理科学、生态学、土壤学、作物科学等多个学科领域，但其主要学术思想是将系统动力学、知识工程和智能管理的方法和技术创造性地应用于作物生产系统，对不同环境下的作物生产状况做出实时预测，并提供优化管理决策，实现作物生产的优质、高产、高效、持续发展。作物智能栽培的应用系统既可用于生产单位和技术指导部门，又可作为主管农业领导的管理办公系统。

（四）多学科相融合的现代栽培技术研究

从合理利用资源，获得优质、高产、高效、保护环境、可持续发展等多方面考虑，现代作物栽培技术的研究需要多学科交叉与融合，研究的对象从只注重单一作物的研究拓展到两作、多作的复合群体，乃至有关的连作、轮作等理论与技术；研究目标从单纯追求产量，发展到着眼于高产、优质、高效，要注重产品品质，讲求市场效益，掌握商品信息，关心经营管理；研究领域从单纯研究作物在农田的生产系统，延伸到产前（种子）和产后（农产品加工）相联系，农业生产与农业机械化相联系；研究途径从重视作物内在的栽培生理微观机理的研究，拓展到同时注重作物生产的生态环境、栽培环境、高效利用与节约自然资源，以及社会生产过程的宏观环境的研究，扩大视野与边界；研究手段和方法，从单纯研究某一生育阶段或生产技术的田间试验，发展到运用高新技术研究作物栽培的生物学机制，丰富作物栽培学科的理论基础。

（五）生物高新技术的研究将进一步促进作物栽培技术的发展

作物产量和品质潜力是由作物自身的遗传特性和生理生化过程等内在因素所决定

的，而产量和品质潜力的实现，则取决于环境因子和栽培条件与作物的协调统一。作物栽培的任务，说到底是改善环境、创造条件，使作物的遗传潜力得以充分表达。

当前，人们已经认识到，产量和品质潜力不但涉及作物形态、解剖、生理，而且与作物的基因、酶等有着密切的关系。在生理学水平上，改变光合色素的组成和数量，改造叶片的吸光特性，改良二氧化碳固定酶，提高酶活性及对二氧化碳的亲和力，均有助于提高光合效率。

第二节　作物的分类

作物是指野生植物经过人类不断的选择、驯化、利用、演化而来的具有经济价值的栽培植物。广义的作物概念是指粮食、棉花、油料、糖料、麻类、烟草、茶叶、桑树、果树、蔬菜、药材、花卉等。狭义的作物概念主要指农田大面积栽培的农作物，一般称大田作物，俗称庄稼。由于作物的种类很多，人们为了便于比较、利用和研究。因此，需要进行分类，一般常按用途和植物学特征把农作物分成四大种九大类。

一、粮食作物

在生产中常见的粮食作物主要包括以下 3 类作物。

（一）谷类作物

主要作物有小麦、大麦、黑麦、燕麦、水稻、玉米、谷子、高粱、黍、龙爪稷、蜡烛稗、薏苡等。

（二）薯类作物

常见的有甘薯、马铃薯、山药、芋头、菊芋等。

（三）豆类作物

常见的有大豆、蚕豆、豌豆、绿豆、小豆、豇豆、菜豆、小扁豆等。

二、经济作物

经济作物又称技术作物、工业原料作物。指具有某种特定经济用途的农作物。广义的经济作物还包括蔬菜、瓜果、花卉、果品等园艺作物。主要包括以下 5 类作物。

（一）纤维植物

常见的有棉花、大麻、黄麻等。

（二）油料作物

常见的有花生、芝麻、油菜、向日葵、蓖麻等。

（三）糖料作物

常见的有甘蔗、甜菜、甜叶菊等。

（四）嗜好及香料作物

常见的有烟草、茶叶、薄荷等。

(五) 饮料作物

常见的有茶叶、咖啡、可可等。

三、药用作物

主要有三七、天麻、人参、黄连、枸杞、白术、甘草、半夏、红花、百合、何首乌、五味子、茯苓、灵芝等。

四、饲料绿肥作物

饲料和绿肥作物之间，大多在用途上没有严格的界限，常把其归为一类，通称为饲料绿肥作物。饲料绿肥作物较常见的有紫云英、苕子、草木樨、苜蓿、田菁、紫穗槐、箭舌豌豆、沙打旺、水葫芦、水浮莲、红萍等。

作物种类是重要的农业资源，中国农业历史悠久，作物种类较多。上述分类中所提及的各种农作物在中国都有面积不等的分布，其中，不少作物的生产在世界上处于优势地位。

第三节　作物产量和生产潜力

一、作物产量

所谓作物产量，包括两个概念：一是生物产量，即作物在生育期间积累的干物质总量（一般不包括根系）。另一个是经济产量（即通常所说的产量），是指生物产量中被利用作为主要产品的部分。

作物的经济产量是生物产量的一部分。经济产量占生物产量的比值叫经济系数。作物的经济系数越高，说明该作物对有机质的利用率越高，主产品的比例越大，而副产品的比例越小。不同作物的经济系数有很大差别，如薯类作物为70%~80%，小麦为45%，玉米为30%~40%，大豆为30%左右。同一种作物中也因品种、环境条件及栽培技术的不同，其经济系数也有明显的变化。

二、作物产量构成因素

作物不同，产量（经济产量）构成因素也不同。禾本科作物的产量是由穗数、粒数和粒重3个基本因素构成的，三者的乘积越大产量越高。在相同产量情况下，不同品种、不同条件，构成产量因素的作用可以不一样。有的3个因素同时得到发展，也有仅是其中一个或两个因素较好的。以小麦为例，北部麦区高产田的产量构成因素以穗多为特点；南部高产田的穗数较少，但每穗粒数却较多。因此，不同地区、不同品种，在不同栽培条件下，有着各自不同的最优产量因素组合。

在一定的栽培条件下，产量构成因素之间存在着一定程度的矛盾。单位面积上穗数增加到一定程度后，每穗粒数就会相应减少，粒重也有降低趋势，这是普遍规律。当穗数的增多能弥补并超过粒数、粒重降低的损失时，则表现为增产；当某一因素作用的增大不能弥补另两个因素减少的损失时，就表现为减产。

三、作物增产潜力及提高作物产量的途径

作物所积累的有机物质，是作物利用太阳光能、二氧化碳和水，通过光合作用合成的。因此，通过各种途径和措施，最大限度的利用太阳光能，不断提高光合效率，以形成尽可能多的有机物质，是挖掘作物生产潜力的重要手段。

阳光是作物进行光合作用的巨大能源。据计算，作物可能达到的对阳光的最高利用率为可见光的12%左右。但目前耕地平均全年对太阳光能的利用率只有0.4%，仅是可能最高利用率的1/30。即使已达500千克水平的地块，其光能利用率也只有2%；就是亩产1 000~1 500千克的地块，其光能利用率也不过3%~5%。由此可见，提高作物单位面积产量，还有巨大的潜力。

要达到最大光能利用率，必须具备以下4个条件：一是具有充分利用光能的高光效作物及品种；二是空气中的二氧化碳浓度正常；三是环境条件处于最适状态；四是具有最适于接受和分配阳光的群体。这4个条件可分为改进作物因素和改善环境因素两个方面。具体应从以下4个方面着手。

（一）培育高光效的农作物品种

要求作物具有高光合能力，低呼吸消耗，叶面积适当，光合机能持续时间较长，株型、叶型、长相都利于群体最大限度的利用光能。

（二）充分利用生长季节，合理安排茬口

采用间作套种、育苗移栽、保护栽培等措施，提高复种指数，使一年中有尽可能多的时间在耕地上有作物生长，特别是在阳光最强烈的季节，使耕地上有较高的绿叶面积，以充分利用光能。

（三）采用合理的栽培措施

合理密植，保证田间有最适宜受光的群体。同时正确运用水、肥等措施，充分满足各生育阶段对环境条件的要求，使适宜的叶面积维持较长时间，促使光合产物的生产、积累和运转。

（四）提高光合效率

如补施二氧化碳肥料，人工补充光照，抑制光呼吸等。

第二章 小 麦

第一节 概 述

一、小麦生产在国民经济中的意义

（一）小麦是重要的粮食作物之一

1940年以来，世界小麦播种面积和总产量均超过水稻而雄居第一位，和水稻、玉米、薯类一起并称为世界四大粮食作物。2005 年，世界小麦收获面积 2.17 亿亩(32.55 亿亩)，总产 62 956.6万吨，单产 2 901.2千克/亩（193.4 千克/亩)。世界上以小麦为主要食粮的人口占世界总人口的 1/3。世界粮食贸易结构中，小麦贸易范围广、参与国家多，是粮食贸易的主体。主要粮食输出国，如美国、加拿大、澳大利亚、德国和法国等主要出口小麦（该五国占世界市场份额平均为 80.2%，但近几年有所下降，其中，美国是世界上小麦出口量最多的国家，占世界小麦出口总量的 35.1%)。在我国，小麦播种面积、单产和总产量仅次于水稻，居第二位，是我国北方人民所广泛食用的主要细粮。2005 年，我国小麦播种面积、单产和总产分别为 3.42 亿亩、285 千克和 974.5 亿千克，比 1949 年的 3.23 亿亩、42.8 千克和 138.1 亿千克分别增加了 5.9%、566%和 606%，年均递增 0.1%、3.4%和 3.6%。以上这说明，小麦生产在粮食作物生产中占有举足轻重的地位。

（二）小麦的营养价值较高

小麦籽粒中富含人类所必需的多种营养物质。碳水化合物含量为 60%~80%，蛋白质含量 8%~18%，脂肪 1.5%~2.0%，矿物质 1.5%~2.0%。此外，籽粒还含有多种维生素。小麦籽粒蛋白质含有人类所必需的各种氨基酸，富含面筋，所以，面粉发酵后可以制作松软、多孔、易于消化和被吸收利用的馒头或面包以及其他各种各样的食品。

（三）小麦全身皆是宝

制粉留下的麦麸是优质的牲畜家禽精饲料。小麦秸秆既可作家畜饲料、建房物资，也可作褥草，又可作编织、造纸原料，还可作燃料、沼气原料或沤制有机肥料。此外，籽粒干物质含量高，水分含量低（一般 13%以下），所以，它易于贮藏、运输和加工。

（四）小麦生产是整个农业生产的基础

1. 在作物种植制度中占有重要地位

小麦可利用冬季低温季节生长发育，这在作物种植制度中具有重要意义。它既可和水稻、旱粮等作物轮作，又可和油菜、豌豆、绿肥等冬作物间、混作，还可和棉花、玉米、花生、辣椒等春作物套作。由于其可和其他多种作物实行轮、间、混、套作，所以，提高了复种指数，增加了粮食作物的年总产量。

2. 适应性广，增产潜力大

小麦具有广泛的遗传基础和大量的形态与生态变异，以及丰富多样的栽培类型和广泛的适应性，对温、光、水、土的要求范围较宽。因此，小麦是世界上分布最广的作物，除南极洲外，其他各大洲均有种植。不论是在山区、丘陵、高原、平原，或旱地、稻土，甚至是低洼盐碱、沙漠等都可种植。然而，当前的小麦产量较低，2005 年世界平均单产约 193 千克。但是，由于小麦类型和品种较多，具有巨大的增产潜力。据有关国家估计，小麦亩产可达 1 333千克（美国）或 1 500千克（中国）。

3. 易取得稳产

小麦在其生育期间，所受的自然灾害相对比棉花、水稻、玉米等作物少，所以，利于取得稳产。小麦一生中可能遭受的灾害有旱、涝、冷冻害、干热风和病虫害等。

4. 适于机械化栽培，提高劳动生产率

在耕作、播种、中耕除草、施肥浇水、收割、脱粒、贮藏、运输与加工等作业中，易于实行机械操作，大大提高劳动生产率。

二、世界小麦生产概况

小麦是世界上最古老的栽培作物之一。在古埃及的石刻中，已有栽培小麦的记载。据考古学家对史前麦穗和谷粒遗迹的研究，早在公元前 15 000~10 000年人类还住在洞穴里的时候，人类就已开始种植小麦（从古埃及金字塔的砖缝中曾发现小麦籽粒）或将野生的小麦当做食物了。栽培小麦起源于中亚（两伊）、西亚（土耳其、叙利亚、巴勒斯坦、格鲁吉亚等）。

世界小麦分布极广，从极圈至赤道，从低地至高原，均有小麦栽培，但尤其喜冷凉和湿润气候，主要分布在北纬 67°（挪威和芬兰）和南纬 45°（阿根廷）之间，尤以北半球最多。主要产区为欧亚大陆和北美，种植面积约占世界小麦总面积的 90%。世界小麦栽培面积中，春：冬麦比例约为 1：4。前苏联、加拿大、美国春小麦栽培面积约占世界春小麦总面积的 90%。

（一）世界小麦基本生产形势

1. 面积

2005 年世界小麦种植面积为 2. 17 亿亩（32. 55 亿亩），比 1961 年的 2. 042 亿亩（30. 6 亿亩）仅增长了 6. 3%，年均递增率为 0. 1%。实际上，1970 年以来，世界小麦种植面积逐年减少。

种植面积较大的国家主要是（2005 年）：印度 2 650万亩（3. 98 亿亩）、俄罗斯 2 304. 5万亩（3. 46 亿亩）、中国 2 295万亩（3. 44 亿亩）、美国 2 028. 3万亩（3. 04 亿亩）、澳大利亚 1 262. 5万亩（1. 89 亿亩）。该五国的种植面积是占世界种植总面积的 48. 6%。

2. 单产

世界小麦单产水平在二次大战以后保持持续增长的势头。1961 年世界小麦单产为 1 088. 9千克/亩（72. 6 千克/亩），2005 年增长到 2 901. 2千克/亩（193. 4 千克/亩），增长了1.7倍，年均递增率为2.3%。从不同国家来看，在经历了1961~1971年间的黄金时期之后，各国小麦单产增长开始减缓，1990年末至今发展较慢。

单产最高的国家为（2005年）：荷兰8 719.6千克/亩（581.3千克/亩）、比利时8 273.3千克/亩（551.6千克/亩）、英国7 959.9千克/亩（530.7千克/亩）、德国7 464.7千克/亩（497.6千克/亩）、法国6 983.5千克/亩（465.6千克/亩）。该五国小麦单产是世界平均单产的2.4~3.0倍。

3. 总产

2005年世界小麦产量为62 956.6万吨（6 295.66亿千克），比1961年的22 235.7万吨（2 223.57亿千克）净增1.8倍，年均递增2.4%。从不同时期小麦生产的变化总趋势看，虽然各国存在着较大差异，但其发展速度的高峰期一般都集中在20世纪60年代，1961~1971年这11年中世界小麦年均增长速度为4.6%。

总产较高的国家是（2005年）：中国9 700万吨、印度7 200万吨、美国5 728万吨、俄罗斯4 760.8万吨、法国3 687.8万吨。该五国占世界小麦总产的49.4%。

（二）世界小麦高产的主要原因

1. 选用良种

采用高产、抗病、耐肥、抗倒伏品种，实行小麦良种化是提高单产的普遍措施，如美国、法国等。

2. 自然条件优越

温度光照较适宜，降水充足、分布均匀和季节分配合理，小麦生育期长。

3. 畜牧业发达，土地肥沃

施肥足，土地用养结合好，土壤肥力高。据东南亚一些国家的生产实践，施1千克纯氮可增产小麦5~10千克。美国等国家利用绿肥作物和豆科轮作来改良土壤，对小麦持续增产也起到了很大作用。

4. 扩大灌溉面积

灌溉条件比较优越；灌溉对小麦单产的平均增产幅度，西班牙为100%，罗马尼亚65%，印度50%~65%，土耳其36%。

5. 机械化程度高

采用了综合性的高产栽培技术。

世界小麦在20世纪50年代总产量的增加，主要靠扩大种植面积；60年代以后，主要依靠增加单产。目前，稳定面积、提高单产、改善品质、提高效益是世界小麦生产发展的趋势。近50年来，由于垦荒增加了世界小麦面积，也引发了水土流失、沙漠化等环境恶化，所以，各国小麦面积趋于稳定。当今世界仍有数亿多人缺粮，几乎全分布在发展中国家，特别是非洲国家。所以，提高单产，保持世界粮食的供求平衡，仍是世界小麦生产发展的趋势。而改善品质，提高效益是发达国家小麦生产中一贯重视的策略。

（三）提高单产，主要从以下几个方面着手

第一，培育和选用高产、稳产、早熟、优质、耐肥水、抗逆性强的优良品种。品种是增产内因，只有不断更新品种，才能持续获取高产。

第二，扩大灌溉面积，并采用先进的灌水方法。从地面沟、畦灌溉，逐步走向喷灌，今后发展方向是地下管道灌溉。

第三，改进化肥品种，培肥地力。使用配方肥料或复合肥料，提倡秸秆还田或种植豆科牧草以培肥地力。

第四，田间作业自动化。田间管理从过去的传统化（人工化）发展到现在的机械化，再到将来的完全自动化，从而提高劳动生产率和经济效益。

三、中国小麦生产概况及种植区划

（一）我国小麦栽培历史悠久

小麦原产中亚、西亚，传入我国有两条途径：一是经土耳其到新疆、内蒙古，继而传入内地；二是通过印度，经云、贵、川传播到全国各地。据考古研究证明，我国是世界上小麦栽培最古老的国家之一。1953 年，考古学家在河南陕县东关庙底沟原始社会遗址的红烧土上发现有麦类的印痕，这说明早在 7000 多年前，我们的祖先已开始种植麦类作物。另据史料记载，河南安阳殷墟甲骨文中有“來”、“麥”等字样，说明 3000 多年前河南已盛产小麦。

（二）我国小麦种植区划

小麦在我国分布很广，南起海南的热带地区（18°N），北至黑龙江漠河的严寒地带（N53°29′），西自新疆的西界，东到台湾及沿海诸岛屿，均有小麦栽培。但主要分布在 N20°~41°。占全国麦播总面积 80%、总产量 90%的产区是河南、山东、河北、黑龙江、安徽、甘肃、江苏、陕西、四川、山西、湖北、内蒙古等 13 个省、市、自治区，而尤以河南和山东为最。自 1~10 月，全国不同地区月月都有小麦收获。生育期短的 70 天，长的可达 300 多天，西藏有些竟达周年之久。

我国兼种冬、春小麦，但以冬小麦为主。冬小麦主要分布在长城以南、岷山以东地区，并以秦岭和淮河为界，分为南、北两大冬麦区，其中前者占全国麦播面积的 60%，后者占 30%。但近些年来，随着栽培制度的改革，冬麦区有所扩展。春小麦主要分布在长城以北、岷山以西。但由于各地气候特点和种植制度的要求，春麦区中有的地方亦兼种冬小麦。此外，冬麦区中也种有春麦，如长江中下游地区等。

我国小麦种植区划的依据主要有 3 个方面，即地理地域（气候区域）、品种特性（冬春性、籽粒特性等）、栽培环境（平原、丘陵、雨养、灌溉条件等）。小麦种植区域的划分，是根据环境、耕作制度、品种、栽培特点等对小麦生长发育的综合影响而进行的，也是最直接服务于生产决策的综合区划。《中国小麦学》（1996）将我国小麦种植区域划分为 3 个主区，10 个亚区。

1. 春麦区

（1）东北春麦区　包括黑龙江、吉林两省全部，辽宁省除南部大连、营口两市和锦州市个别县以外的大部，内蒙古东北部的呼伦贝尔、兴安和哲里木 3 个盟以及赤峰市。本区的黑龙江北部、东部和内蒙古大兴安岭地区，适于发展红粒强筋或中筋小麦。

（2）北部春麦区　本区地处大兴安岭以西，长城以北，西至内蒙古的伊克昭盟和巴彦淖尔盟。本区适于发展红粒中筋小麦。

(3) 西北春麦区　全区以甘肃及宁夏为主体，并包括内蒙古及青海的部分地区。本区甘肃河西走廊适于发展白粒强筋小麦，其他地区适于发展中筋小麦。

2. 冬麦区

(1) 北部冬麦区　东起辽东半岛南部，沿长城及燕山南麓进入河北省，向西跨越太行山经黄土高原的山西省中部与东南部及陕西省北部，向西迄甘肃省陇东地区，以及京、津两市，形成东西向的狭长地带。本区土壤肥沃的麦田适于发展强筋小麦。

(2) 黄淮冬麦区　包括山东省全部，河南省除信阳地区以外全部，河北省中、南部，江苏及安徽两省的淮河以北地区，陕西关中平原及山西省南部，甘肃省天水市全部和平凉及定西地区部分县。本区气候适宜，生态条件最适宜于小麦生长，面积和总产在各麦区中均居第一，而且历年产量比较稳定。地处暖温带，最冷月平均气温-4.6~0.7℃，绝对最低气温-27.0~13℃，年降水520~980毫米，小麦生育期降水280毫米左右，年际间时有旱害发生，小麦灌浆期高温低湿，常形成不同程度干热风为害。种植品种多为冬性或半冬性，种植制度为一年两熟，或二年三熟。本区应培肥地力，改良土壤，推广节水栽培技术，扩大灌溉面积，促进均衡增产；建立优质强筋小麦生产基地，发展优质专用小麦生产。黄淮北部土层深厚、土壤肥沃的地区适于发展强筋小麦，其他地区适于发展中筋小麦。黄淮南部以发展中筋小麦为主，肥力较强的土壤可发展强筋小麦。

(3) 长江中、下游冬麦区　包括浙江、江西及上海全部，河南省信阳地区以及江苏、安徽、湖北、湖南各省的部分地区。本区大部分地区适宜发展中筋小麦，沿江及沿海砂土地区可发展弱筋小麦。

(4) 西南冬麦区　包括贵州全省，四川、云南大部，陕西南部以及湖北、湖南西部。本区大部分地区适于发展中筋小麦，部分地区可发展弱筋小麦。

(5) 华南冬麦区　包括福建、广东、广西、台湾、海南省（自治区）全部及云南南部的德宏、西双版纳、红河等州或部分县。

3. 冬春麦兼播区

(1) 新疆冬春麦区　包括北疆和南疆。本区肥力较高的土壤适于发展强筋白粒小麦，其他地区可发展中筋白粒小麦。

(2) 青藏春冬麦区　包括西藏自治区全部，青海、四川、甘肃、云南省的部分地区。本区适于发展红粒中筋小麦。

(三) 我国小麦生产发展概况

1. 生产基本情况

小麦在我国的种植面积和总产仅次于水稻居第二位。新中国成立以来，小麦面积有所扩大，单产和总产持续增长。1949年种植面积3.2亿亩、单产42.8千克、总产138.1亿千克，2005年，种植面积、单产和总产分别为3.44亿亩、281.8千克、970亿千克，2005年种植面积、单产和总产比1949年分别增加了6.5%、558%和602.4%。我国小麦单产提高的主要原因是品种改良，灌溉面积扩大，肥料投入增加，农业机械化的发展，小麦生产技术的改进。

2. 生产发展特点

我国小麦生产发展有以下四大特点。

（1）发展速度不平衡　总的说来，新中国成立以来，小麦生产是迅速向前发展的。1949年，小麦播种面积3.2亿亩，平均单产42.8千克，总产138.1亿千克。

1975年，种植面积、总产和单产分别为3.8亿亩，93.4千克，354.0亿千克，比1949年分别年均递增0.7%、3%和3.7%。

1984年播种面积4.42亿亩，平均单产194.5千克，总产860亿千克，曾创当时的最好年景纪录，面积、单产和总产分别比1975年年均递增1.7%、8.5%、10.37%。

1997年是中国小麦总产历史最高的年份，种植面积、单产和总产分别为4.51亿亩，273.5千克/亩，1 232.9亿千克，分别年均递增0.2%，2.7%和2.8%。

1998年以后，种植面积逐渐减少，单产有所增加，总产降低。2005年种植面积、单产和总产分别为3.42亿亩、285千克和974.5亿千克，与1997年相比，分别年均递增-3.5%，0.4%和-0.1%。截止到目前，小麦生产的这一严峻形势仍没有改观。

（2）种植区域扩大，新区不断产生　20世纪80年代初期，我国小麦种植区域不断扩大，产生了很多新区：新疆北部和青藏高原成为新兴的冬、春麦区；原以种杂粮为主的长城内外地区小麦面积迅速发展；黑龙江大面积开荒，也扩大了小麦种植面积。但近些年来，全国小麦播种面积基本上稳定。

（3）高产典型不断涌现　随着农田基本建设的不断发展和科学种田水平的不断提高，全国有不少地区涌现出了大面积丰产田和高产典型。2006年河南省温县9个点次15亩连片亩产超650千克，2011年河南省睢县创造了最高亩产783.1千克超高产纪录。2014年6月河南省农业厅组织专家在焦作市修武县郇封镇小位村设立的“周麦27号”百亩高产示范方进行现场实打验收，平均亩产821.7公斤，创造了国内冬小麦单产最高纪录。

（4）发展不平衡　由于我国幅员辽阔，各地自然条件、生产条件等差异较大，因此，小麦生产发展很不平衡，全国平均单产只有200千克左右，这与世界上高产国家相比几乎相差1倍。因此，各地应根据其实际条件，充分挖掘生产潜力，促使小麦均衡增产。

3. 存在问题及发展方向

一是各地自然条件和生产条件相差很大，不同地区产量水平不平衡。

二是优质专用小麦品种少，栽培技术不配套，产业化经营能力低。

三是小麦生产规模小，成本高，生产效益低。

经过新中国成立以来50年的发展，我国小麦生产已经进入由中产向中高产迈进的新阶段。根据国民经济发展和人民生活水平提高对小麦的需求，我国小麦生产发展的方向是稳定面积，提高单产，改善品质，增加总产，提高效益。在发展优质专用小麦的生产中，既要重视品种选育，又要重视优质专用小麦栽培技术研究，以使品种优质的遗传潜力充分发挥。要强调高产、优质与高效并重，改变不计成本，不讲经济效益，单纯追求高产指标的做法，研究精确适度简化高效栽培技术，降低小麦成本，防止环境污染，提高生产效益，并保持农业可持续发展。

四、河南省小麦生产概况与生态类型区的划分

（一）河南小麦栽培简史

地处黄河流域的河南省是我国文化的发祥地和小麦栽培的重要策源地。据考古学研究，河南种植小麦的历史至少已有3 000年。陕县原始社会遗址和安阳殷墟中的遗物，就充分证明了在很久以前河南已生产小麦。1956年，在洛阳发掘出了战国时期的石磨，说明早在2 000多年前，河南人民已开始了对小麦籽粒的加工利用。

（二）河南省小麦生态类型区的划分

根据全省各地气候条件、地形地貌、生产条件、品种的生态类型，以及小麦生育特点等，可把河南省小麦划分为10个生态类型区。

1. 豫东北低洼盐碱生态类型麦区

包括商丘、开封、濮阳、新乡等市（地）、县。常年麦播面积440万亩，占全省麦播面积的6%。该区地势较低，地下水埋深较浅，土壤含盐较多。小麦不易形成壮苗，长势弱，产量低。

2. 豫东北风沙干旱生态类型麦区

包括濮阳、安阳、开封等沿黄市、县。常年麦播面积约540万亩，占全省麦播面积的7%。该区降水较少，风沙较大，土质粗，漏肥漏水严重，致使小麦发苗慢，成穗率低，易早衰，产量低。

3. 沿河平原灌溉生态类型麦区

包括安阳、新乡、许昌、洛阳和南阳等市（地）、县的沿河两岸的冲积平原地带。常年麦播面积为1 100万亩，占全省麦播面积的16%左右。该区长期施用氮素化肥较多，土壤养分结构失调，时有倒伏、贪青等现象发生，粒重变幅大，产量高但不稳定。

4. 沿河平原灌溉稻茬生态类型麦区

包括开封、郑州、新乡等市的沿黄稻麦两熟区。常年麦播面积约85万亩，占全省小麦播种面积的1.2%。该区常因土壤湿度大或播前降雨，腾茬晚，整地粗放等，延误小麦适宜播期，冬前麦苗生长缓慢，分蘖少。

5. 东部平原潮土生态类型麦区

包括开封、许昌、商丘、周口等市、县。常年麦播面积为1 700万亩，占全省麦播面积的24%。该区复种指数较高，耕作粗放，土壤有机质含量较低，且缺磷少氮，致使小麦长势较弱，分蘖少，总穗数不足。

6. 豫中南、西南砂姜黑土生态类型麦区

包括周口、驻马店、南阳、许昌等市、县的一部分或全部。常年麦播面积约1 300万亩，占全省麦播面积的18%左右。该区土壤有机质含量低、土质黏重、耕性差，小麦生育后期多雨，光照不足，致使整地困难，播种质量差，幼苗发育慢，中后期病害严重，产量较低。

7. 豫南多湿稻茬生态类型麦区

包括信阳地区及桐柏、唐河县的稻麦两熟区。常年麦播面积420万亩，占全省麦播面积的6%左右。该区土壤质地黏重，湿度大，有机肥不足，普遍缺磷，小麦生育期间

病虫草害严重。小麦播期迟，冬前不易形成壮苗，后期灾害多。

8. 西部丘陵旱作生态类型麦区

包括安阳、新乡、洛阳、三门峡、许昌、平顶山、郑州等市的一些市、县，主要分布在山前丘陵或缓坡地带。常年麦播面积约700万亩，占全省麦播面积的10%左右。该区小麦生育期间的降水量较少，土壤蒸发量大，水土流失严重，土壤瘠薄，耕作粗放。小麦长势弱，分蘖少，成穗数少。

9. 豫西南岗坡丘陵生态类型麦区

包括南阳、驻马店、平顶山等市的一些市、县。常年麦播面积约630万亩，占全省麦播面积的9%左右。该区土壤瘠薄，坡度大，保水性能差，土质黏重，适耕期短，加上耕作粗放等，导致小麦分蘖少，成穗数少，产量低。

10. 西部山地生态类型麦区

包括洛阳和三门峡两市的西南部，南阳地区西北部，安阳、焦作、新乡市西部。常年麦播面积约142万亩，占全省麦播面积的2%左右。该区地势高，气温低，积温少，土层薄，地力差，小麦产量很低。

（三）河南省小麦生产概况

小麦是河南省的最主要的粮食作物，其面积占全省粮食作物总面积的50%左右，产量占全省粮食总产的50%~60%［2006，粮食1.3955亿亩，505.5亿千克，首次突破500亿千克，其中夏粮7 600.4万亩（54.5%），285.5亿千克（56.5%），秋粮6 354.6万亩（45.5%），220亿千克（43.5%）］。1985年以来，小麦常年播种面积7 000多万亩，约为全国同期小麦播种总面积的17.4%；总产从150亿千克增至285亿千克，是全国小麦总产量的20.7%；平均单产波动在220~400千克/亩，比全国平均单产高40~50千克/亩。

河南省小麦生产具有“种植面积大，单产增长快，商品率高，品质较好”等突出特点。但是，当前河南省地区间的不平衡发展、小麦生产抗灾能力差，以及其他一些因素等是导致河南省小麦生产多年徘徊不前的根本原因。而如何迅速打破这一徘徊局面，充分利用河南省的自然与生产条件，挖掘出小麦生产的巨大潜力，是今后一段时期内的主攻方向。

第二节　小麦的生长发育

一、小麦的一生

小麦从种子萌发、出苗、生根、长叶、拔节、孕穗、抽穗、开花、结实，经过一系列生长发育过程，到产生新的种子，叫小麦的一生。

（一）生育期

从播种到成熟需要的天数叫生育期。河南省小麦的生育期一般在230~260天。

（二）生育时期

生产上根据小麦不同阶段的生育特点，为了便于栽培管理，可把小麦的一生划分为12个生育时期，即出苗、三叶、分蘖、越冬、返青、起身、拔节、孕穗、抽穗、开花、灌浆、成熟期。

1. 出苗期

全田50%籽粒第一片真叶露出胚芽鞘长出地面2厘米时。

2. 三叶期

全田50%植株第三片真叶展开。

3. 分蘖期

全田50%植株第一个分蘖伸出叶鞘1.5~2厘米时。

4. 越冬期

日平均气温降到2℃左右，小麦植株基本停止生长的日期。

5. 返青期

第二年春天，随着气温的回升，小麦开始生长，50%植株年后新长出的叶片（多为冬春交接叶）伸出叶鞘1~2厘米，且植株由暗绿变为青绿色。

6. 起身期（生物学拔节）

麦苗由原来匍匐生长开始向上生长，年后第一叶伸长，叶鞘显著伸长，其第一伸长叶的叶耳与年前最后一片叶的叶耳距达1.5厘米，基部第一节间微微伸长。

7. 拔节期（农艺拔节）

小麦的主茎第一节间离地面1.5~2厘米，用手指捏小麦基部易碎且发响。

8. 挑旗期（孕穗）

植株旗叶（最后一片叶）完全伸出（叶耳可见）。

9. 抽穗期

穗子顶端或一侧（不是指芒），由旗叶鞘伸出穗长度的一半时。

10. 扬花期

全田有50%植株第一朵花开放，开花顺序中下→上部→下部。

11. 灌浆期

籽粒外形已基本完成，长度达最大值的3/4，厚度增长甚微。

12. 成熟期

包括蜡熟期和完熟期。

（1）蜡熟期　籽粒大小、颜色接近正常，内部呈蜡状，籽粒含水22%，茎生叶基本变干，蜡熟末期籽粒干重达最大值，是适宜的收获期。

（2）完熟期　籽粒已具备品种正常大小和颜色，内部变硬，含水率降至20%以下，干物质积累停止。

（三）生长阶段

根据小麦器官形成的特点，可将几个连续的生育时期合并为某一生长阶段。一般可分为3个生长阶段。

1. 苗期阶段

从出苗到起身期。主要进行营养生长，即以长根、长叶和分蘖为主。

2. 中期阶段

从起身至开花期。这是营养生长与生殖生长并进阶段，既有根、茎、叶的生长，又有麦穗分化发育。

3. 后期阶段

从开花至成熟期。也称籽粒形成阶段，以生殖生长为主。

二、小麦各种子的萌发与出苗

(一) 种子构造及其品质

小麦的种子是由受精后的整个子房发育而成的果实，表面有很薄的果皮和种皮连在一起，生产上称为种子或籽粒，植物学上叫颖果。

小麦籽粒形状多样，有梭形、卵圆形、圆筒形、椭圆形和近圆形。

小麦粒色有红、黄白、浅黄、金黄、深黄等，生活中常将红色以外的各种黄色粒色统称为白色。籽粒颜色不同和深浅既与种皮色素层细胞含有色素有关，也受气候条件影响，同一品种，干旱时色深，水分充足时色浅。

小麦籽粒隆起的一面称为背面，与其相对的一面称为腹面，腹面上的沟称为腹沟。背面基部有胚，另一端有茸毛，称为冠毛。

小麦种子由皮层、胚和胚乳三大部分组成。

1. 皮层

包括由子房壁发育而成的果皮和由内珠被发育而成的种皮两部分，包裹在整个籽粒的外面。皮层重量占整个籽粒总重量的5%~7.5%。皮层与胚乳的糊粉层一起构成加工过程中产生的麸皮，麸皮重量约占总重量的15%。皮层的作用在于保护胚和胚乳，在种子萌发过程中，水分和空气都通过皮层进入籽粒内部。种子的休眠性与皮层的透气性密切相关。

2. 胚

胚是种子的重要组成部分，为未来植株的雏体，一般仅占籽粒总重量的2%~3%。胚由盾片、胚芽、胚茎胚根、外子叶等部分组成。

(1) 盾片　约占整个胚重量的一半，胚以盾片的一面与胚乳相连接，种子萌发时，盾片一方面向胚乳释放酶；另一方面将胚乳中的可溶性养分通过吸收层送入胚部，被胚所利用。

(2) 胚芽　包括胚芽鞘、生长点和在胚胎形成时就已分化出的3~4片叶原基和胚芽鞘蘖原基。

(3) 胚根　包括主胚根及位于其上方两侧的第一、第二对侧根，有时还在外子叶节上发生第六条侧根，胚根之外为根鞘。

(4) 胚茎　胚芽与胚根之间为胚茎，萌发生长后形成地中茎。

(5) 外子叶　外子叶很小，位于与盾片相对的一侧，已经退化。

3. 胚乳

小麦籽粒除皮层和胚外，麦粒里面绝大部分是白色粉状的东西，称为胚乳，占整个籽粒重量的85%左右，由位于胚乳最外层的糊粉层和其内的淀粉层组成。

（1）糊粉层　一般只有一层排列整齐的细胞，主要成分为纤维素和含氮物，其次是脂肪、灰分和水分。糊粉层约占籽粒重量的7%。

（2）淀粉层　淀粉胚乳由薄壁细胞组成，现状大小及成分因胚乳不同部位而异。近糊粉层的淀粉层细胞较小，方形，中心部细胞大而多角形。每个部位的胚乳细胞主要含有大小不同的淀粉和蛋白质，蛋白质存在于淀粉粒之间的空隙中。由于蛋白质和淀粉贮积情况不同，小麦的胚乳有硬质（角质）和软质（粉质）之分。硬质胚乳外观及横断面呈透明状，粉质却不透明，也有不同程度的中间型。根据胚乳的贮积情况与加工用途不同将小麦分为不同类型的优质小麦。小麦粒质除受品种特性外，受环境条件影响极大，灌溉及湿润气候条件下多粉质，磷多时粉质率也高，与磷加速灌浆过程而提高碳水化合物比例有关。氮则相反，氮素越高，蛋白质含量越高，多角质。

（二）种子的萌发过程

小麦种子在度过休眠、完成后熟作用之后，在适宜的水分、氧气和温度条件下，便可发芽生长。小麦种子萌发的内外部变化经历3个过程。

1. 吸水膨胀过程

构成小麦种子的主要成分淀粉、脂肪、蛋白质和纤维素大都是亲水胶体，在干燥的情况下，因水分少（种子含水量在12%以下时）而呈凝胶状态。当水分较多时，水分由纤维素构成的种皮渗入种子内部的交替网状结构中，逐渐使凝胶状态变成溶胶状态，体积随之增大，这个过程叫做“种子的吸水膨胀过程”，因为它是一种物理化学的变化现象，所以也叫“物理过程”。种子的吸水膨胀是小麦生长发育的第一个重要生命现象。它对促进种子的萌发和出苗起到两个作用：第一，产生强大的膨压，促进种子萌发；第二，促进了种子内部的物质转化，从而顺利地进入第二个过程的变化。

2. 物质转化过程（生化过程）

随着种子吸水的增加，亲水胶体网状结构之间产生游离水分，呼吸作用逐渐增强。伴随种子呼吸作用逐渐加强，种子内各种酶类也开始活动。首先，在淀粉酶的作用下，淀粉转化为糊精和麦芽糖，麦芽糖又经麦芽糖酶的作用分解为葡萄糖，同时，蔗糖也在蔗糖酶的作用下，转化为葡萄糖和果糖。这些最简单的单糖类，是供给种子萌发的主要能量来源。随着种子的膨胀萌发，蛋白质分解酶、脂肪分解酶、纤维素分解酶的活力也日益增强，将难以溶解的蛋白质、脂肪、半纤维素等转化为可溶性的含氮化合物。这样，复杂的有机物质就逐渐地转化为胚所能吸收利用的简单物质，从而促使了胚的萌动。

3. 生物学过程

当种子吸水达本身干重45%~50%时，开始萌发。胚根鞘首先突破种皮而萌发，称为“露嘴”，接着胚芽鞘也破皮而出。在一般情况下，胚根的生长比胚芽要快。当胚芽达到种子的一半，胚根长约与种子等长时，谓之“发芽”。

（三）幼胚的生长与出苗

种子萌发后，胚芽鞘向上伸长顶出地表，称为“顶针”或“出土”。胚芽鞘出土见光后停止生长，接着从胚芽鞘中长出第一片绿叶，当第一片绿叶伸长胚芽鞘 2 厘米时称为“出苗”，田间有 50%的苗达到出苗标准时称为“出苗期”。

胚芽鞘是小麦的第一片不完全叶，颜色为白色或浅绿色，也有微红色或紫红色。胚芽鞘主要起保护幼芽出土。胚芽鞘的长短与光照、温度、播种深度及品种特性有关，在黑暗中萌发可以长得很长，在较强光照下萌发胚芽鞘长得较短。播种越深，胚芽鞘越长，播种越浅，胚芽鞘越短；在 10~35℃时，低温较高温伸长显著。当第一片绿叶达到正常大小时，胚芽鞘就皱缩死亡。试验证明，第一片绿叶出现较早，面积较大，它所制造的营养物质就多，幼苗的根和其他部分的生长也好，对形成壮苗有良好的作用。

在第二片绿叶生长的同时，胚芽鞘和第一片绿叶之间的节间（上胚轴）伸长，将第一片绿叶以上几个节和生长点推到地表处，这段伸长的节间叫地中茎或根茎。地中茎的长短与品种和播种深度有密切关系，播种深则长，浅则短，过浅没有地中茎。地中茎过长，消耗种子养分过多，所以出苗也弱。当播种过深时，分蘖节的部分节间也参与地中茎的形成。

（四）影响小麦萌发出苗的因素

影响小麦出苗率和出苗速度的因素主要有品种特性、种子质量、温度、土壤湿度和播种深度、土壤空气和整地质量等方面。

1. 品种特性

不同品种种皮的颜色及厚薄不同，一般红粒品种种皮较厚（也有相反的），含色素较多，透气性较差，吸水慢，呼吸强度弱于白皮品种，发芽较慢，出苗率较白皮低。但白皮品种比红皮品种休眠期短，成熟期遇雨易发芽受损。蛋白质含量高的角质型或硬粒型小麦吸水慢发芽也慢，但种子吸水膨胀力较粉质型弱，因而出苗顶土力强，出苗率相应提高。某些品种在成熟阶段易受不良环境的影响（如雨、高温、高湿、病虫害等），而使种胚丧失发芽能力，如常见的黑胚现象。

2. 种子质量

同一品种籽粒大小不同出苗率不同。大粒种子胚乳营养物质多，出苗率高，第一片绿叶大，种子根数、次生根数和单株分蘖也多，麦苗墩实苗壮。据试验证明，大粒种子比小粒种子出苗率高 11.4%。陈种子虽然也有发芽能力，但容易造成缺苗现象发生，且幼苗顶土能力弱。

3. 温度

在适宜条件下，小麦播种深度 5 厘米时从播种到出苗需积温 120℃，播期是根据麦种在土壤中吸水萌动的时间、温度决定的。小麦种子萌动的最低温度为 0~3℃，最适温度为 15~20℃，最高温度 35~40℃。温度过高，由于呼吸强度大，发芽受到抑制；温度过低发芽缓慢而不整齐，容易感染病害。冬小麦从播种到出苗的天数，随播期的延迟而递增，最适出苗天数为 6~7 天，出苗率高，这时的日平均气温为 15~18℃，豫东一般为 10 月中旬。日平均气温为 7~8℃时播种，小麦出苗需要 20~30 天，出苗率也低。日平均气温低于 3℃时播种，小麦当年不出苗，出苗率显著下降。因此豫东有“小雪不叉股，大雪不出土”的农谚。

在其他条件适宜的情况下，小麦从播种到出苗的天数，可以按照小麦从播种到出苗所需积温来计算：

$$\sum t℃ = 50 + 10n + 20$$

试中：$\sum t$℃——从播种到出苗所需的平均积温；

50——种子吸水膨胀到萌发所需的平均积温；

10——幼芽在土壤中每长高1厘米所需的平均积温；

n——种子覆盖深度，单位以厘米表示；

20——胚芽鞘出土到第一片绿叶露出胚芽鞘2厘米所需的平均积温；

在适宜条件下，小麦播种深度5厘米时从播种到出苗需积温120℃，依照当地气象资料推知播种后的平均气温（t℃），即可估算出从播种到出苗所需的天数（天）。

$$天数(d) = \sum t℃ / t℃$$

4. 土壤湿度

土壤湿度过高或过低，均影响出苗率和出苗速度。一般适于小麦萌发出苗的土壤含水量，砂土地为14%~16%，壤土16%~18%，淤土地20%~24%。当以上土壤含水量分别低于10%、13%和16%时，出苗时间延长。但降水量过多，地下水位高，土壤质地黏重，结构差，土壤空气稀薄，可产生大量还原性有毒物质，易引起土壤严重盐碱化，使小麦受渍害而烂籽。

5. 播种深度

播种过深，需墒足积温多，出苗较晚，易徒长，地下茎消耗养分过多，如遇风干，表土层较厚，土壤底墒与表墒接不上，则出苗率降低，且幼苗瘦弱，叶片发黄，窄长；播种太浅的，墒情差，遇地势不平整，干土层较厚，容易造成种子落干缺苗。依照墒情麦种播深以3~5厘米为宜，小麦种子如果覆土深达9厘米以上，会由于耗尽胚乳营养而不能出苗。

（五）三叶期及其在生产上的重要性

小麦从第一片绿叶伸出芽鞘以后，植株就由胚乳营养（异养营养）向独立营养（自养营养）过渡，是小麦营养生理上的一个重要转折。这时尽管幼苗很小，只有一片绿叶制造营养，但加上胚乳营养的供应，同时温度也较高，所以，第二、第三片绿叶出现所经历的时间均较短，一般为4~6天。当第三片绿叶出现前，整个胚乳已耗尽，小麦由胚乳营养彻底转向独立营养，叫做“离乳期”。由出苗到三叶期，一般经历12~15天，自此以后，冬小麦进入分蘖、长根、长叶阶段，春性较强的冬小麦和春小麦品种则同时也进入幼穗分化发育阶段，是关键的转折期。此时如果土壤营养不足，特别是速效性种肥缺乏和干旱时，常常表现麦苗生长迟滞，长期不产生新叶，有时虽然第四叶勉强出现，但植株迟迟不分蘖，甚至第一分蘖“缺位”，形成弱苗。因此，要十分注意三叶期以后苗情的发展，加强田间管理。

三、冬小麦的阶段发育

麦收时掉在麦地里的种子遇雨后迅速发芽出苗，长成一簇簇的麦苗，尽管温高、雨多，但它不能拔节，更不能抽穗结粒。这是因为冬小麦一生中要经过几个内部质变阶段才能完成其生长周期，最后产生种子。这就叫做阶段发育。目前研究比较清楚的是春化阶段和光照阶段。

（一）春化阶段

冬小麦在种子吸水萌动后或幼苗期，需要度过一段时间的低温，才能通过个体发育所需经历的内部变化，这种现象叫春化现象，完成春化的一段时间叫春化阶段。根据冬小麦通过春化阶段对温度要求的差异和时间的长短，把它们分为冬性、半冬性和春性3种类型，现分别介绍如下：

1. 冬性

温度为0~3℃，天数为35天以上。

2. 半冬性

温度为0~7℃，天数为15~35天。

3. 春性

温度为0~12℃，天数为5~15天。

目前，河南省种植的半冬性小麦品种和弱春性品种，强冬性和强春性品种很少。在河南省适期播种的冬小麦在越冬前都可以完成春化阶段。由于当时气温较低，不能进入下一阶段，所以，冬小麦可以忍受-20℃或更低的温度。如果秋播春性品种，冬前会很快通过春化阶段，由于气温尚高麦苗开始拔节，抗寒力降低，冬天易受冻害死苗。所以，在河南省选用品种时不能用强春性品种，南部地区若选用春性品种应适当晚播。

（二）光照阶段

冬小麦幼苗通过春化阶段后，温度达4℃以上就开始进入光照阶段。在光照阶段要求以长日照为主的综合外界条件。根据冬小麦通过光照阶段对日照长短的要求和反应，也分为3种类型。

1. 反应敏感型

要求光照每日在12小时以上，天数为30~40天。

2. 反应中等型

要求光照每日在12小时，天数为24天左右。

3. 反应迟钝型

要求光照每日在8小时以上，天数为16天左右。

河南省种植的冬小麦品种多属敏感型。从所处的地理位置看，春季冬小麦在光照阶段时，每日光照都在12小时以上，完全可以满足要求。

四、根系的生长

根系不仅是小麦吸收养分、水分、起固定作用的器官，也参与体内物质的合成和转化过程。

（一）根系的发生和分布

小麦的根属须根系，是由初生跟（种子根）和次生根（节根、不定根）组成的。

1. 初生根

种子萌发后，首先伸出的是主胚根，经过2~3天的时间，从胚轴基部长出第一对和第二对侧根，有时还可以从外子叶内侧与第二对侧根同一平面上长出第六条侧根和位于其上方的1~2条初生不定根，一棵幼苗通常有胚根3~5条，最多可达8条。这些根统称初生根。大粒种子胚根多，小粒种子胚根少。当第一片绿叶出土以后，就不再生新的初生根了。侧根发生在胚芽鞘节以下。在初生根中，主胚根和第一对侧根的吸收能力比次生根强，其他初生根与初生根吸收能力相同。初生根细而坚硬，倾于垂直分布，生长集中，直径上下基本一致，并有分支。小麦分蘖时初生根长度可达60厘米左右，小麦拔节后不再增长。入土深度可达3米以下。

2. 次生根

次生根发生在分蘖节上，由下向上逐节发生，每节发生1~3条，分蘖上也发生次生根。当麦苗生出第四片绿叶的时候，节根就从地中茎以上的节上穿破第一叶片的叶鞘长出，如果幼苗生长良好，同时长出第一个分蘖。以后生根节位顺次上推产生，小麦的根数、叶片、分蘖陆续增加。根系一般入土100~130厘米，到小麦扬花期次生根基本停止生长。根系入土越深，抗旱能力就越强。一般约有60%的根系生长在20厘米深的土层里。小麦根的主要作用是：从土壤中吸取水分和养分，并运送到茎叶中，进行体内有机物质的合成和转化，源源不断地供给小麦生长发育的需要。

（二）影响根系生长的条件

1. 土壤水分

小麦根系的发生和生长需要一定的土壤湿度。土壤水分不足，小麦发根少，容易早衰；土壤水分过多，空气不足，根系生长亦受抑制。采用小水勤浇，根系入土深度较浅，表层土壤根系集中；大水漫灌，浇水次数减少，有助于根系下扎。

2. 耕层深度

耕层深厚，肥水充足，通气良好，耕层内根系比例可以大大增加；小麦根系发育往往受到犁底层的限制，打破犁底层，增加耕深，有利于小麦根系发育。

3. 土质肥力

黏质土壤，小麦根系细长分支多，砂质土壤根系细长分支少。同时，土壤肥力也是影响根系分布的重要因素，同一地块肥沃土层根系密集，瘠薄土层根量稀少。氮素可以促进根系发育，含氮素高的土层，根量相应增多；但氮肥过多，地上氮素合成过旺盛，减少输向根部的碳水化合物，抑制了根系的发育。增加磷素用量可以增加根数占全株干物质的比重，促进根系向深层分布，尤其砂地增施磷肥促根效果更为显著，但要注意氮磷配合。土壤缺钾导致根系变小，输导组织退化，施用钾素可以促进根系发育。

4. 温度光照

小麦根系生长发育最适温度为16~20℃，最低为2℃，温度超过30℃生长发育将受抑制。小麦根系与地上部的比重随光照强度的提高而增加，光照不足，降低光和强度，光合产物减少，引起地上部徒长。

五、茎的形成与功能

小麦的茎秆由节和节间两部分组成，具有支持、输导、光合与贮存功能，其下层构成群体的支持层，上层和叶片构成群体的光合层。

（一）茎的形成

小麦是成丛生长的，有一个主茎和几个侧茎（也叫分蘖）。小麦的茎秆分为地上和地下两部分，地下节间不伸长，构成分蘖节，地上节间伸长，一般有4~6个节间，多数为5个节间。茎在幼穗分化以前与叶原基同时分化，当时只是节间尚未伸长。小麦拔节后，节间才快速伸长，伸长顺序由下而上依次进行，下一节间显著伸长时，相邻上一节间同时有不明显地伸长趋势，在下一节间接近定长时才明显伸长，所以，节间伸长活动出现重叠现象，尤以最上两个节间最为明显。穗下节间的伸长活动直到小麦扬花才会结束。每一节间的伸长速度均较前一节间的伸长更加旺盛。地上茎节间均以第一节间最短，向上依次增长，直到穗下节间最长，几乎占全部节间的一半。节间的粗度一般第一节间较细，第二、第三节间逐渐变粗，最上节间又逐渐变细，茎壁的厚度自下而上逐渐变薄，第一节间最厚，同一节间下部较厚，上部较薄，中部介于二者之间。茎的主要作用是：使水分和溶解在水里的矿物质养分（如 氮、磷等）从根部通过茎部的导管由下而上流向叶子和穗部；把叶子光合作用制造的有机营养物质（主要是糖分），通过茎部筛管运输到根和穗子。小麦的茎又是支持器官。它使叶片有规律地分布，以充分接受阳光，进行光合作用。此外，茎还可以贮藏养分，供小麦后期灌浆之用。

（二）茎秆性状与倒伏

茎秆性状与倒伏密切相关。倒伏和株高，茎秆韧性，第一节间长短、粗细、壁厚、重量，穗重均有一定关系。株高越高，穗重越重，越不抗倒。从目前研究看，株高以70~80厘米为宜。第一节间长度不大于5厘米，第二节间长度不大于10厘米可以抗倒。

小麦叶鞘和节间基部存有分生能力很强的分生组织，这种组织在幼茎期含有大量的趋光生长素，小麦倒伏后由于趋光生长素的作用，茎秆就由生长最旺盛的居间分生组织处向上生长，这种现象称为小麦茎秆背地曲折。小麦茎秆背地曲折特性是在生长旺盛的分生组织进行的，倒伏越早，背地曲折特性越强，倒伏越晚，背地曲折特性越弱。利用小麦的背地曲折特性可以在小麦起身拔节期碾压促使第一节间变短防止小麦倒伏，在小麦发生倒伏而能自行曲折恢复直立时，切忌采取扶麦和捆把的措施，以免搅乱倒向，使小麦背地曲折特性无法发挥，结果事与愿违。

六、分蘖及其成穗

分蘖是小麦的重要生物学特性之一，是长期适应外界条件系统发育的结果。分蘖多少及生长健壮与否，是决定群体好坏和个体发育健壮程度的重要标志。

（一）分蘖的作用

1. 分蘖穗是构成产量的重要部分

单位面积穗数是由主茎穗和分蘖穗共同构成的。千斤以上的高产田分蘖穗形成的产量可达60%以上，分蘖成穗数和成穗率是栽培技术水平的重要标志之一。

2. 分蘖是壮苗的重要标志

小麦每亩穗数相同或接近时，基本苗少，单株分蘖多成穗多者个体发育好，产量也高；分蘖是壮苗的重要标志同时表现在分蘖节可以产生大量的次生根。

3. 分蘖是环境与群体的“调节者”

小麦群体自动调节，适应环境，在很大程度上通过分蘖进行。通过密度和肥水运筹措施促控分蘖数量，调控个体与群体的关系，是提高小麦产量的重要手段。

4. 分蘖的再生作用

主茎与分蘖遭受环境不良条件死亡时，即使分蘖期结束，只要条件适合仍可再生新的分蘖并形成产量。

5. 健壮的分蘖利于安全越冬

小麦越冬前大量的糖分集中在分蘖节及叶鞘中，由于分蘖节含糖量高而稳定，冰点降低，所以能够抵抗较低的温度，保证小麦安全越冬。

（二）分蘖的发生

1. 分蘖节

分蘖节是由地下部不伸长的节间、节、腋芽等紧缩在一起的节群。分蘖节是整个植株的输导枢纽，根所吸收的营养物质经过分蘖节的分配输送到主茎和各个分蘖与叶片。分蘖节和外界条件共同作用调节分蘖的发育状况，造成分蘖最终两极分化，形成一定的成穗群体。分蘖节的节数因品种而异，冬小麦一般为7~8个，同时播期、播深、营养状况及土壤水分都可影响分蘖节数的多少。

2. 分蘖的发生顺序

小麦分蘖的发生，在分蘖节上自下而上逐个进行。由主茎分蘖节上直接发生的分蘖叫一级分蘖。由一级分蘖发生的分蘖叫二级分蘖。由二级分蘖再发生的分蘖叫三级分蘖。每个分蘖的第一片叶均是不完全叶，薄膜鞘状，因分蘖由此伸出而称之蘖鞘。

（三）主茎叶位与分蘖的同伸关系

在正常情况下，出苗到分蘖需15~20天。分蘖的发生是有一定次序的：当小麦长出3片真叶时，首先从胚芽鞘腋间长出分蘖，叫胚芽鞘分蘖。胚芽鞘分蘖的有无与品种特性、播种深度、地力水平有关。第四片叶出现时，主茎第一片叶腋芽伸长形成分蘖叫分蘖节分蘖，也叫一级分蘖。以后主茎每增生一片叶，沿主茎出蘖节位由下而上长出各个分蘖。当一级分蘖长出3片叶时，在其鞘叶腋间长出分蘖叫二级分蘖，若条件适宜，还可长出三级分蘖。

一般情况下，主茎叶位与分蘖发生密切相关。知道主茎叶片数便可推算出当时植株的总分蘖。在有些情况下，主茎叶片和同伸分蘖不是同一天出现，往往前后相差几天。肥水不足，栽培不当，不仅同伸蘖不能按时出现，甚至形成空节缺位现象。

（四）分蘖的消长与成穗规律

1. 小麦分蘖的消长过程

小麦的分蘖，自开始发生，随着生育进程，数量越来越多，到拔节期达到高峰。冬小麦出苗后第三片叶出现后开始分蘖，随着时间推移，叶片增多，根系扩大，分蘖急剧增加，称为冬小麦的年前分蘖高峰。进入12月后气温降至2~3℃，分蘖基本停止，但暖冬年份仍有分蘖增加。来年春季气温回升到10℃以上，小麦生根长叶，春季分蘖大量发生，称为春季分蘖高峰。小麦拔节后，生长中心由营养生长向生殖生长转移，新生分蘖发生减少直至停止。同时，受发育时间和营养物质分配的限制，已发生的分蘖开始两极分化，大蘖、壮蘖成穗，弱蘖小蘖死亡，分蘖数量下降，最后稳定至成穗数。黄淮冬麦区小麦分蘖的消长可以简单地总结为“一个盛期，两个高峰，越冬不停，集中死亡”。

2. 分蘖成穗规律

小麦的分蘖不是都能抽穗结实的。凡能抽穗结实的叫有效分蘖。一般年前发生较早的分蘖属有效分蘖；不能抽穗结实的分蘖叫无效分蘖。一般年后生出的分蘖属无效分蘖。实践证明，高产麦田与有效分蘖多少有关。这就是为什么要非常重视有效分蘖的道理。

（五）影响分蘖的因素

1. 品种特性

小麦分蘖多少称为分蘖力。分蘖力的高低受遗传基因的限制，不同品种分蘖力不同。一般冬性品种分蘖力较强，春性品种比冬性品种弱。

2. 温度

在2~4℃的低温下，分蘖开始缓慢生长，随着温度升高，分蘖速度加快，最适分蘖温度为13~18℃，高于18℃分蘖生长又开始减慢。冬前要培育4~7个分蘖的壮苗，必须有500℃以上的积温，低于400℃难于培育壮苗。

3. 土壤水分

分蘖发生最适水分为田间持水量的70%~80%。土壤干旱影响分蘖生长，过于干旱不能产生分蘖。土壤水分超过80%~90%时，土壤缺氧，造成黄苗，分蘖生长缓慢。

4. 播种深度

播种越深，幼苗出土消耗养分过多，幼苗也弱，植株分蘖显著减少。掌握适宜的播种深度是培育分蘖壮苗的重要措施。

5. 营养面积

营养面积对植株分蘖影响显著。单株营养面积决定于播量和播种方式。密度越小，单株分蘖越多，同样密度下，窄行条播分蘖多于宽行条播，更多于穴播。

6. 养分

分蘖需要大量的氮素和磷素。氮磷配合对促进分蘖发育，培育壮苗，提高成穗率效果明显。

七、叶

（一）叶的构造

小麦的叶有5种：盾片（退化叶）、胚芽鞘（不完全叶）、分蘖鞘（不完全叶）、壳（变态叶）和绿叶。

发育完全的绿叶有叶片、叶鞘、叶舌、叶耳和叶枕。叶的形状像带子，有平行脉。拔节以后长出的叶片比较宽大，还有明显的叶鞘，紧包在节间外面，可以增强茎秆强度，保护节间分生组织。叶鞘和叶片相连处的薄膜叫叶舌，主要功能是防止雨水、灰尘、害虫侵入叶鞘；两旁还有叶耳紧包着茎秆。

小麦的第一片叶尖端较钝，形状近似长方形，是鉴定麦苗叶序叶的明显标志。第二叶以后各叶，顶端较尖，并在距叶尖 2~3 厘米处具有一个狭窄的收缩区。

小麦叶的内部构造包括表皮、薄壁细胞组织、维管束和机械组织。叶是小麦植株制造有机养料的主要器官。叶片中有叶绿体，它能利用太阳光能，把水和二氧化碳制造成有机物，并放出氧气。小麦绿叶在阳光下的这种生理活动，就是植物的光合作用。没有光合作用，小麦和其他作物都不能生活。

（二）叶的生长规律

叶的分化形成分为 3 个时期：即分化期、细胞分裂期和伸长期。叶原基不断分化出的叶原始细胞进行分裂和伸长致使叶面积增加，叶片的伸长自叶片顶端开始。

小麦主茎叶片数目受品种、阶段发育特性、播期、气候及栽培条件影响而有所不同，但在一定生态条件下，其主茎叶数相对稳定。冬小麦主茎叶片多为 12~14 片，一般冬前长出 6~7 片，越冬期长出 1 片，年后长出 4~6 片，多为 5 片。小麦分蘖的叶片数目与分蘖所属蘖级和蘖位高低有关，随着蘖级和蘖位的增高，叶片数目相对减少。

（三）叶的功能期

小麦主茎及分蘖虽然一生分化很多叶片，但绿色功能叶片并非随新生叶片的增加而不断增加，冬小麦主茎叶片第 6~7 叶片出现时，其第 1~2 叶片便开始枯黄，以后叶片不断出现，枯黄叶片随之不断增加，一般可见 4~5 个绿色叶片。在小麦生育过程中，主茎各层叶片及同伸叶片均是由下而上逐层伸出、展开衰老交替更新。

（四）绿叶功能分组

按照小麦叶位不同，光合作用产物主要供应部位不同，常把叶片分为 3 组：

1. 蘖叶组

指着生在分蘖节的叶片，该组叶片在拔节以前定型，功能期基本上处于拔节以前。冬前每长一个叶片需 0℃以上积温 70℃左右，其光合作用产物主要用于生根长蘖培育壮苗，为丰产奠定基础。小麦拔节后，蘖叶组叶片功能逐步降低乃至停止。

2. 穗叶组

指除旗叶和倒二叶以外的其他茎生叶片。其光合作用产物主要用于茎节的生长和幼穗的发育并为最后两片叶的生长提供物质基础。这组叶片光合效能的高低直接影响茎秆的强弱、小花数的多少及田间群体发育状况、透光率等。

3. 粒叶组

指旗叶和旗下叶。以其光合作用产物主要供应花粉粒的正常生长发育，开花受精和籽粒形成的能量及作为能量贮藏的重要来源。粒叶组叶片功能期的长短及光合能力的强弱决定于该组叶片的叶面积，并直接影响籽粒的大小、重量和饱满度。

应该指出，叶片分组与分工并非截然，不同叶位叶片的功能特点都是逐步递变的。

（五）光合作用与产量

小麦的产量 90%~95%来源于光合作用产物。经济产量的高低与光合作用的生产、消耗、分配和积累有密切关系，可作如下表示。

经济产量=生物产量×经济系数

=净光合生产率（光合面积×光合能力×光合时间-呼吸消耗）×经济系数

要想取得较高的小麦产量，必须光合面积较大，光合能力较强，光合时间较长，光合产物消耗较少并且光合产物较多地用于经济性状。因此，特别是小麦中后期管理，应当采取科学措施达到下列要求：

1. 合理加大叶面积和延长功能期

在一定范围内，叶面积及其功能期与小麦产量呈正相关。生产实践中衡量叶面积的指标常用叶面积系数。什么是叶面积系数呢？就是指单位土地面积上小麦植株绿叶面积与土地面积的比值。根据河南省大面积调查证明，丰产小麦不同阶段叶面积系数的指标大体如下：冬前为1，返青时为1.5，起身期为2，拔节期为4，孕穗期（即最大叶面积系数）为5~6，灌浆期为4。通俗地讲，就是要求小麦叶子最大时（孕穗后），一亩地小麦叶子平铺起来要有五六亩地那么大。但叶面积系数过大，超过7~8时，将造成互相遮阳、光照不足、茎叶徒长、呼吸加强、制造的营养物质反而会减少，还会使茎部节间软化，易引起倒伏。

延长粒叶组叶片功能期对产量形成具有十分重要的作用。小麦产量的2/3~4/5来自抽穗后的光合产物后期光合作用的器官主要是粒叶组叶片、穗和穗下茎。后期籽粒增重发挥作用最大的粒叶组叶片。粒叶组叶片所积累的光合产物约占小麦苗期到成熟光合产物总量的1/2，这是因为旗叶全部为多环细胞，扩大了叶肉细胞中叶绿体的数量和空间排列，扩大了光合面积，增强了光合作用。

2. 提高光合作用强度

冬小麦的光合强度，拔节至孕穗最高，抽穗期稍低，灌浆阶段稍有提高，以后急速降低。

（1）温度　温度增高时，光合作用强度增加，一般在25~30℃达到最高点，超出这个范围，呼吸作用将超过光合作用。

（2）光照　影响光合作用的光照强度范围较宽，光合作用在某个范围内，随着光照的增强而增加，光照增加到某个程度，光合强度不再增强，此时达到光饱和点。通常光照强度为完全光照的1/4~1/3时即达到光饱和点。

（3）二氧化碳浓度　当二氧化碳增加时，光合作用强度相应提高。当大气中二氧化碳浓度在0.03%以上时，随着光合强度的增加，光合作用对二氧化碳的吸收量也增加，当二氧化碳浓度在0.01%时，光照强度虽然增加但光合强度不再增加。

（4）水分　土壤水分和空气湿度对叶片组织中的水分饱和度有很大影响，只有当叶片完全或几乎达到水分饱和时，游离的水分才能被用来和二氧化碳合成光合作用的物质。如果叶片含水量较饱和含水量低10%~12%时，小麦便呈现萎蔫现象。

3. 降低光合产物消耗

小麦的光合作用和呼吸作用是两个相反的过程。通常光合作用和呼吸作用从清晨到中午都逐渐增强，到晚上又逐渐减弱。影响光合作用的主要因素是光照强度，影响呼吸作用主要是温度。昼夜温差大，可以减少物质消耗，利于光合产物的积累。

八、穗的形成

穗粒数是小麦成产因素之一。决定穗粒数的因素除品种特性外，受穗分化形成期间外界条件的影响，了解成穗规律及其与外界条件的关系，是正确运用栽培措施促进穗大粒多的重要依据。

（一）穗的构造

小麦的穗包括穗轴和小穗两大部分。穗轴由节片组成，每个节片着生一枚小穗。小穗一般分左右两排，分枝类型在第二次轴上可进一步分枝。一个麦穗有12~20个小穗，小穗俗称穗码。通常情况下，麦穗上的小穗数目越多，产量就越高。旱薄地上每个麦穗只有几个穗码，群众叫"蝇头小穗"，这种麦田产量不高。每个小穗由两枚护颖和3~7朵小花组成。两枚护颖靠下的一枚叫下位护颖，靠上的一枚叫上位护颖。每朵花外面包着两个硬壳，扣在外面的叫外颖，多数品种外颖顶端着生芒，套在里面的叫内颖。轻轻地剥掉外颖，就露出两个鳞被（也叫浆片），里面还有3个雄蕊和一个雌蕊，其中靠近内颖有2枚雄蕊，靠近外颖有1枚雄蕊，雌蕊由子房和柱头组成。雌蕊授粉受精后，子房就结成果实，这就是小麦的籽粒，一个小穗结实2~5粒。

（二）穗的形成过程

小麦出苗后茎生长锥尚未伸长，基部宽大于高，呈半圆形，只分化茎叶原始体，并未开始穗的形成属纯营养器官形成阶段。幼苗通过春化阶段后，生长锥开始伸长，这时茎节叶片已经分化结束，茎节叶片数目已成定数，开始进入穗分化时期，穗的发育形成过程分为8个时期（表2-1）。

表2-1 小麦主茎穗分化形成过程与叶片生育时期对应关系表

发育过程	主茎叶数	时 间	春生叶数	生育时期	发育特点
1. 伸长期	3叶1心	11月上旬		分蘖开始	茎叶分化完成 节、叶数已定
2. 单棱期（穗轴分化）	6叶	11月中下旬		分蘖期	决定穗轴节数 影响穗的大小
3. 二棱期（小穗分化）	7叶	11月底至翌年2月上旬		越冬期	对小穗数影响较小
4. 护颖分化期	9叶	2月中旬	1	返青期	小穗数目已定
5. 小花分化期	10叶	2月上旬至3月下旬	2	起身期	第一节间开始伸长
6. 雌雄蕊分化期	11叶	3月中旬	3	拔节期	花丝花药形成
7. 药隔分化期	12叶	3月下旬	4	孕穗期	花药形成4个花粉囊
8. 四分体形成期	13叶	4月上旬	5	挑旗期	雌蕊体积增大，三核花粉形成

注：该表介绍指黄淮冬麦区

（三）顶端小穗的形成和每穗小穗数的关系

顶端小穗是在幼穗分化进入小花原基形成期，由幼穗生长锥先端一组3~4个苞叶原基和小穗原基发育而成，顶端小穗的形成标志着小穗数目不再增加，小麦的顶端小穗形成，构成穗的有限生长方式。

一是最基部的苞叶原基，由抑制转为活跃生长，发育成顶端小穗的护颖，其上方的小穗原基由活跃转为抑制退化消失。

二是其他苞叶原基成为顶端小穗，每朵小花的外颖，腋间的小穗原基分化为内颖，雌雄蕊和鳞片。

（四）群体穗分化的差异

小麦的主茎穗的分化进程都比较相近，发育特点是开始早（11月上旬），时间长（长达150天），前期慢，后期快。分蘖与主茎相比，其特点为开始晚、时间短、后期赶。分蘖与分蘖之间小蘖开始时间晚，前期虽然赶小蘖，但拔节后由于生长中心转移，小蘖往往被甩下死亡。

（五）小穗和小花分化的差异及不平衡性

1. 小穗、小花和穗粒数的关系

研究表明，在一定的生态区域内，同一品种每穗总小花数较为稳定，而结实小花数却对水肥条件敏感。因此，提高穗粒数的途径，不是主要靠增加每穗小穗数和小花数，主要是在一定小穗小花数的基础上，防止小穗和小花的退化，最大限度地提高小穗和小花的结实率。

2. 小穗、小花分化发育的差异及退化的位置

因为小穗、小花在穗上着生的部位和发生的时间不同，小穗和小花分化进程存在明显的差异。

（1）同一小穗小花从基部向上顺序分化　基部1~4朵小花分化强度大，一般1~2天形成一朵，以后分化速度转慢，2~3天形成一朵。

（2）小穗分化的顺序　是中下部→中部→上中部→基部→顶部。而不同小穗位的同位小花分化顺序却是中部→上中部→中下部→顶部→基部。顶部与基部小穗分化顺序和小花分化顺序颠倒，说明顶部小穗的小花发育较基部早，基部小穗小花分化虽然较早，但进程慢，所以基部小花有较多的退化现象。

由此看出，同一穗上各小穗基部1~2朵消化具有生长优势，且以中部小花生长优势更为明显。每穗上退化小穗和小花发生位置颇为一定，退化小穗发生在穗的两端，尤以基部小穗的退化程度及退化的可能性远大于上部小穗；每小穗中退化小花发生在上位，越居上位，退化的程度和可能性越大，退化时间集中在药隔形成期至四分体形成期。

3. 退化小穗和退化小花的比率

每穗上退化小穗的比率，随穗发育的好坏不同差异很大，发育越好，退化小穗比率越低，甚至完全可以不发生退化。而退化小花，不论穗发育好坏，每穗上始终保持一定的比率，绝无全部小花结实的现象。每穗结实粒数的多少主要取决于每穗总小花数和结实小花数，相关极显著。因此，只有在促进小穗数多的基础上促使小穗发育良好，提高小穗结实率，才能达到增加每穗花数、粒数的目的。

4. 小花退化的原因

小麦小花分化数目远远大于结实成粒数目，是小麦对环境适应性的自我调节作用。小花退化的主要原因是小花发育的不均衡性，当生长中心转移后，发育晚的小花，未能完成各组成部分的分化，大量小花引发与实践和碳水化合物供应不足而退化。因此，延长小花从四分体形成期之药隔形成期的分化时间，使雌蕊得到充分发育，是提高结实率，增加绝对结实率的重要途径。

（六）影响穗分化及促进穗大粒多的条件

大量研究表明，单棱期至小花分化期是争取小穗穗数的关键期；小花分化至四分体时期是防止小花退化、提高结实率的关键时期。要争取穗大粒多，应该按照下面器官的建成规律，科学运用栽培措施。

1. 日照

长日照可以促进光照阶段的时间而加速穗的分化过程，春季干旱高温，日照充足，穗分化速度加快，常常不利于获得大穗多粒；短日照可以延缓光照阶段的通过时间，如果同时加强肥水管理，可以增加小穗数目形成大穗；过弱光照常使花粉及子房发育异常，导致不育小穗小花数目增加，群体过大的下层小穗花而不实的原因亦与光照有关。

2. 温度

温度对穗部发育主要是通过阶段发育的通过时间而发生影响。其他条件相同，高温加速光照阶段通过，小穗小花形成较少；低温可以延缓光照阶段的通过，利于形成大穗。一般春季气温低、回升慢的年份，麦穗发育良好。

3. 水分

干旱直接影响穗部的发育。单棱期干旱穗长明显变短；小穗小花期干旱，结实小穗数降低；药隔形成期至四分体形成期干旱，不育小花比率变大，对产量影响极大，所以，该阶段称为小麦一生中需水的“临界期”。

4. 营养

在一般地力水平下，氮素可以延长穗分化的时期及分化强度。特别在药隔至四分体形成期，保证氮素供应，可以减少小花退化数，提高小花结实率。在高产条件下，大量增施氮肥，往往引起营养生长过旺，群体郁蔽，造成小花不育。

九、籽粒的形成及提高粒重的途径

（一）抽穗开花

冬小麦拔节后，经过25~30天开始抽穗。一株小麦抽穗时主茎早于分蘖，大蘖早于小蘖。小麦抽穗后一般经过2~5天开始开花，开花顺序为先主茎后分蘖，每穗开花先中部而后渐及上部和下部，同一小穗则由基部花顺次向上开。一穗开花时间3~5天，全田开花时间持续6~7天。

小麦昼夜均能开花，但每天有两个高峰，一是9:00~11:00时，二是15:00~18:00时。夜间由于温度低开花少，中午由于温度高相对湿度低，开花过程受到抑制。小麦开花的最低温度为9~11℃，最适温度18~20℃，高于30℃影响受精能力降低结实率。适于小麦开花的大气相对湿度为70%~80%，低于20%不能正常授粉受精，但花期遇雨，湿度过大，花粉粒吸水膨胀易于破裂。

小麦属自花授粉作物，天然杂交率一般不超过 0.4%，小麦开花时，内外颖壳从张开到闭合经历 10~15 分钟。或颖壳张开前行闭壳授粉，或颖壳张开后行开颖授粉。花粉粒落到柱头上一般经 1~2 小时后即可发芽，在 24~36 小时后完成受精过程。开花期间小麦体内新陈代谢旺盛，需要消耗大量的能量、营养物质和水分，是一生中日耗水量最大的时期，从此地上地下营养器官基本停止生长，籽粒日益增大，是小麦一生中的重要转折点。

（二）籽粒形成与灌浆成熟

小麦从开花受精到灌浆成熟，经历 34~36 天，期间籽粒内外部发生一系列变化，一般分为 6 个过程 5 个时期（表 2-2）。

表 2-2 小麦籽粒形成灌浆过程内外变化简表

形成阶段	坐脐	多半仁	顶满仓	面筋状	蜡质状	完熟
开花后天数（天）	2~3	11~13	20~22	24~26	30~32	34~36
含水量（%）	80	70	45	40~38	22~20	< 20
胚乳变化		清水	乳状	面团	硬仁	变硬
籽粒颜色	灰白	灰绿	绿黄	黄绿	黄色	特征颜色
形成时期	形成期	乳熟期	面团期	蜡熟期	完熟期	

1. 形成期

受精后子房迅速发育，首先是受精卵进行分裂进而形成胚的各部器官。其次是极核受精后形成初生胚乳，并进行旺盛分裂最终形成胚乳，开始积累淀粉。受精后 10~15 天，籽粒外形已基本形成，长度达最大值的 3/4，是由“坐脐”达到“多半仁”阶段，籽粒已具备发芽能力，该时期称为籽粒形成期。这一阶段籽粒含水量处于增加阶段，含水量达 70%以上，此时籽粒长度增加很快，而干物质增加很慢，籽粒颜色有灰白色逐渐转化为灰绿色，胚乳由清水状变为乳状，挤之有稀薄而略带黏性的液汁。

2. 乳熟期

历时 12~18 天，“多半仁”后首先长度达到最大值，而后是宽度和厚度增加到开花后 20~24 天达到最大值，俗称“顶满仓”。随着籽粒体积的继续增大，胚乳细胞中开始积累淀粉，含水量由于干物质的不断积累由 70%逐渐下降到 45%左右。籽粒外部颜色由灰绿变鲜绿，进一步转为绿黄色，表面有光泽，胚乳由清乳状到乳状。

3. 面团期

历时约 3 天，含水量下降到 38%~40%，干物质增加转慢籽粒表面由绿黄变成黄绿色，失去光泽，胚乳呈面筋状。灌浆速度的特点是慢—快—慢，即“多半仁”前缓慢，由“多半仁”到“顶满仓”速度加快，“顶满仓”后速度有趋向缓慢。从“顶满仓”到“面团期”是穗鲜重最大的时期，要注意防倒。

4. 蜡熟期

历时 3~7 天。含水量由 38%~40%急降至 22%以下，籽粒由黄绿色变为黄色，胚乳由面筋状变为蜡质状，籽粒干重达到最大值，生理上以正常成熟。

5. 完熟期

历时 2~3 天，含水量下降到 20%以下时，干物质积累停止，籽粒体积缩小变硬，俗称“硬仁”，表现出成熟种子的特征特性，是收获的大好时机。

(三) 籽粒发育的不均衡性

在籽粒发育过程中，同一穗上的不同小穗位和同一小穗的不同粒位，无论灌浆先后、粒数多少和粒重高低均有所不同，表现出明显的不均衡性，实质是早在分化时期已经发生的差异的继续。

1. 不同小穗位籽粒发育的不均衡性

在灌浆过程中，灌浆的顺序与开花的顺序基本吻合，以中部小穗居优先地位，营养物质的分配也以中部小穗最多，其次是下部小穗和上部小穗，所以，不同小穗位的籽粒数目有多少之别，重量有轻重之分。在籽粒形成和灌浆初期，运转到中部小穗的干物质最多，其次是上部小穗，下部小穗最少；到了灌浆中期以后，下部小穗较上部小穗为多，因而一般下部小穗比上部小穗籽粒少，而粒重比上部重。

2. 不同粒位籽粒发育的不均衡性

同一小穗不同粒位之间，营养分配和发育是依照小花的着生部位 1>2>3>4 递减的；到“顶满仓”以后顺序便发生了变化，如果每穗结实 2 粒，一般粒重 1>2，若每小穗结实 3 粒，2>1>3，当每小穗结实 4 粒时，则 2>1>3>4，但在下位缺粒或发育不良时，可看出上位小花的粒重明显增高。同一粒位籽粒在不同小穗上表现为中部最重，下部次之，上部最轻。

(四) 籽粒发育对环境条件的要求

1. 温度

籽粒灌浆的最适温度为 20~22℃、日平均气温低于 25℃，则随温度的升高而灌浆速度加大，高于 25℃时，因高温而失水过快，缩短灌浆过程，加强呼吸作用，粒重降低。一般认为，开花至成熟需 720~750℃的积温，灌浆期需 500~540℃的积温。

2. 光照

光照条件对不同灌浆时期的影响不同，灌浆盛期（开花后 25~30 天）影响最大，灌浆始期（开花后 10~12 天）次之，灌浆后期（开花后 25~30 天）影响最小。光照天的好坏取决于两个条件，一是天气条件，二是群体大小。光照不足、群体过大往往成为粒重降低的主要原因。

3. 土壤水分

籽粒形成和灌浆期间适宜的土壤含水量为田间持水量的 75%。籽粒形成初期水分不足，特别是在天气干旱高温情况下，光合强度降低，呼吸作用加强，致使灌浆过程提前结束，形成瘪子。在品质方面，籽粒蛋白质积累和含量与灌浆以后土壤水分呈负相关，而籽粒的淀粉含量则随水分的增加而增加。

4. 矿质营养

后期适当供应氮磷钾除可使功能叶保持较长功能期外，还可促进碳水化合物和氮素化合物的转化，对提高蛋白质含量利于籽粒灌浆成熟有显著作用。

（五）提高粒重的途径

1. 增加籽粒干物质的来源

籽粒干物质的积累来源于两个方面：一是抽穗前茎叶中的贮藏物质；二是抽穗后绿色部分通过光合作用形成的光合物质，前者占30%左右，后者占70%左右。虽然抽穗前积累的干物质并不直接构成粒重，但对籽粒增重有很大影响，是产量形成的奠基过程。所以，提高粒重必须从生育前期着手，促使个体发育健壮，建立一个合理的群体结构，后期应保持一定的绿色面积，防止早衰青枯和病虫害，延长绿色面积的功能期。

2. 扩大籽粒的容积

籽粒容积大小是影响千粒重的重要因素。籽粒容积与籽粒形成过程中胚乳的发育密切相关，如果这时干旱或其他条件不利，籽粒容积缩小，所以，这一时期要保证水分的及时供应。

3. 延长灌浆时间和提高灌浆强度

灌浆时间和灌浆强度除受品种特性影响外，主要受灌浆过程中环境条件的影响。在高温条件下，可加速灌浆速度，但缩短灌浆时间，粒重往往较低。相反，光照条件充足，昼夜温差较大，日平均温度较低灌浆时间持续较长而粒重较重。但北方麦区灌浆期间高温干旱，多干热风，对籽粒增重不利。因此，要特别注意这一时期的水分供应，俗谚“灌浆有墒，穗大籽方”，就是要在后期浇好灌浆水、落黄水，力争“麦长一线”。另外，后期叶面喷施磷酸二氢钾和叶面宝，对增加粒重有良好效果。

4. 减少干物质积累的消耗

重点把握好小麦的收获时间，以蜡熟末期收获产量最高，过早或过晚收获均降低粒重。过早籽粒没有灌饱，过晚干物质已不再增加而呼吸作用仍在消耗，使籽粒重量下降。所以应做到适时收获。

十、小麦的群体结构

（一）群体的概念

大田生产中小麦是一个群体，由许多个体组成。群体虽由个体组成，但已产生新的质的特点，而不是单纯个体的总和。同一品种同时播种在同样条件下的植株，在大群体中分蘖数目较早就达到高峰，并开始死亡；而在小群体中，分蘖数目要在较晚的时候才达到高峰，并开始死亡。事实上是分蘖的死亡不仅是植株个体的表现，而且还与群体的大小有关，群体所表现的特性不再是个体特性的简单相加。

群体与个体的关系，一方面群体由个体组成，以个体为基础，所以，个体的数量、分布、生长发育状况和动态变化决定了群体的结构和特性，决定了群体的内部环境条件。另一方面群体结构和群体内部环境条件，又反过来影响个体的生长发育。这就是群体与个体相互制约的辩证关系。群体的特性与群体的结构密切相关，群体内的环境条件除与环境条件密切联系外，在很大程度上受群体结构的影响。这是群体与个体的对立统一关系。

(二) 群体结构的内容和指标

1. 群体的大小

群体的大小是群体结构的主要方面。反映群体大小的指标有每亩基本苗数、蘖数、穗数、叶面积系数和根系发达程度。

(1) 每亩基本苗数 是群体发展的起点，它随自然条件、生产水平、品种特性和栽培方式有很大变化。

(2) 每亩蘖数 指每亩主茎和分蘖的总数，从分蘖发生以后到抽穗以前，通常都用它反映群体的大小。

(3) 亩穗数 指每亩成穗的多少。是群体大小的最终表现，既是抽穗后群体的大小，又是产量的直接构成因素。

(4) 叶面积系数 指单位土地面积上的植物叶的总叶面积。叶面积系数的大小对产量、群体特性和群体内环境条件影响很大。叶片是光合器官，叶面积系数太小，肯定难以高产。但叶面积系数过大，叶片相互遮阴，成为群体下层叶片进行光合作用的主要矛盾，同样难于取得高产。据资料介绍，小麦高产地块叶面积系数返青期在1左右，拔节期在3~5，孕穗期在4~6，抽穗后基部叶片枯黄，叶面积系数即趋下降。

(5) 根系的发达程度 根系发达与否直接影响器官的形成和发展，对叶片的寿命和功能有重大关系。根系的发达程度与群体大小有关，群体越大，光照条件越差，植株营养不足，次生根的发育将受到严重影响。

2. 群体的分布

主要指叶层分布或叶层结构，与叶片的大小、角度、层次和行株距相关。观察证明，叶片小而挺直、叶面积下部多于上部的，比叶大而平铺或下垂、叶面积集中上部的，株间光照较好；行距较大的优于行距较小的。

3. 群体的长相

群体长相是群体结构的外观表现，包括叶片长相、叶色、封垄早晚和程度等。河南常用三种“耳朵”来形象地比喻叶片形态，作为判断苗情的标准，采用措施的依据。分蘖较少，叶片上挺，茎叶纤细，叶片黄绿，形似“马耳朵”属于弱苗，证明水肥不足，应以促为主；分蘖正常，叶片斜翘，叶端稍垂，叶色青绿，形似“驴耳朵”，属于壮苗，说明生长正常，应视苗情，科学运筹肥水，促控结合；分蘖较多，叶片肥厚，叶尖下垂，叶色浓绿，形似“猪耳朵”，属于旺苗，表明氮素过多，营养过剩，应以控为主，控中有促。

4. 群体的组成

在麦田群体中，主要考虑主茎与分蘖、有效分蘖与无效分蘖、主茎穗与分蘖穗的比例，这些比例大小与个体的发育情况、群体的透光情况、群体麦穗的大小均有密切关系。

5. 群体的动态变化

群体的大小、分布、长相，都随着个体的生长发育而不断变化，这些变化反映了群体的好坏和对产量的影响。

(1) 每亩总蘖数的变化 小麦分蘖以后，亩总蘖数不断增加，在拔节前达到高峰，以后由于分蘖两极分化，小蘖逐步死亡，又逐渐下降，到抽穗后才稳定下来。在高产条件下，基本苗少的，单株分蘖多，增加迅速，但总蘖数增加较慢，到达高峰较晚；增加基本苗，分蘖期延迟，单株分蘖较少，总蘖数到达高峰较早，下降也快。不同基本苗的群体在冬前总蘖数相差较大，中期相差变小，后期相差更小。从个体指标看则相反，差异越后越大。分蘖成穗率随着基本苗的增加而降低，不孕小穗增加，小穗数变少，穗粒数降低。在相同穗数的情况下，基本苗少的，穗子总是大于多的，产量较高。从单株看单株穗数多的穗子比单株少的大。所以，在高产栽培中，应该防止基本苗过多，群体过大。

（2）叶面积系数的变化　叶面积系数随植株生长而逐步增大，通常在孕穗期达到最大值，抽穗后又逐步变小。不同密度的群体，叶面积系数变化动态与总蘖数的消长相似，群体密的上升较快，稀的上升较慢，不同群体密度的叶面积系数在冬前差距较大，拔节以后日益递减。

（3）群体高度和整齐度的变化　拔节后群体高度动态变化出现两种情况：一种是叶层的变化，由于节间的伸长，部分叶子逐渐向上推移；一种是节间伸长的变化，植株由低变高。节间的伸长与群体的大小有关，初期节间长度是密者长稀者短，而后期是密者短稀者长。随着密度的提高植株的抗弯力和抗折断力依次递减。影响整齐度动态变化的因素很多，如群体大小、局部稀密、肥瘦不均等。

（4）干物质重量的动态变化　个体干重的动态变化和分蘖数、叶面积表现的趋于一致，稀者较重，密者较轻；不同密度间，孕穗期差异达到最大。地上部总干重在不同群体间差异较大，密的明显重于稀的，到拔节后，总重量的差距趋于拉平。穗重一直在增加，开花以后尤为迅速，群体小的比群体大的增加快。茎干重初期一直在增加，开花后由于有机物质向穗输送开始减少。

（三）群体与个体对立统一关系

群体和个体对立统一关系比较复杂，及决定于土、肥、水条件，又与品种特性和生长发育特性有密切关系，同时还受栽培措施的影响。

在低产变中产的过程中，肥水常常不足，土壤条件也不适当。播种量往往偏低，植株个体数量较少，生长较弱，蘖少、叶少并不繁茂。群体与个体的矛盾不是主要矛盾，主要矛盾是小麦植株的生长发育和土、肥、水条件的矛盾。改善水肥条件，适当增加基本苗，是增产的主要措施。

在中产变高产的过程中，小麦从播种、出苗，就出现了群体与个体的对立，但这种矛盾没有表面激化，此时主要矛盾在于种子萌发和土壤环境条件中水分、温度及通风条件的矛盾，可以采取浇好底墒水、耕翻松土、适期播种、适降播量等措施。在苗期个体与群体的矛盾，个体占主要方面，因为促进个体的发展也就促进了群体的发展。到起身拔节期个体迅速长大，地下部由于土肥水条件较好，矛盾并不突出，而地上部由于彼此相互遮阴程度增加，环境条件特别是光照条件发生了变化，群体和个体的矛盾成为了麦田的主要矛盾。在个体和群体的矛盾之中，群体成为矛盾的主要方面，应防止群体过大，改善群体内光照条件，使群体处在一个未定且繁荣的水平，让个体得到良好正常的发育。小麦抽穗开花后，群体开始稳定，群体与个体的矛盾趋于稳定，主要矛盾转移为个体内部的矛盾。

在高产条件下，处理好群体和个体的矛盾，使群体结构合理，个体健壮发育，是夺取小麦高产的关键。

（四）建立合理的群体结构

1. 小麦的合理群体结构

小麦的合理群体结构是根据当地的自然条件和生产条件，根据品种特性和栽培技术，是麦田的群体大小、分布、长相和动态等有利于群体和个体的协调发展，从而经济有效地利用光能和地力，促使穗多、穗大、粒多、粒饱，最终达到高产、稳产、优质和低消耗的目的。

能否获得较高的经济产量是合理经济结构的重要指标，小麦经济产量的形成主要决定于后期光合产物的多少。要使小麦后期的群体结构比较合理，必须在生育前期注意调节，调节前期的群体结构是为了建立后期合理的群体结构。

2. 群体结构的自动调节

小麦的群体结构具有一定限度的自动调节作用，不同数量基本苗的麦田，尽管群体发展的起点不同，基本苗数量相差很多，但由于群体的自动调节作用，随着生育进程的发展，越到后来，群体数量差距越来越小，到拔节后相差更小。

（1）小麦群体的自动调节是一个适应过程，时间越长自动调节作用越明显　但自动调节有一定限度，种植密度过稀和过密，常常造成群体过大和过小。

（2）群体的自动调节是通过反馈作用进行的　反馈是指一种过程的后果引起过程某种条件的变化，反过来影响过程的本身，使这种过程最后稳定在某一水平上。以小麦分蘖为例：开始由于小麦本身的特性和外界条件的作用，促进了小麦分蘖，当分蘖发展到一定限度后生长速度开始减慢，分蘖逐渐停止甚至死亡。也就是说，过程本身限制过程发展趋向稳定，是由于某些条件的变化所致。

（3）通过自动调节后，表现出群体的稳定性和个体的变异性　不同种植密度的群体就总蘖数来说，开始差异较大，越往后期差异越小；但个体的分蘖数则相反，越往后期差异越大，使个体数在差异很大的基础上，最后稳定在一个合理的范围内。

（4）小麦群体自动调节有一定顺序性　肥水作用，首先促进分蘖数，其次增加穗数，再次增加每穗粒数，最后才影响千粒重。因此，小麦高产首先促进穗数的增加比较容易。

3. 建立合理群体结构的途径

低产变中产主要解决土肥水生产条件与小麦生长发育的矛盾，满足小麦在生长发育过程中对水、肥、土的要求。中产变高产，主要处理好群体发育与个体发育的矛盾，也就是要建立合理群体结构。从调节基本苗数出发，通过田间管理措施和建立不同群体结构，提高小麦产量，主要有 3 条途径。

（1）以分蘖成穗为主　基本苗少，每亩 10 万苗左右，最高蘖数少，每亩 100 万左右，分蘖成穗率高，在 50%以上。通过减少基本苗和控制无效分蘖以防止群体过大，通过提高分蘖成穗率争取较多的穗数。采取这种途径一要保证有足够的穗数（50 万～60 万），二要保证群体有足够穗数的基础上控制群体发育，促进个体发育，三要尽最大努力促使个体发育良好，促使穗大粒多粒饱。

（2）以主茎成穗为主　适用于晚播麦田，基本苗数多（每亩30万~40万），最高群体多（每亩120万左右），分蘖成穗率低（30%~40%），每亩成穗（50万~60万）。

（3）主茎成穗与分蘖成穗并重　每亩基本苗在20万以下，最高分蘖数不超过110万，亩穗数控制在50万~55万。该途径最好采用大穗品种，基本苗数及最高分蘖控制在中等水平，群体不大，穗数较少，个体发育健壮，以争取穗大粒重而增产。

第三节　小麦生产与土肥水的关系

一、土肥水在小麦生产中的重要意义

小麦产量是由内因品种特性和外因环境条件相互作用所决定。在大田生产中，小麦生长发育所必须的生活条件光、温、水、气、养分中，光和温主要依靠自然得到满足，而水、气、养分一部分来自自然，但主要是靠栽培措施给以供应和调节，并且大多通过土壤对小麦生长发生作用，并受土壤形状的影响产量有高有低。

小麦中产变高产，关键在于解决小麦生长发育与环境条件之间的关系，即与土肥水的矛盾。在土肥水条件基本解决后，要使小麦高产更高产，主要解决小麦群体与个体的矛盾，以及个体内部各器官之间的矛盾。这就要求根据小麦的特性，群体发展和个体发育的规律，器官之间的相互关系，科学运筹肥水，协调个体和群体、器官和器官之间的关系，发挥土肥水的增产作用，继续改善土肥水条件，不断提高地力，仍然是高产稳产的基本增产措施。

二、小麦对土壤的要求

农谚有“土是本，肥是劲，水是命”。说明广大农民都非常重视创造一个适合小麦生长发育的环境。一般认为，最适宜小麦生长的土壤，应是熟土层厚、结构良好、有机质丰富、养分全面、氮磷平衡、保水保肥力强、通透性好。此外、还要求土地平整，这样才能确保排灌自如，使小麦生长均匀一致，达到稳产高产的目的。

（一）耕层深厚，质地良好

质地不同的土壤，其养分、水分、耕性、生产性都不相同。虽然小麦在砂质土、黏质土和壤土中都能生长，但最适宜小麦生长发育的是壤土。砂质土结构松散，保水保肥能力差，养分含量低，吸热散热快，温度变幅大，不利于小麦生长和越冬。黏质土颗粒细小，结构紧密，通气性差，排水不良，宜耕性差，前期不发苗，后期易晚熟。降水多时，黏质土蒸发慢，容易造成涝害；干旱时土壤坚硬，体积缩小，表层龟裂易拉断麦根，农民叫“湿时一把泥，干时一把刀”给耕作带来很大困难。壤质土结构好，保水保肥能力强，透气性好，微生物活动旺盛，有效养分含量高，最适于小麦生长发育。土壤过酸过碱，小麦生长受阻；土壤含盐量过大，小麦出苗困难。

（二）熟土层厚，结构良好

熟土层是指在耕作栽培措施的作用下形成的理化性状较好、养分含量较高的土壤层次，小麦2/3以上的根系都分布在这一层，是小麦养分和水分的主要供应基地。熟土层水、肥、气、热含量的多少，直接影响小麦的生长发育。由于近些年旋耕机的推广应用，农田耕层深度只有15厘米左右，严重限制了水、肥、气、热的储存空间。因此，要结合增施有机肥进行深耕加厚耕作层厚度达到25~30厘米，促其迅速熟化，改善土壤结构，增强蓄水保肥能力，有利于小麦根系的生长发育，从而提高产量。

（三）土壤肥沃，供肥力强

有机质含量和养分状况是土壤肥力的重要因素。有机质的多少是衡量土壤肥力的重要指标。有机质中的胡敏酸可以促进土壤团粒结构的形成，团粒里的毛细管可以贮水、肥、气，团粒之间空隙较大，可以渗水通气，满足小麦生长发育所需的水、肥、气、热。500千克以上的小麦高产田土壤有机质含量大多在10~15克/千克，因此增施有机肥，有利于改善土壤结构，提高地力，达到高产目的。

（四）土地平整，排灌自如

土地平整是防止土肥水流失，提高蓄水保墒能力，保证灌溉质量，充分发挥土肥水作用，确保小麦增产的条件；也是保证机械耕耘、播种、管理、收割等各项田间作业的基础。地面不平，高处缺水，小麦受旱受饥；地处过湿，水多气少，地温偏低，影响根系发育和吸收水肥，麦苗瘦弱，后期易发生贪青倒伏。

三、小麦对土壤养分的要求

增施肥料是小麦增产的重要物质基础。为了做到合理施肥，必须了解各种元素在小麦生长发育中的作用和小麦的需肥特性，以便做到测土配方施肥，提高施肥的经济效果。

（一）小麦生长发育所需的元素和作用

小麦生长发育必须的营养元素有碳、氢、氧、氮、磷、钾、钙、镁、硫和微量元素铁、硼、锰、钼、铜、锌等。其中，碳、氢、氧约占小麦干物质重的90%以上，氮、磷、钾、钙、镁、硫和微量元素铁、硼、锰、钼、铜、锌等的总含量不足5%。碳、氢、氧主要来源于空气和水，其余元素要从土壤中吸收。

氮是构成小麦一切器官的基本元素，是小麦体内蛋白质和叶绿素的重要组成部分。它能促进根茎叶的生长，扩大绿色光合面积，加强光合作用和营养物质的积累，从而促进分蘖、幼穗分化和灌浆，提高成穗率、结实粒数和增加粒重，并改进品质。氮素不足时，植株矮小、分蘖较少、叶片狭小、叶色发黄、穗小粒少、成熟较早、产量降低；氮素过多时，茎叶徒长、分蘖增多、叶色浓绿、茎秆柔嫩、容易倒伏和贪青晚熟。

磷是小麦细胞和蛋白质的组成成分并能促进蛋白质和糖类的正常代谢。可是小麦苗期早分蘖、多分蘖、多生根、长壮根，扩大叶面积，增加干物质积累，增强抗旱抗寒能力；后期能促进小麦体内碳水化合物和蛋白质的代谢及运转，使小花和花粉粒正常形成，减少不育小花数，加速灌浆进程，促进早熟，增加粒重。磷素缺乏时，根系发育受到抑制，分蘖减少，叶色暗绿；严重缺磷时，叶片发紫，开花延迟，结实减少，粒重降低，品质下降，产量降低。

钾能够促进碳水化合物的合成、转化和运输，改善细胞之中原生质的理化性质，增加小麦抗旱、抗寒、抗热能力。钾还能提高纤维素含量，增强植株的机械组织，提高茎秆的抗倒伏能力。若钾素不足，小麦生长迟缓，茎秆变短而脆弱，容易发生倒伏，品质下降，产量降低。

氮磷钾三要素对小麦的作用是相互联系、相互影响的，磷可以增强对氮和其他元素的吸收，钾可以促进氮磷转化，只要氮磷钾比例配合得当，就可促进并提高肥效。除氮磷钾三要素外，其他元素对小麦生长发育同样具有重要作用。如果某种元素缺乏到一定程度时，就会出现反常的症状，如缺铁时，叶脉间往往出现失绿现象。

（二）小麦的需肥量

小麦一生所需的碳、氢、氧主要来源于空气和水，其余元素要通过根系从土壤中吸收。小麦每生产 100 千克籽粒，植株从土壤中吸收氮磷钾的数量，由于自然条件、产量水平、使用品种、栽培技术的不同而有所差异，一般认为需要吸收氮 3 千克，磷 1~1.5 千克，钾 2~4 千克。氮磷钾三者的比例约为 3：1：3。

在实际生产中确定施肥量，要根据目标产量的要求，考虑土壤的供肥量和肥料利用率的高低。

一般认为有机肥当季利用率为 20%~25%，铵态氮素肥料约为 40%以下，尿素为 50%~70%，磷肥利用率为 15%~30%，钾肥为 50%~70%。

确定某种肥料的需要量，可参考下列公式进行计算：

某元素的需要量=土壤当季供应量+农家肥当季供应量+化肥当季供应量

土壤当季供应量=土壤中某元素的速效养分含量（毫克/千克）×0.15（表层 20 厘米土重约 1.5 万千克）

农家肥当季供应量=农家肥施用量×农家肥含某元素的百分率×当季利用率

化肥当季供应量=化肥施用量×化肥含某元素的百分率×当季利用率

一般当季利用率：有机肥 20%~25%，氮肥 30%~50%，磷肥 15%~20%，钾肥 50%~70%。为了满足小麦需肥，施肥量必须大于需肥量，一般氮肥为需肥量的 2 倍，磷肥 2~4 倍，钾肥 1.5 倍。

（三）小麦的需肥特点

小麦在不同的生长发育时期，对氮磷钾三要素的吸收量是不同的。小麦一生对氮的吸收有两个高峰，一个是分蘖到越冬，另一个是拔节到孕穗；对磷钾的吸收，随着小麦的生长发育逐渐增多，到拔节以后需要量大为增加，以孕穗到成熟期间最多约占总需要量的 40%（表 2-3）。

表 2-3　小麦各生育时期吸收氮磷钾的数量（550 千克/亩）

生育时期	氮（N）		磷（P_2O_5）		钾（K_2O）	
	千克/亩	占总量（%）	千克/亩	占总量（%）	千克/亩	占总量（%）
出苗—分蘖	1.23	8.05	0.22	3.33	0.77	3.26

（续表）

生育时期	氮（N）		磷（P_2O_5）		钾（K_2O）	
	千克/亩	占总量（%）	千克/亩	占总量（%）	千克/亩	占总量（%）
分蘖—越冬	2.07	13.51	0.34	5.19	1.18	4.99
越冬—返青	2.00	13.06	0.45	6.81	2.17	9.22
返青—拔节	1.88	12.27	0.95	14.29	3.77	16.03
拔节—孕穗	5.71	37.33	1.96	29.60	6.17	26.22
孕穗—成熟	2.41	15.78	2.70	40.78	9.49	40.28
总　计	15.30	100.0	6.62	100.0	23.55	100.0

（四）合理施肥

小麦施肥的目的是供应小麦生长发育所必需的多种养分，最终增加产量，改善品质。同时要注意节省肥料，提高经济效益。施肥应遵照下列原则。

1. 测土配方，科学施肥

可以通过土壤化验弄清土壤中限制产量提高的营养元素是什么，只有补充这种元素，其他营养元素才能发挥应有作用，也就是常说的最小养分率。

2. 有机无机，合理搭配

由于小麦需肥较多，营养期较长，一方面，在全生育期需要源源不断地供给养分；另一方面，在生育的关键时期需肥较多，出现需肥高峰期。有机肥肥效长而缓，化肥肥效快而短，将二者结合起来，就能缓急相济，取长补短，满足小麦对养分的需求。有机肥为主，化肥为辅，无机换有机，培肥低产田。

3. 基肥为主，追肥为辅

麦收胎里富，基肥是基础。虽然小麦从出苗到拔节，苗小根少，对养分需要量不大，但对养分反应比较敏感，需要有充足的养分供应。因此，应确定基肥为主追肥为辅的原则。随着产量水平的上升，应采取“前氮后移”的科学施肥方法。

4. 因地制宜，看苗施肥

施肥是通过土壤供给小麦养分的土壤性质不同，施肥方法、施肥量应有所区别。砂地保水保肥性能差，施肥应“少吃多餐”，即可防止肥料浪费，又可预防脱肥早衰；黏土地保肥性强，一次追肥可以适量加大，但施肥时期要适当提前，防止贪青晚熟。看苗施肥就是看麦苗的长相进行施肥。弱苗，可适当多施，特别是氮肥，并注意氮磷配合，利于弱苗变壮；旺苗可以不施或少施；壮苗，可适当施，并注意氮磷钾合使用。

四、小麦对水分的要求

水在小麦的生长发育中有着极其重要的意义。它不仅是小麦植株主要的组成部分之一，而且是贯穿土壤、植株、大气系统的重要动力。水将小麦根从土壤中吸收的无机养分运往茎、叶及穗，又将这些部位光合作用制造的有机营养送到根及籽粒等部位。水还是小麦进行光合作用的主要原料。

（一）小麦的耗水量和耗水系数

1. 小麦的耗水量（需水量）

小麦从播种到收获整个生育期间麦田耗水总量称为耗水量。包括棵间土地蒸发，占30%~40%，植株蒸腾，占60%~70%，每亩耗水260~400立方米，即为400~600毫米。由于小麦不同的生育时期的特点及气候条件差异，小麦不同的生育阶段耗水量不同，因而要求的土壤水分也不同，当水分不足时就应灌溉。

2. 小麦的耗水系数

每生产1千克小麦经济产量的耗水量，即耗水量与产量的比值称为耗水系数，是衡量小麦水分利用率的指标，一般为800~1 500千克，并随产量提高而降低。

3. 小麦产量与耗水量的关系

第一，随着产量的提高，耗水量增加。

第二，随着产量的提高，耗水增值减少，耗水系数减少，水分利用率提高。

第三，当水分不能满足小麦生长时，产量与水分呈正比。

（二）冬小麦不同生育期的耗水特点

亩产500千克以上的麦田在各个所经历的时间和耗水量各不相同。现分述如下：

1. 播种—分蘖

出苗后日平均气温降低，日耗水量下降，一般情况下，从播种到分蘖，历时33天左右，阶段耗水量35.7立方米，平均日耗水量1.08立方米，占总耗水量10.8%。

2. 分蘖—越冬

小麦从分蘖到越冬这一阶段，气温下降，日耗水量也在下降。该阶段历时40天左右，阶段耗水量13.2立方米，平均日耗水量0.33立方米，占总耗水量3.8%。

3. 越冬—返青

小麦入冬后，生理活动缓慢，耗水量进一步减少，从结冻日期开始，常年历时38天左右，阶段耗水量14.4立方米，平均日耗水量0.39立方米，占总耗水量4.6%。

4. 越冬—拔节

小麦返青后气温逐渐升高，生长发育加快，水分消耗随之增加，经历48天左右，日耗水量增至1.37立方米，阶段耗水71.1立方米，占总耗水量，19.9%。总之拔节前，时间占整个生育期的2/3或以上，但耗水量只占40%左右。

5. 拔节—抽穗

小麦进入旺盛生长时期，耗水量急剧增加，其中，挑旗期是小麦一生对水分要求最敏感的时期，称为需水临界期。这段时间35天左右，耗水量占27.2%，日耗水2.69立方米，阶段耗水94.2立方米。

6. 抽穗—成熟

时间43天左右，耗水占33.7%，日耗水量在抽穗开花期达最大2.73立方米。总耗水量达117.55立方米。

（三）冬小麦灌溉的基本原则

“麦收八、十、三场雨（即8月、10月、3月）”“灌浆有墒，籽饱穗方”，这些农谚都是十分宝贵的种麦经验，也是对小麦需水关键时期的科学概括。小麦灌水分为底墒水、分蘖水、越冬水、返青水、拔节水、孕穗水、灌浆水、麦黄水等，但不是都浇，视情况而定。小麦是否灌溉主要从三方面考虑：一是土壤墒情；二是气候情况；三是苗情。

1. 根据土壤墒情

土壤墒情够不够，要看小麦在不同生育时期对土壤水分的要求。既有一个适宜的界限，也有一个底线。土壤质地不同要求适宜的土壤湿度也不相同。以小麦出苗来说，淤土要比两合土、砂土高，要求绝对含水量，砂土为14%~16%，两合土16%~18%，淤土18%~20%。不同的土壤确定适宜的土壤灌水指标如下（占田间最大持水量的百分数）（表2-4）。

表2-4　不同生育时期的灌水指标

生育阶段	播种—出苗	分蘖—越冬	返青—拔节	拔节—抽穗	抽穗—灌浆	灌浆—成熟
适宜范围（%）	75~80	60~80	70~85	70~90	75~90	70~85
灌水指标（%）	60以下	55以下	60以下	65以下	70以下	65以下

2. 根据气候条件

气候条件主要看小麦生育期间的降水条件和气象变化，不同的水文年份，有不同的灌溉制度。年降水量在600~700毫米的地区，一般年份要浇2~3次水，每次每亩灌水150~200立方米，湿润年份1~2次，每次每亩灌水50~100立方米，干旱年份要浇3~4次，每次每亩灌水150~200立方米。冬灌当气温下降至0℃时不能再灌，以免冻害。

3. 根据苗情

苗情如何主要看小麦群体大小和单株生长健壮与否。对于群体过大的旺苗，一般应采取晚浇或不浇的办法以控制继续旺长；对于弱苗，各时期浇水都应当采取适当早浇的方法，以促弱转壮。冬前没分蘖的麦苗，不浇冬水。

（四）小麦灌溉技术

1. 播前灌水

足墒下种是培育壮苗，夺取小麦高产的关键技术措施之一。小麦播种时，要求土壤湿度应保持在田间持水量的70%~80%，低于55%时，出苗慢而不全，应考虑浇好底墒水。

2. 越冬灌水

冬灌的目的是使小麦在冬季有适宜的水分，使其正常生长，平抑地温，防止冻害，并可做到冬水春用，减轻来年春季浇水负担。正确冬灌要考虑三方面因素，即温度、墒情和苗情。

冬灌的适宜温度要求在日平均气温3℃左右。冬灌过早，气温尚高，蒸发量大，起不到蓄水、增墒的作用，同时还会引起麦苗徒长，不抗冻；冬灌过晚，气温偏低，土壤冻结，水分不能下渗，常会使麦苗受冻或窒息死亡。所以农谚说：“不冻不消冬灌嫌早，只冻不消冬灌晚了，夜冻日消冬灌正好”。

从土壤水分考虑，如果砂土含水量低于14%，两合土低于16%，淤土低于18%时，应该考虑冬灌。冬灌后要及时松土保墒，提高地温，促使小麦根系下扎，达到培育壮苗的目的。

冬灌也要看苗情。旺苗一般不缺水，不必冬灌；弱苗尤其是晚播弱苗，也不宜冬灌，以防淤苗、凌抬、受冻伤害麦苗。

冬灌水量不宜过大，以免地面积水，遇低温形成冰壳，致使植株地上受冻，根系窒息，造成分蘖死亡。

3. 春季灌水

春季灌水是指小麦的返青水、拔节水和孕穗水。小麦返青后是中上部叶片形成，年前分蘖生长，年后分蘖出现，幼穗加速分化的阶段，是争取穗多、穗大、粒多的重要时期。这一时期田间持水量应保持在70%~80%，低于55%时，单株的有效穗数和穗部的形状发育将受到影响；拔节期低于60%时，成穗率降低，单株分蘖成穗率少，穗也小；孕穗期应保持田间持水量的80%左右，否则影响穗粒数，此时是小麦一生对水分要求最迫切、反应最敏感的关键时期，生理上称为“水分临界期”。

对于低产田当地下5厘米地温回升到5℃左右时，浇好返青水，对促进有效穗数有很大作用。高产田，为了控制年后群体过大，防止倒伏，返青时一般不浇水，到拔节前期分蘖开始两极分化时结合施肥再浇水。

4. 后期灌水

主要是指灌浆水和麦黄水。小麦抽穗后到蜡熟期，麦田土壤湿度应保持在田间持水量的65%~80%。灌浆水是促进小麦籽粒形成、加速灌浆速度、提高粒重的重要措施。灌水与没灌水的相比千粒重提高2~3克。但灌水时要注意风雨，防止倒伏。麦黄水对促进小麦灌浆，防御干热风，提高千粒重有很大作用。

第四节 超高产小麦栽培技术

小麦亩产逾越千斤之后再想夺取超高产，必须具有超高产的基础和相应的配套栽培措施。不仅要有超高产的品种，还要有适宜的土壤条件和肥力水平，既要探究超高产小麦的需水规律和需肥规律，又要建立好合理的群体结构，争取群体适宜，个体健壮，产量三要素协调，才能达到预期目标。

一、小麦超高产的基础

(一) 超高产品种

实践证明，选择生产潜力大、抗倒伏、抗病性好、抗逆性强、株型结构合理、光合生产能力强、经济系数高、不早衰的优良品种是小麦超高产的关键。鉴于不同品种形成产量在穗粒重和成穗数存在明显差异，一般把小麦品种分为三大类型：一是穗子较小的多穗型品种；二是穗子较大的大穗型品种；三是穗子中等的中穗型品种。从各地高产栽培的经验看，分蘖成穗率高的中间型和多穗型品种高产稳产性好，管理难度较小，出现超高产的频率较高，容易获得超高产。

（二）适宜的土壤条件

1. 地面平整，便于灌排

超高产麦田要求土地平坦，坡降一般控制在0.1%～0.3%，这样可以提高土壤的蓄水保墒效果，保证施肥均匀、供水一致、小麦生长整齐。易涝麦田要有健全的排水系统，严防积涝成灾。

2. 土层深厚均匀中间无明显障碍层

小麦的根系活动范围广，一般可下扎2米，最深可达5米以上，为使根系得到良好发展，要求土层厚度达到2米以上。而且，最好能在2米土层内保持相对均匀一致，中间无明显障碍层次（如胶黏层、铁板沙、粗沙层、沙姜层等），以利根系下扎。坚硬的犁底层会阻碍根系伸展，同时影响水分上下移动，一旦形成应及早打破。

3. 耕作层较厚，结构良好

耕作层也叫熟土层，或称活土层，它是向小麦提供水分、养分的主要载体。小麦根系的80%左右都分布在这一层中，加厚耕作层是实现小麦超高产的共同经验，一般要求耕作层厚度达24厘米以上。耕作层还应具有良好的结构，为此，需要运用人工培肥和合理耕作等措施使之保持疏松绵软状态，形成良好的团粒结构，以实现水肥气热协调。

4. 地下水埋藏深度适宜

地下水是耕层土壤水分的补给源之一，但埋藏深度不宜过浅，干旱地区水分蒸发量大，如果地下水沿土壤毛细管源源不断上升，会使盐分过多地积存于土壤表层，引起反盐，对小麦生长不利。因此，干旱地区地下水埋藏深度必须保持在1.5米以下，湿润地区一般不存在盐胁迫问题，地下水埋藏深度至少也应该大于1米，以免烘托形成耕层带水发生湿害。

（三）对土壤肥力的要求

超高产小麦对耕层土壤肥力的要求主要体现在以下几个方面。

1. 丰富的土壤养分

有机质含量通常被称做反应土壤肥力水平的一项重要指标。它的作用是多方面的。其一，有机质的积累能够不断地改良土壤团粒结构，促进土壤水肥气热协调；其二，丰富的有机质有助于繁衍大量有益微生物，进而增强土壤熟化程度，提高肥力水平；其三，在有机质被分解矿化过程中，可以释放出小麦所需要的多种养分和二氧化碳，其中二氧化碳从地表释放出来，可以适当补充小麦群体内光合作用所需二氧化碳之不足。超高产麦田通常要求土壤有机质含量≥1.2克/千克，且质量较高，其中，易氧化有机质占有机质总量的50%以上，除有机质外，其他养分含量也要达到较高水平，而且相互间比例协调。根据几年来各地超高产麦田土壤养分测定结果和生产实践，耕层速效钾应达到120毫克/千克以上，在此基础上通过选用具有超高产潜力的品种，良种良法配套，可达到亩产600千克以上的超高产。

2. 良好的松紧度、通透性和保蓄能力

土壤质地是决定松紧度、通透性和蓄水保肥能力的首要条件。黏质土壤质地细腻，结构紧密，通透性差，宜耕性差，虽然保肥蓄水能力强，但对小麦根系伸展不利。砂质土壤质地粗糙、结构松散、通透性好，宜于耕作，但保肥蓄水能力差难以获得超高产。只有壤质最适于高产小麦，尤以中壤土为最好，轻壤土次之。

结构状况是决定土壤松紧度、通透性和保蓄能力的另一个重要因素。只有那些富含有机质的土壤，才能形成土壤团粒结构，各团粒之间的空隙保证了土壤的通透性和适宜的松紧度，团粒内部均有良好的保蓄能力，目前用来衡量土壤松紧度的主要指标是容重，通常要求高产麦田的土壤容重< 1.3 克/立方米。

3. 适宜的酸碱度及其他

小麦对土壤酸碱度的适应范围比较广，pH 值 5~8 都可以生长小麦。但小麦最适宜的酸碱度是 pH 值 6~7，可依此作为选择小麦高产田的酸碱度指标。土壤的盐分含量是影响小麦生长的重要障碍因素之一，当含盐量>0.2%时，就会影响小麦生长。通常要求高产田的土壤含盐量<0.1%。土壤中没有其他有害（或过量）金属元素及污染物。

二、超高产麦田需水需肥规律

（一）超高产麦田需水规律

1. 小麦吸水过程

小麦吸水主要在根系中的根尖部位进行，其中，又以根毛区的吸水能力最强，根冠、分生区和伸长区则次之。现有研究表明，根系吸水的动力主要靠根压和蒸腾拉力，其中蒸腾拉力是吸水的主要动力，此吸水量可占总吸水量的 90%以上。在二者共同作用下，使从吸水到蒸腾过程接连不断的进行，总的趋势是水从水势高的地方向水势低的地方流动。于是水被输送到植株的各个器官，维持着体内一切正常的生理活动，环境稍有不适，可以通过气孔调节以维持体内水分平衡。但环境恶劣，超过气孔可调节范围时，就会对植株造成不同程度的伤害。

2. 麦田耗水状况

我国北方麦区小麦生育期气候较干旱，一般不会发生地表径流。另外，小麦根系生长在 2 米深的土体中，正常灌溉，只要不是漏水严重的砂土地，也不会造成土壤深层渗漏。因此，麦田水分消耗主要有两种：一是地表蒸发；二是植株蒸腾。

（1）地表蒸发　指那些从小麦植株间的地面直接散失的土壤水分。蒸发量的大小受气象因素、农艺措施和田间覆盖等多方面影响。地表蒸发的水分基本属于无效消耗。在干旱的条件下，栽培过程常运用一些保墒措施（划锄松土、地膜覆盖等），以降低这部分无效消耗。土壤水分过多时，则需要破土散墒等措施，增加地表蒸发量，以调节土壤水分使之维持适宜水平。

（2）植株蒸腾　指通过蒸腾作用由植株表面（主要是叶片的气孔）散失到植株体外的水分。蒸腾作用是作物的重要生理功能之一。在自然条件下，维持正常的蒸腾与维持正常的气体交换是同一过程。只是在蒸腾作用下，作物才能获得生命所需的二氧化碳，而且蒸腾作用是降低温度防止叶片和植株表面过热的重要方法。蒸腾还可以使叶肉细胞渗透压增大，水势下降，提高叶片吸水的拉力。由此看来，植株蒸腾而散失的水分是小麦生理需水，属有效耗水。

（3）地面蒸发与植株蒸腾比例　在小麦不同生育期，地表蒸发与植株蒸腾的比例有明显差异。小麦生产前期，植株幼小，地面裸露部分大，裸露地面缩小，植株蒸腾比例加大，生育后期叶面积回落，生理活动减弱，蒸腾耗水有所减弱，地面蒸发也会有所回升。高产麦田覆盖度大，生理活动旺盛，蒸腾耗水量较大，地面蒸发量相对较少，有助于提高水分效率；低产田与此相反，其水分生产效率难以提高。

3. 超高产麦田小麦不同生育阶段需水规律及耗水量

将小麦全生育期进程划分为3个阶段：从小麦播种至拔节为前期，拔节至花开为中期，开花至成熟为后期。根据单玉珊等人（1992）研究，适期播种的高产麦田，耗水量的分配比例为：前期30%，中期35%，后期35%。全生育期耗水量平均约为382立方米。

另据中国农业大学（1997）研究，高产麦田小麦全生育期消耗的土壤贮藏水和自然降水各占总耗水量的30.1%和22.8%，灌溉耗水约占总耗水量的47.1%，据此推算超高产小麦全生育期每亩约需灌水180立方米，其中大约70%的灌水应放在小麦生长的中后期（拔节以后）。小麦在挑旗期和扬花期对水分需求最为敏感，这两个时期麦田不能缺水。

（二）超高产小麦的需肥规律

1. 小麦需要的营养元素

在小麦生长发育过程中需要多种营养元素，其中，数量最大的是碳、氢和氧，来自空气和水，占植物干重的90%~95%。氮、磷、钾和其他矿质元素主要依靠根系从土壤中吸收，其重量占植株干中的5%~10%，根据其在植株中相对含量的多少，又可分为大量元素和微量元素。大量元素有氮、磷、钾、钙、镁、硫；微量元素有铁、硼、锰、钼、铜、锌和氯不管是大量元素，还是微量元素，他们均具有重要的生理作用，是维持小麦正常生理活动的营养成分，一旦缺乏某种营养元素，都会出现不同程度的缺素症状，轻者影响生长，重者停止生长或死亡。对于大多数土壤来说，土壤中的氮、磷、钾不能满足小麦生长的需要，需要通过施肥给予补充；土壤中其他营养元素和含量一般都能满足小麦生长的需要，但也可能缺乏某种元素，可以根据土壤养分的测试结果，确定含量是否需要补充。

2. 超高产田的需肥量

一般认为每生产100千克小麦籽粒需要的氮、磷、钾的数量分别为3千克、1千克和3千克，比例为3∶1∶3。近年来多数研究者认为：随着小麦产量的提高，每生产100千克小麦籽粒需要的氮、磷、钾比例有所增加，超高产麦田的需钾量超过需氮量并具有以下规律。

（1）氮、磷、钾的供需总量　随着产量的提高而增加，符合作物一般养分需肥规律。

（2）在养分利用上　氮、磷、钾表现出完全不同的趋势。氮的利用率随着产量水平的提高而上升；磷的利用率始终维持在30%的低水平；钾的利用率随着产量水平的提高而下降，表现出越是产量高，越要增施钾肥。

(3) 根据氮、磷、钾各自的利用率　亩产600千克的麦田肥料供应量为：氮每亩23.3千克、磷（P_2O_5）每亩19.4千克、钾（K_2O）每亩35.8千克（表2-5）。

表2-5

项目		不同产量水平对氮、磷、钾供需利用状况				
产量水平（千克/亩）		450~500	500~550	550~600	600~650	650~700
氮	需要量（千克/亩）	17.69	19.56	21.42	23.28	25.14
	土壤供应量（千克/亩）	26.77	28.70	30.30	32.19	33.46
	利用率（%）	66.09	68.14	70.69	72.32	75.15
磷	需要量（千克/亩）	4.73	5.22	5.72	6.22	6.72
	土壤供应量（千克/亩）	16.04	16.12	17.75	19.39	21.36
	利用率（%）	29.47	32.41	32.23	32.07	31.44
钾	需要量（千克/亩）	18.41	20.34	22.28	24.22	26.16
	土壤供应量（千克/亩）	22.48	24.69	31.03	35.80	39.00
	利用率（%）	81.88	82.4	71.81	67.65	67.07

3. 超高产小麦不同生育阶段养分吸收特点

一般亩产500千克的麦田，除了追肥因素的影响，小麦自然吸肥高峰出现在孕穗期，需磷高峰比需氮、需钾高峰稍晚。开花后对氮磷的吸收强度虽然也有明显下降，但直至成熟仍然保持一定的吸收能力。而亩产高于600千克的超高产小麦需肥规律有些新的特点，时期播种小麦氮（N）和钾（K_2O）的吸收高峰分别提前到返青期至起身期和起身期至拔节期。磷的吸收高峰推迟到扬花期至灌浆期，钾（K_2O）的吸收在扬花期至灌浆期前仍能吸收一定数量。

三、超高产小麦的群体结构

(一) 提高光合产物是小麦超高产的基础

光合作用是小麦产量的根本来源。在组成小麦干物质中，由碳、氢、氧构成的有机物占90%~95%，这些有机物主要是通过光合作用而积累起来的。为提高生物产量可以从以下4个方面着手。

1. 扩大光合面积

光合面积也就是绿色面积，以绿叶面积为主，颖壳、叶鞘、秸秆的绿色部分也是光合作用的重要器官，在中低产生产水平下，小麦产量随叶面积的扩大而提高。但是叶面积的扩大有一定的限度，超过一定限度，就会造成田间郁蔽，光照不足，引起下部叶片枯黄，不但失去了光合作用能力，反而加大了消耗量。如何提高叶面积，并使叶面积维持在较高水平下，避免田间郁蔽，提高光合生产量，是超高产亟待解决的问题。

小麦株型除品种因素外，还与栽培措施密切相关。不论是大穗型、中间型或多穗型的品种，它们的株型如何，均可以在各自合理穗数的范围内，通过栽培措施适度缩小中上叶片面积，使亩数达到各自相对合理穗数的上限，进而在不造成郁蔽的情况下，提高叶面积系数和有效光合面积，增加生物产量。

2. 增强光合能力

光合能力也叫光合强度，通常用光合速率即单位面积在单位时间内同化二氧化碳（CO_2）的量来表示。

影响光合能力的因素有很多，除应选择光合能力强的品种外，建造合理的株型、叶型结构和群体结构是关键。它包括茎生上三叶，由上到下面积逐渐由小到大，叶片较挺直、空间分布均匀合理，孕穗期及以后植株底脚利落，均能改善冠层内光照条件，有利于冠层内外气体交流及时弥补二氧化碳亏缺，从而增强群体光合能力。

3. 延长光合时间

光合时间与叶片寿命关系密切，尤其在经济产量形成期（籽粒灌浆期），如果叶片早衰，光合时间减少，对产量影响很大。超高产田一般不缺少各种营养元素和水分，造成叶片早衰的主要因素是群体结构不合理。群体结构是否合理，除应掌握好适宜的每亩基本苗、冬前总茎数和春季最高总茎数外，关键是起身期至拔节期应适当蹲苗，使中上部叶片适度变小，并且较直立。在小麦挑旗以前无效分蘖基本消亡，这样可保证在小麦一生中最易郁蔽的孕穗期（此时的叶面积系数达最大值，茎生叶片之间尚未拉开距离，叶片密集）冠层内光照相对较好，而且在以后的生长阶段一直能保持群体内有较好的光照条件，从而保证了叶片和延长功能期（包括下部叶片），同时对提高根系活力和延长功能期也有极重要的作用。

4. 降低物质消耗

消耗包括正常呼吸消耗和非正常无效损耗两方面，可以从两个方面减少无效损耗，一是通过控制合理的群体，减少过多的无效分蘖，加速其死亡。保证成穗茎的叶片和根系不早衰。二是合理施肥，在土壤肥力高的超高产麦田，要控制氮肥用量，因氮肥过量，往往会引起氮素代谢过旺而消耗大量碳水化合物造成碳、氮比失调，干物质积累减少，最终还会影响籽粒的灌浆速度。因此，超高产的管理中不提倡重追肥，而应在合适的时期适量追肥。

（二）提高经济系数是超高产麦田的关键

经济系数是反映生物学产量利用效率的重要指标。在生物学产量处于相同水平时，提高经济系数，将会获得更高的经济学产量。经济系数反映了生物学产量转化为经济学产量的效率，实际上它是由开花后干物质积累和开花前贮藏物质量及输出率决定的。

1. 提高花前干物质积累量和转移率

经验证明，小麦扬花前株型和群体结构合理，植株生长稳健，在最易郁蔽的孕穗期仍能保持冠层内有较好的光照条件，扬花前植株体内干物质积累量会较多，而且扬花后干物质的转移率也较高，并且为提高扬花后的干物质积累打下了良好的基础。

2. 提高花后干物质积累量

小麦扬花后，主要是利用已建成的合理群体结构，通过科学的管理来增强后期的光合生产能力。以保证后期有较大的光合面积和较长的光合时间，保证根系不早衰并具有较强的活力，并且建成具有一定规模和较强调运能力的库，保持输导系统畅通，以此提高营养物质的转移率，从而增强后期的光合生产能力，增加扬花后的干物质积累量和籽粒产量。

（三）建立合理群体结构是项目超高产的保障

各地高产经验表明，超高产麦田必须建立一个合理的群体结构。

1. 高光效合理群体结构的主要特征

超高产麦田除严格控制苗数、头数、穗数以外，还应重视冠层内各层次之间的协调，这样才能建立真正合理的群体结构。根据多年高产攻关的实践和经验总结，超高产的群体结构应具备六大特征。

（1）群体稳健发展　在播前创造一个有利于小麦的土壤水肥条件，在确定合理播期和每亩苗数、培育壮苗的基础上，在小麦生长的过程中，尽量减少不必要的人工干预措施，使小麦群体按照自身的生长规律朝着合理的方向稳健发展，小麦起身期至拔节期是营养器官快速生长，群体结构建成的关键时期，在小麦起身前只要土壤肥力和墒情较好，群体大小适宜就可以让麦田在没有人工干预的情况下逐渐度过适度干旱。依靠小麦自身的调节能力，使群体平稳发展，在拔节后至旗叶露尖时再追肥浇水，这样在挑旗后就能建立一个合理的群体结构。

（2）叶面积系数平稳增长缓慢下降　因品种特性和土壤水肥条件不同，高产麦田的群体结构虽然各有区别，但是叶面积系数的变化规律却是基本一致的，越冬前为1~1.2，起身期为2.7~3.2，拔节期为4~4.5，挑旗期叶面积系数最大，达到7~7.5，而后缓慢下降，扬花期为5~5.5。小麦扬花后要求叶面积系数下降速度不能太快，以保持较大的光合面积，提高花后光合生产量。实际生产中有些麦田由于春季水肥调控措施不当，常常造成小麦起身后叶面积系数急剧增长，导致田间过早郁蔽，影响某些器官的发育和充实，植株旺而不壮，病害加重，倒伏危险加大，难于获得理想产量。

（3）两极分化明显，植株底脚利落　建立合理的群体结构，必须控制最高头数不能过大，但是由于品种类型和播期各异，对最高头数的要求也各不相同。然而无论哪种情况都要求无效分蘖衰减迅速，只要无效分蘖在拔节至旗叶露尖之间迅速消亡，旗叶基部残留枯茎较少，底脚干净利落，上部叶片不过大，冠层内光照条件就会较好。反之，如果无效分蘖迟迟不衰，各级大小不同的分蘖同时竞相生长，甚至一部分大蘖直至抽穗后才被淘汰，就会造成田间郁蔽，加大无效消耗。

（4）确定合理的高效叶面积系数　研究表明，小麦的光饱和点为24 000~30 000勒克斯，光的补偿点位800~1 000勒克斯。合理群体内的光分布应保持上部光合活动层的光照强度接近光饱和点，基部光照强度达到光补偿点的1~2倍，这样有利于提高群体的净光合产物。

群体内太阳辐射的垂直分布随着叶层的增多而减弱，一般每通过一层减弱1/2，华北地区小麦扬花前后自然光照强度平均为50 000~6 000勒克斯，若叶面积系数在5~5.5时，可以推算到达基部光照强度可以达到1105以上，在光补偿点1~2倍的范围之内。根据叶片功能分组，倒4叶属下部茎生叶，其主要功能是为基部节间充实和根系活动提供营养。为保护倒4叶不过早衰亡，要求上部3片叶组成的高效叶面积系数应控制在合理的范围之内，这样可以使上3叶以下部位的光照强度达到补偿点的2倍以上，为倒4叶生存和光合生产留有余地。

(5) 密度与株型的良好配合　过去人们认为建造合理的群体结构，应偏重于严格控制亩穗数，事实上只要有亩穗数和单茎上3叶片面积共同组成的叶面积系数保持在合理的4.5~4.7范围之内，便能获得超高产，这正是超高产田块的共同特征。

可见，超高产麦田亩穗数无需要求一致，关键是密度与株型的良好配合，无论大密度小株型，中密度中株型，还是小密度大株型，只要配合得当都能获得相对合理的群体结构，密度与良好株型的配合是合理群体结构最重要的特征。许多高产麦田亩穗数不是很多，倒伏危险仍然很大，重要原因就是密度和株型配合不当。多数高产经验证明，大密度小株型的群体结构，创高产具备明显的优势。

(6) 层次结构合理，对光合生产、物质分配有利　在群体结构各层次中，叶层是最活跃的一层，因为叶层光合生产的好坏，对其他层次的发展与活动都会产生影响，所以，对叶层结构应该提出更高的要求。通过对超产麦田的考察认为，高产麦田的上3叶叶面积，在保证叶面积系数适度合理的前提下，呈现塔形结构较好，即旗叶>倒2叶>倒3叶。这样的结构对光合生产和物质分配有利，并且有助于改善光层下部的光照条件和下层绿叶保持，以利于茎秆充实防止根系早衰。

2. 建立高光效群体结构的途径

(1) 缩小行距，加大株距，控株增穗　如果行距过大，株距过小，在小麦生长的前期和中期会造成行间漏光严重，株距间叶片密集、郁蔽，光能利用率低。蹲苗控小株型后，行间难以封垄，影响穗数的增加。因此，只有在缩小行距，加大株距的基础上，通过起身至拔节期蹲苗，才能达到控株增穗的目的。

(2) 稳定高效叶面积系数，维持较高叶面积系数水平　通过合理控株增穗，使扬花期上3叶组成的高效叶面积系数稳定控制在4.5~5的合理范围，改善了冠层下部叶片的光照条件，使下部叶片仍保持相对较多的叶面积，从而保证较高的叶面积系数。

(3) 通过增加穗数，提高了非光叶片光合面积（叶鞘、穗的颖壳、绿色节间等）使光合面积提高　因非叶片光合器官近似于圆柱形直立状态，对冠层内遮光影响较小，所以，在光合总面积有较大提高的前提下仍能保持群体内有较好的光照条件，从而提高了群体内有较好的光照条件与群体光合生产能力。

3. 高效群体的优点

归纳起来可将高效群体结构总结为缩小行距，控株增穗，稳定叶面积系数增加非叶片光合器官面积，简称："缩行控株增穗稳叶增非。"这种群体结构有以下好处。

一是通过改善冠内光照条件，延长了叶片功能期，使光合时间延长，进而增加了光合产物积累量。

二是由于冠层下部叶片光照条件较好，从而改善了（特别是在小麦生长后期）根系的营养状况，提高了根系活力，使得地上地下协调发展，良性互动，根系和叶片均不早衰。

三是减少了无效消耗，因此在起身至拔节控制水肥，使得无效分蘖消亡较快，减少了植株下部的干枯茎叶所造成的干物质损失，同时避免了起身后的因营养生长过旺而引起的氮素代谢过剩，造成碳水化合物的过量消耗。

四是小麦起身至拔节适当蹲苗，控制株型，还有利于根系的下扎，增加土壤深层根的数量和比例，而且深层根系后期不易早衰，并且在籽粒灌浆后期仍能保持较高的活力。对提高小麦后期抗干旱和干热风的能力具有重要作用。

五是有利于生物产量和经济系数的提高。试验证明，起身至拔节初适当蹲苗，可增加植株体内的干物质积累，提高碳、氮比。良好的群体光照条件，使得小麦扬花前干物质积累增加，并为以后的籽粒灌浆提供了较多的物质贮备和运输能源。扬花后因具备一个高光效的群体结构，所以，扬花后的干物质积累量和转移率均较高，这样就形成了库大（穗子多），源足（有效光合面积大）、流畅（干物质运输能力强）的局面。在较多生物产量的同时，又有较高的经济系数，从而达到超高产、稳产的目的。

四、超高产麦田的肥水运筹和技术规程

（一）超高产麦田的肥水运筹

1. 肥水运筹的科学依据

小麦一生中各叶片从生长到衰老，与植株生育进程以及其他各器官的形成都保持着密切的“对应”关系或“同伸”关系。通过观察叶片数目、出叶速度、叶片大小可以反映小麦植株生长发育的全面情况。小麦植株各器官的生长建成都分为5个阶段呈“S”型曲线完成，凡处在开始生长阶段（简称始伸期）的器官对栽培措施的反应最敏感，促控效果最显著。根据小麦叶龄这个容易识别的指标可以判断植株和各部器官的生长发育进程，同时能预见不同叶龄时期施用肥水对哪些器官促进效益最显著，并探索出自由控制小麦株型的长相及促控方法，据此提出了“小麦叶龄指数促控法”这一栽培技术体系。

2. 不同叶龄期施肥水对小麦株型的影响

由于春季追肥浇水的时间不同，对株型的影响主要有以下三种类型。

（1）春1、2叶露尖追肥浇水　中部叶片较大，上下两层相对较小，叶层呈两头小、中间大的棱形分布，基部节间稍长。在群体较小的情况下，此时追肥浇水对提高亩穗数和早期光能利用率有利；群体较大时则易发生早期郁蔽，并使基部节间延长。

（2）春3、4叶露尖时追肥浇水　上部叶片较大，基部第1~2节间较长，叶层呈倒锥型分布。群体偏大时，孕穗期前后郁蔽严重，极易因“头重脚轻”造成倒伏，但对群体小的麦田扩大营养体，提高穗数有利。

（3）春5、6叶（倒二叶、旗叶）露尖时追肥浇水　则植株中上层叶片较小，并且上三叶呈塔型分布，基部1~2叶间短粗，上部节间相对较长，冠层中下部光照较好，利于壮秆防倒，提高千粒重。

3. 超高产麦田肥水促控措施

（1）深施足量底肥，蓄足底墒是超高产小麦管理的基础　小麦生长发育所需的主要肥料（氮、磷、钾），除氮肥外，基本上可作为底肥施用。氮肥作为底肥施用量的多少与是否深耕关系密切，氮肥深施做底肥可以明显延长肥效期，提高氮肥利用率，浅施则相反。因此，只要是深耕深施底肥，底施氮肥的用量就可以加大，可占小麦全生育期氮肥总量的70%左右，减少追施氮肥的数量。施足底肥、蓄足底墒有利于根系深扎，培育壮苗，增强小麦的抗旱能力，保证小麦在拔节前不追肥并在适度干旱的情况下仍能稳健生长，从而达到简化管理节水增产的目的。在我国淮河以北的小麦主产区，小麦生

长在干旱季节，施足底肥不会造成土壤深层氮肥渗漏。另外，只要不过早播种，因冬前温度低也不会造成小麦冬前旺长。过去在小麦高产栽培管理中存在着一次浇水追氮肥过多的问题，易造成小麦起身后麦苗旺长，氮素代谢过旺，田间郁蔽、贪青晚熟和后期倒伏或早衰等问题，应加以纠正。

（2）“V”（大马鞍）型促控法　在底肥底墒足，冬前浇好越冬水的前提下，返青后及时松土保墒。在能够保证适宜成穗数的群体条件下，返青后蹲苗40~50天，到倒二叶至旗叶露尖前后再追肥浇水。后期浇好扬花水和灌浆水。此法上3片叶较短而厚，下部两节较短而粗，株型较小，叶层分布合理，在同等叶面积系数前提下，可以提高光能利用率，穗多粒饱，高产不倒，是超高产的理想株型。

（3）“W”（双马鞍）型促控法　在冬前促进的基础上，在麦田群体偏小，或选用的是叶片较小并且对肥水不敏感的抗倒能力强的品种，在难于保证足够成穗数的情况下，返青后20~25天以内控制肥水，搂麦松土，促麦苗早发稳长；在春生2叶（倒4叶）露尖前浇水（高肥地不追肥），以提高成穗数；其后再蹲苗30天左右，控节防倒；在旗叶露尖至挑旗期再追肥浇水，攻穗大粒多。后期浇好扬花水和灌浆水。采用“W”型促控法株型大小适中，茎秆粗壮，穗子较大，穗数较多，容易获得超高产。

（二）超高产栽培的技术规程

1. 播前准备

超高产麦田对施肥整地播种的质量要求较高，每一环节都应该按技术要求严格完成，这是能否实现高产的保证。

（1）蓄足底墒　凡播种前底墒不足的麦田，应在耕地前浇好底墒水，或在上茬收获前10~15天浇水备墒。

（2）土壤条件和施肥原则　超高产麦田应选择土地肥力高、浇水条件好的高产田，一般要求耕层土壤养分含量有机质12克/千克以上，碱解氮90毫克/千克以上，速效磷60毫克/千克以上，速效钾120毫克/千克以上。在基本达到各项地力指标时，总施肥量每亩施有机肥3~4立方米，化肥折纯13~15千克，磷（P_2O_5）10~12千克，钾（K_2O）7~10千克，相当于磷酸二铵20~25千克，尿素20~23千克，硫酸钾10~16千克，上述肥料除尿素留出10千克做追肥外，其他肥料全部作为底肥。

（3）深耕深施底肥　在耕地前将有机肥和基施化肥均匀撒于地表，深耕25厘米翻下，深施肥料土壤深层养分较多，浅层较少，有利于延长肥效期，特别是氮肥提高了肥料利用率。由于肥料在土壤中分布深广，土壤养分浓度均匀适度，有利于根系生长和深扎，高产麦田土壤养分充足，不用再施种肥。

（4）精细整地　掌握好适耕期，耕后结合旋、耙、耱等措施，使表层土壤松软细碎，达到上虚下实，无明暗坷垃和根茬，保证土地平整。

（5）种子处理　包括精选、晒种、种子包衣或药剂拌种等。提倡机械精选，尽量选用粒大饱满、发芽率高、发芽势强的种子。晒种即可打破休眠又可提高种皮透性，有助于增强发芽势，种子包衣应按当地易发病虫害进行选择。

2. 播种

（1）播种期　因各地气候条件不同，品种特性各异，播期也不尽相同，应掌握的基本原则为冬前大于0℃积温在480~650℃范围较为合适，这样的积温冬前容易形成壮苗。具体时间大约是：黄淮北片冬麦区半冬性品种10月8~15日，弱春性品种10月13~20日；黄淮南片冬麦区应适当偏晚。播种过早，因底肥充足，前期温度高，麦苗容易旺长，降低了小麦越冬期的抗寒能力；播种过晚则难以形成壮苗。

（2）确定基本苗　每亩基本苗的多少主要由播量决定，播期越早播量应越少，反之应增加。一般在黄淮冬麦区适宜播期的前中期，冬前积温560~650℃，每亩基本苗12万~17万；在适播期的中后期，冬前积温480~560℃，每亩基本苗17万~23万。根据种子千粒重和发芽率及田间出苗率确定播种量。

$$每亩播种量（千克）=\frac{每亩计划基本苗数（万）\times 千粒重（克）}{发芽率（\%）\times 田间出苗率（\%）}\times 0.01$$

黄淮冬麦区因冬季寒冷，越冬期长，枯叶率高，养分消耗多，播量应适当加大。

（3）播种方式　播种深度以5厘米为宜，行距13~15厘米。适当缩小行距，增加播种幅宽，可以加大株距，减少小麦生育前中期的行间漏光，避免株间叶片过于密集。可改善株间叶片的光照条件，有利于形成壮苗，提高群体的光能利用率。同时可以保证在小麦起身至拔节期蹲苗控小株型的情况下有较多的穗数。要求播种深浅一致，行距株距均匀，不漏播不重播。播种后只要土壤不湿黏就要及时镇压，以防跑墒影响种子出苗。

3. 冬前管理

在苗齐、苗匀的基础上，以促根增蘖为中心，争取培育壮苗。小麦出苗后应及时查苗，在漏播和缺苗断垄的地方补种，对过密成簇苗进行疏苗。同时做好化学除草。

适时浇好越冬水，浇水时间应掌握在昼化夜冻时，但不要过迟，以防浇后突然降温地表结冰损伤麦苗。浇水后要在回暖的午后及时中耕松土，防止地表裂缝，防冻保墒。适期播种的麦田，越冬前每亩总头数易达到80万~100万。如果播种时底墒充足，麦田地表不虚，也可不浇越冬水。

4. 春季管理

小麦返青期应在土壤化冻前及时耧麦松土保墒。如果越冬温度低，越冬后小麦枯叶较多，影响春生新叶光照，可用竹筢及时搂掉枯叶，改善小麦的光照条件。在水肥管理上，可以根据苗情分类管理。第一种情况：对底墒较足，群体适中或较大的麦田，春季第一水应推迟到倒二叶至旗叶漏尖时浇水；群体偏大的或成穗率高的品种在基部第一节间定长，旗叶漏尖时浇水；群体适中而成穗率较低的品种在倒二叶漏尖前后浇水。结合这次浇水每亩追施尿素8~10千克。第二种情况：麦田群体适中或偏小、所种植的品种叶片较小并且对水肥不敏感，同时抗倒伏能力强可以在土壤冻层融化后，日平均气温稳定在6℃左右时浇水，对于高水肥地块，只浇水，不追肥，以免小麦起身后旺长；对于长势不均匀的地块，可以少量追偏肥，每亩追施碳酸氢铵10千克左右，这是小麦大致处在春生一叶到春生二叶露尖时，浇水后应及时中耕松土，防止地面板结。春季第二水推迟到挑旗前后再浇，每亩追施尿素8~10千克。以上两种情况是根据春季气候干旱年份采取的水肥管理措施，在春季雨水较多的年份，要根据实际情况对浇水时间和追肥数量进行相应的调整。

高产麦田比一般麦田容易发生病害，特别是白粉病、锈病，起身期预防小麦病害是最有利的时机，如果等到后期发现病害再去预防，效果一般不好，而且需要增加用药量和喷药次数，既费钱又费力，事倍功半。

5. 后期（挑旗至成熟）管理

（1）浇水　只在倒二叶露尖时浇过一水的麦田。如抽穗前干旱，应在小麦抽齐穗后至扬花期浇水，每亩追施尿素 2.5 千克，土壤很肥的麦田可不追肥。如小麦灌浆初干旱，上述麦田可在小麦扬花后 15~20 天再浇水一次。春季在返青和挑旗期已浇两水的麦田，一般应在小麦扬花后 5~10 天浇水一次，如遇后期干旱时可在小麦扬花后 20~25 天再浇水。以上浇水均应注意天气变化。在刮大风和下雨时不能浇水，后期浇水最好在早晚凉爽时浇，水量不宜过大。

（2）病虫害防治　一般在小麦扬花后 3~5 天施用氧化乐果防治蚜虫，如蚜虫发生较早，应提早进行防治。在防治蚜虫的同时，如发现其他病害如白粉病、锈病应选配适宜的药剂与防治蚜虫同时进行喷药。小麦抽穗至扬花如阴雨天较多，容易诱发赤霉病的发生，对于不抗赤霉病的品种应在小麦扬花前和扬花后喷施一遍多菌灵。对小麦吸浆虫发生较多的麦田，应在小麦抽穗时撒毒土或喷药进行防治。

（3）叶面喷肥　在防治蚜虫的同时，可喷磷酸二氢钾或微肥、菌肥等，以提高籽粒饱满度和品质。

（4）及时收获　在小麦蜡熟末期至完熟初期及时收获。

第五节　优质小麦

20 世纪 80 年代以来，我国小麦生产开始突飞猛进地发展。产量的提高，使小麦生产开始由数量型向数量质量并重型转变，同时，食品工业发展也对小麦品质提出了新要求。我国在“九五”计划前后对各主产麦区小麦品种、品质进行了普查、鉴定和评价，为小麦品质的提高和发展奠定了基础。到 20 世纪 90 年代初小麦专用粉生产开始起步，并逐渐形成一定规模，在国家制定“九五”小麦生产规划中，优质小麦生产成为重要的组成部分。特别是中国加入 WTO 后，大量的资金和先进技术涌入，加剧了国内小麦市场的竞争；老百姓也开始接受和使用专用粉，如专用饺子粉、专用面包粉、专用面条粉、专用饼干粉等，这一切为优质小麦发展奠定了基础。

优质小麦是指品质优良、具有某种特定用途且符合市场加工需求特性的小麦。它是相对于普通的、长期传统的“通用型”小麦，或者是过剩的、不被利用的劣质小麦而言的，是一个根据其用途而改变的相对概念。

小麦品质主要表现为外观品质和内在品质。外观品质包括籽粒形状、整齐度、饱满度、颜色和胚乳质地等。内在品质可分为营养品质和加工品质两个方面。营养品质包括碳水化合物、蛋白质、氨基酸、糖类、脂肪、矿物质以及维生素等营养物质的化学成分和含量。营养品质好坏，主要是从小麦籽粒蛋白质含量及其氨基酸组成两方面加以衡量，其中，赖氨酸含量是小麦营养品质的重要指标。加工品质是指籽粒和面粉对制作不同食品的适合性和要求的满足程度，加工品质可分为一次加工品质，即磨粉品质；二次加工品质，即食品制作加工品质。加工品质主要以面粉的面筋含量、面筋质量、面团流变学特性等为主要指标，一次评判出强筋粉、中筋粉或弱筋粉，进而决定其适宜制作的产品，如面包、饼干、糕点、面条、馒头等。

以往人们谈及小麦品质，只注意其营养品质。而忽视加工品质；只强调面包、饼干制作品质，而忽视适合大众的面条、馒头、饺子等制作品质。面条、馒头、挂面是我国人民的传统食品，种类繁多，其消耗量比面包大得多，目前对它们的制作品质研究逐渐增多，与此相适应的品质评判有感官评价指标、化学测定指标和仪器测定指标，主要指色泽、口感、弹性等，只有品质达标的小麦品质，才能加工出优质面条、馒头等食品。

为了适应市场经济的需要，满足市场和广大消费者对优质专用小麦的需求，农民及时调整小麦种植结构，我国政府实行了“优质优价”政策，在全国范围内正式规划3个小麦品质区域，以发展面包强筋小麦为主的北方冬麦区，以发展饼干、糕点为主的南方冬麦区和包括东北、内蒙古、甘肃在内的春麦区。即使如此，我国近两年小麦产需缺口均在1 000万吨左右。2001年进口量达250万吨，主要以加拿大优质硬麦为主。未来软质麦市场所出现缺口仍将以进口弥补，因此，发展我国的优质小麦是市场的呼唤，是提高广大人民群众生活之必需。

一、小麦品质的评价

小麦品质是由多因素构成的综合而复杂的概念，由于人们对小麦面粉使用的目的不同，对品质的要求也就各异。为了提高小麦品质，并与国际接轨，按照加工用途，国家技术监督局于1999年颁布了强筋小麦品质指标和弱筋小麦品质指标标准。标准规定了优质小麦的定义、分类、品质指标、检验方法和检验规则。该标准适用于收购、贮存、运输、加工、销售和出口的优质商品小麦。评定优质商品小麦，降落值、粗蛋白含量、湿面筋含量、吸水量、面团稳定时间及烘焙品质评分值必须达到规定的质量指标，其中一项不合格者，应作为普通小麦。其他常规指标同普通小麦。其具体指标如下（表2-6、表2-7）：

表2-6 强筋小麦品质指标（GB/T 17892—1999）

项目			指标	
			一等	二等
籽粒	容重（g/L）≥		770	770
	水分（%）≤		12.5	12.5
	不完善粒（%）≤		6.0	6.0
	杂质（%）	总量≤	1.0	1.0
		矿物质≤	0.5	0.5
	色泽、气味		正常	正常
	降落数值（S）≥		300	300
	粗蛋白质/干基（%）≥		15.0	14.0

（续表）

项　目		指标 一等	指标 二等
小麦粉	湿面筋/14%水分基（%）≥	35.0	32.0
	面团稳定时间（分钟）≥	10.0	7.0
	烘焙品质评分值≥	80	80

表 2-7　弱筋小麦品质指标（GB/T 17893—1999）

项　目			指　标
籽粒	容重（g/L）≥		750
	水分（%）≤		12.5
	不完善粒（%）≤		6.0
	杂质（%）	总量≤	1.0
		矿物质≤	0.5
	色泽、气味		正常
	降落数值（S）≥		300
小麦粉	粗蛋白质/干基（%）≥		11.5
	湿面筋/14%水分基（%）≤		22.0
	面团稳定时间（分钟）≥		2.5

籽粒的外观品质即小麦的国家标准所涵盖的内容，小麦籽粒的营养品质及第二加工品质即优质小麦国家标准所涵盖的内容。储藏品质是小麦储藏期间化学成分变化指标。

制作各种食品对面粉的理化特点要求不同。就烘烤品质而言，面包要求体积大，松软而有弹性，孔隙小而均匀，色泽好，美味可口，适应此特点的小麦及面粉要求蛋白质含量高、面筋弹性好、筋力强、吸水力强。而饼干、糕点要求酥、软、脆，相应的小麦和面粉要求蛋白质含量低、筋力弱，吸水力低。制作面条的面粉要求延伸性好，筋力中等，馒头则要求皮有光泽，心（蜂窝）小而均匀、松软、有弹性、韧性适中。适用于馒头的小麦及面粉应是蛋白质含量中上、面筋含量稍高、弹性和延伸性好、面筋强度中等、发酵适中等。因此，不同品质的小麦有不同食品加工的适应性，适合做面包的小麦，对糕点、饼干来说不适合。适于做面包、面条的小麦不能用于做饼干、糕点。

无论小麦是哪一种用途，总的来说，均与小麦的蛋白质含量、面筋含量和质量、淀粉的性质和淀粉活性等指标相关，其中，蛋白质及面筋含量和质量是决定因素。

二、优质小麦特性指标

(一) 降落数值

小麦粉或其他谷物粉的悬浮液在沸水浴中能迅速糊化，因其中 α-淀粉酶分解淀粉，使淀粉分子量降低，悬浮液的黏度降低，即液化，液化程度不同，搅拌器在糊化物中下降速度也不同。因此降落数值的高低，反映了相应 α-淀粉酶活性的差异，降落值愈高表明 α-淀粉酶的活性愈低，反之则酶的活性愈高。

(二) 粗蛋白质

蛋白质是生命有机体的物质基础，是构成人类食物的三大基本要素，成人每日每千克体重需供给蛋白质 1 克左右，普通小麦蛋白质含量在 13%左右，河南省小麦蛋白质含量平均 13. 6%，北部春麦蛋白质含量较高。蛋白质含量对食品品质影响很大，含量在 15%以上，适合做面包；10%以下适合做饼干；12. 5%~13. 5%适合做馒头、面条等。

(三) 湿面筋

小麦粉加水和成面团，面团在水中搓洗，将淀粉、麸皮等洗脱，最后，剩余的有黏性、弹性、延伸性的胶体即为面筋，我国商品小麦湿面筋含量在 14%~35%。

(四) 面团稳定时间

面团是各种面食品原料的主要加工过程，面团性质与食品品质关系更直接，面团不仅包含着面筋的数量和质量，而且是其他品质的综合反映，因此，小麦面粉品质的好坏可以通过测定面团的流变学性质准确地鉴定。

面团稳定性说明面团的耐搅拌程度。面团稳定性好反映其对剪切力降解有较强的抵抗力，也就意味着其麦谷蛋白的二硫键牢固，稳定时间越长，韧性越好，面筋强度越大，面团加工性质好。

(五) 烘焙品质评分值

小麦及面粉品质的好坏最终反映在食品成品上，面粉的食用品质和使用价值，最终取决于烘焙品质。通过烘烤做成面包进行直接品尝鉴定，是评价小麦品质具有实际经济价值的重要方法，也是小麦品质鉴定最重要、最后的工作。将一定量面粉和一定配比的辅料（酵母、水、盐、糖等）混合，经充分搅拌揉和，制备成面团，面团经发酵后成型，最后烘焙、测定面包的体积和重量，并对外表颜色、内部孔隙度、弹性等多项指标进行评价，最终全面评价面包品质。小麦粉越好，则面包品质越好，评价分数越高。

综上所述，要促进优质专用粮真正与国际接轨，实行“依质论价，优质优价”，首先要调整粮食种植结构，形成规模化种植。其次国有粮食购销企业，通过“合同订单”形式促进优质小麦的生产和流通。

第六节 强筋小麦高产栽培技术

强筋小麦的栽培技术要求在保证强筋小麦品质特性的基础上，提高产量和效益，达到优质高产高效的目的。强筋小麦的栽培技术对品质的要求是保证生产的小麦籽粒蛋白质含量高，湿面筋含量高，面团稳定时间长，容重高，出粉率高等。每一项栽培措施都应该围绕达到上述品质指标和高产高效的要求来制订。在继承传统的小麦高产经验基础上，实现强筋小麦丰产高效，要突出抓好以下关键技术。

一、选用优质高产的强筋小麦品种

小麦的品质特性和产量特性是其遗传基础所决定的，栽培措施对其有重要的影响。要生产高质量的强筋小麦，首先要选用优质高产的强筋小麦品种。根据近几年来市场需求现状和品种综合表现，适宜种植的半冬性品种有新麦 9408、高优 503、郑麦 9405 等，弱春性品种有郑麦 9023、豫麦 34、郑农 16 等。各地要结合当地生态、生产条件，选用适宜品种，以免造成减产或品质变劣。要选用经过提纯复壮的质量高的种子。播种前用高效低毒的小麦专用种衣剂拌种，有利于综合防治地下害虫和苗期易发生的根腐病、纹枯病，培育壮苗。

二、培肥地力，合理施肥

强筋小麦应种植在具有较高的土壤肥力和良好的土肥水条件的田块。土壤肥力达到 0~20 厘米土壤有机质 12 克/千克以上，全氮 0.8 克/千克以上，速效磷 15 毫克/千克以上，速效钾 90 毫克/千克以上，有效硫 16 毫克/千克。总施肥量一般每亩施有机肥 3 000千克，纯氮 14 千克，纯磷 7 千克，纯钾 7 千克，硫酸锌 1 千克。在一般肥力的麦田，有机肥全部，化肥氮肥的 50%，全部的磷肥、钾肥、锌肥均施作底肥，翌年春季小麦拔节期再施 50%氮肥。在土壤肥力高的麦田，有机肥的全部，化肥氮肥的 1/3、钾肥的 1/2，全部的磷肥、锌肥均作底肥，翌年春季小麦拔节期再施 2/3 氮肥和 1/2 钾肥。

三、深耕细耙，提高整地质量，做到足墒播种

适当深耕，打破犁底层，不漏耕；耕透耙透，耕耙配套，无明暗坷垃，无架空暗垡，达到上松下实；耕后复平，作畦后细平，保证浇水均匀，不冲不淤。播前土壤墒情不足的应造墒播种。

四、适期播种，提高播种质量

种植规格，一般应适当扩大畦宽，以 2.5~3.0 米为宜，畦埂宽不超过 40 厘米，以充分利用地力和光能。可采用等行距或大小行种植，平均行距为 23~25 厘米为宜。严格掌握播种期，半冬性品种适播期为 10 月 5~15 日，亩播量为 5~7 千克；弱春性品种适播期为 10 月 15 日以后播种，亩播量为 6~8 千克为宜。要用小麦精播机播种，严格掌握播种行进速度和播种深度，要求播量精确，行距一致，下种均匀，深浅一致，不漏播不重播，地头地边播种整齐。

五、合理促控

冬前管理以促为主，12 月上旬普遍进行冬灌，平抑地温、促进根系发育和预防春

旱；返青期控水控肥，控制春蘖滋生，加速两极分化，控制基部一二节间生长过长，防御后期倒伏，同时要中耕和防治纹枯病，对亩群体达到80万头以上的旺长地块要采取深锄断根或化学控制；拔节期进行肥水促进，追施氮肥，促进大蘖生长，搭好丰产架子，提高分蘖成穗率，巩固后期氮营养，提高籽粒品质；后期以控为主，适度的土壤"干旱"对强筋小麦品质提高有明显的正效应，不但籽粒内在品质较好，而且对籽粒角质率、黑胚率、容重等外观品质有明显改善，收购等级提高。但河南省强筋麦区5月中下旬往往过于干旱、伴有高温天气，所以，浇灌浆水对强筋小麦高产是必要的，一般在扬花后10~15天浇灌浆水，并进行叶面喷肥，亩用尿素1千克加磷酸二氢钾200克，对水50千克喷洒。

六、适期收获

强筋小麦的收获期和晾晒过程对品质有重要影响，收获期偏早和偏晚都会导致强筋小麦产量和品质下降，尤其是收获期遇雨将导致籽粒角质率明显下降。强筋小麦的最佳收获期是蜡熟末期。收获前要进行田间去杂，提高商品粮纯度。实行统一机收，按品种单收，防止机械混杂。收获后要及时分品种晾晒，晾晒时要摊薄、多翻，使粒色均匀，然后去净杂质，分品种安全储藏。

第七节 小麦前氮后移栽培技术

传统小麦栽培中氮肥的施用采用底肥与追肥相结合的模式，底肥一般占60%~70%，追肥占30%~40%；追肥时间一般在返青期至起身期，还有的在小麦越冬前浇冬水时增加1次追肥。这样的施肥时间和底追肥比例，使氮肥重施在小麦生育前期，会造成群体过大、无效分蘖增多，小麦生育中期田间郁蔽，倒伏危险增大；后期易早衰，影响产量和品质，氮肥利用效率低。

小麦氮肥后移栽培技术是适用于强筋小麦和中筋小麦高产优质相结合的一套创新技术，是以春季追氮时期后移、底追比例后移、适宜的氮素适用量为核心技术的栽培技术体系。其内容包括氮肥底施与追施比例的后移和氮肥追施时期的后移，建立具有高产潜力的2种分蘖成穗类型品种的合理的群体结构和产量结构，根据高产麦田的需肥特点平衡施用氮、磷、钾、硫元素和培育高产麦田土壤肥力等。该技术具有良好的经济效益和环境效益：一是显著提高小麦的籽粒产量，较传统施肥增产10%以上；二是明显改善小麦的籽粒品质，不仅可以提高小麦籽粒蛋白质和湿面筋含量，还能延长面团形成时间和面团稳定时间，最终显著改善优质强筋小麦的营养品质和加工品质；三是减少了氮肥的损失，提高氮肥利用率10%以上，减少了氮素对环境的污染。这套使小麦高产、优质、高效、生态效应好的栽培技术，适用于北方冬麦区和黄淮海冬麦区高产田的强筋和中筋小麦生产，能创出大面积500千克/亩的高产，并向600千克/亩突破。同时，它能提高优质强筋小麦的品质及其稳定性，保证土壤肥力逐渐提高和农业可持续发展。应用氮肥后移技术要注意以下两点：一是应在较高的土壤肥力条件下运用该技术；二是应在正常栽培条件下运用该技术，晚茬弱苗、群体不足等麦田不宜采用。现将该技术总结如下。

一、施肥时期

氮的吸收有 2 个高峰：一是从分蘖至越冬，这一时期的吸氮量占总吸收量的 13.5%，是群体发展较快的时期；二是从拔节至孕穗，这一时期吸氮量占总吸收量的 37.3%，是吸氮量最多的时期。氮肥后移延衰高产栽培技术，主要是将氮素化肥的底肥比例减少到 50%，追肥比例增加到 50%；土壤肥力高的麦田底肥比例为 30%~50%，追肥比例为 50%~70%。同时将春季追肥时间后移，一般土壤肥力高的地块采用分蘖成穗率高的品种，可从拔节期移至拔节期至旗叶露尖时追肥，可以有效地控制无效分蘖过多增生，塑造旗叶和倒二叶健挺的株型，使单位土地面积容纳较多穗数；建立开花后光合产物积累多、向籽粒分配比例大的合理群体结构；能够促进根系下扎，提高土壤深层根系比重和生育后期的根系活力，有利于延缓衰老，提高粒重；能够控制营养生长和生殖生长并进阶段的植株生长，有利于干物质的稳健积累，减少碳水化合物的消耗，促进单株个体健壮，有利于小穗小花发育，增加穗粒数；能够促进开花后光合产物的积累和光合产物向产品器官运转，有利于较大幅度地提高生物产量和经济系数，显著提高籽粒产量和籽粒中清蛋白、球蛋白、醇溶蛋白和麦谷蛋白以及谷蛋白大聚合体的含量，改善小麦的品质。

二、播前准备

（一）培肥地力

实行氮肥后移技术，必须以较高的土壤肥力和良好的土肥水条件为基础。生产实践证明，小麦产量 350 千克/亩左右及以上的麦田，适合于氮肥后移高产优质栽培。应培养土壤肥力达到 0~20 厘米土层土壤有机质含量 12 克/千克、全氮 0.8 克/千克、速效磷 15 毫克/千克、速效钾 90 毫克/千克、有效硫 16 毫克/千克以上。在该种地力条件下，施肥种类应考虑到土壤养分的余缺，平衡施肥，以利于良种高产优质潜力的发挥。产量 500 千克/亩总施肥量为有机肥 3 000千克/亩、氮 14 千克/亩、磷 7 千克/亩、钾 7 千克/亩、硫酸锌 1 千克/亩。在一般肥力的麦田，有机肥的全部，化肥氮肥的 50%，磷肥、钾肥、锌肥的全部均施作底肥，翌年春季小麦拔节期再施剩下的 50%氮肥；在土壤肥力高的麦田，有机肥的全部、化肥氮肥的 1/3、钾肥的 1/2 及磷肥、锌肥的全部均作底肥，翌年春季小麦拔节期再施剩下的 2/3 氮肥和 1/2 钾肥。

（二）选用良种，确定合理群体

选用品质优良、单株生产力较高、抗倒伏、抗病、抗逆性强、株型较紧凑、光合能力强、经济系数高的品种，有利于高产优质。在北部冬麦区和黄淮冬麦区，有两类强筋和中筋品种，以不同的群体结构和产量构成，都可获得优质高产。一类是分蘖成穗率高的中穗型品种，由于其分蘖成穗率高，适宜基本苗要求较少；又由于是中穗，有效穗数要求较多；另一类是分蘖成穗率低的大穗型品种，由于其分蘖成穗率低，适宜基本苗要求较多；又由于是大穗，有效穗数要求较少。此外，要选用经过提纯复壮、质量高的种子。播种前用高效低毒的小麦专用种衣剂拌种，小麦专用种衣剂含有防病和防虫药剂，有利于综合防治地下害虫和苗期易发生的根腐病、纹枯病，培育壮苗。

（三）深耕细耙

适当深耕，打破犁底层，不漏耕；耕透耙透，耕耙配套，无明暗坷垃，无架空暗垡，达到上松下实；耕后复平，作畦后细平，保证浇水均匀，不冲不淤。

三、播种

播前土壤墒情不足，应造墒播种。种植规格，畦宽以2.0~2.5米为宜，畦埂宽不超过25厘米，以充分利用地力和光能。可采用等行距或大小行种植，平均行距以20~23厘米为宜。适时播种，抗寒性强的冬性品种在日平均气温16~18℃时播种，抗寒性一般的半冬性品种在14~16℃时播种，冬前积温650℃左右为宜。冬性品种应先播，半冬性品种应在适期内后播。早播会形成旺苗，早发早衰；晚播冬前营养体小，光合产物少，根系生长发育差，分蘖少，不能形成壮苗。在播种适期范围内，分蘖成穗率高的中穗型品种，基本苗以14万~16万/亩为宜；分蘖成穗率低的大穗型品种，基本苗18万~20万/亩。地力水平高、播期适宜而偏早、栽培技术水平高的可取低限；反之，取高限。按发芽率、千粒重和田间出苗率计算播种量。播期推迟，应适量增加播种量。

四、田间管理

（一）冬前管理

在出苗后要及时查苗，补种浸种催芽的种子，以确保苗全。出苗后遇雨或土壤板结，及时进行划锄，破除板结，通气、保墒、促进根系生长。浇好冬水有利于保苗越冬和年后早春保持较好墒情，以推迟第一次肥水，管理主动。应于小雪前后浇冬水，黄淮海麦区于11月底至12月初结束即可。群体适宜或偏大的麦田，适期内晚浇；反之，适期内早浇。注意节水灌溉，不超过600立方米/亩。不施冬肥，浇过冬水，墒情适宜时要及时划锄，以破除板结，防止地表龟裂，疏松土壤，除草保墒，促进根系发育，促苗壮。

（二）春季（返青至挑旗）管理

小麦返青期、起身期不追肥不浇水，及早进行划锄，以通气、保墒、提高地温，利于大蘖生长，促进根系发育，加强麦苗碳代谢水平，促麦苗稳健生长。在高产田，将一般生产中的返青期或起身期（二棱期）施肥浇水改为拔节期至拔节后期追肥浇水，是高产优质的重要措施。施拔节肥、浇拔节水的具体时间要根据品种、地力水平、墒情和苗情而定。分蘖成穗率低的大穗型品种，一般在拔节初期追肥浇水；分蘖成穗率高的中穗型品种，在地力水平较高的条件下，群体适宜的麦田，宜在拔节中期至后期追肥浇水；对于地力水平一般的中产田，应在起身期追肥浇水。

（三）后期（挑旗至成熟）管理

开花期灌溉有利于减少小花退化，增加穗粒数；保证土壤深层蓄水，供后期吸收利用。如小麦开花期墒情较好，也可推迟至灌浆初期浇水。要避免浇麦黄水而降低小麦品质与粒重。小麦病虫害均会造成小麦粒秕，严重影响品质。锈病、白粉病、赤霉病、蚜虫等是小麦后期常发生的病虫害，应切实注意加强预测预报，及时防治。进行无公害小麦生产，防治小麦蚜虫应该用高效低毒选择性杀虫剂，如吡虫啉、啶虫脒等，商品有2.5%吡虫啉可湿性粉剂、10%吡虫啉可溶性粉剂、2%蚜必杀等。

五、适期收获

高产麦田采用了氮肥后移技术，小麦生育后期根系活力增强，叶片光合速率高、持续期长，籽粒灌浆速率高、持续期也较长，生育后期营养器官向籽粒中运转有机物质速率高、时间长，蜡熟中期至蜡熟末期千粒重仍在增加，不要过早收获。试验表明，在蜡熟末期收获，籽粒的千粒重最高，此时籽粒的营养品质和加工品质也最优。蜡熟末期的长相为植株茎秆全部黄色，叶片枯黄，茎秆尚有弹性，籽粒含水率22%左右，籽粒颜色接近本品种固有光泽、籽粒较为坚硬。提倡用联合收割机收割，麦秸还田。

第八节　小麦病虫害防治技术

一、小麦锈病

（一）症状识别

小麦锈病分为条锈、叶锈、秆锈，三种锈病的主要症状可概括为“条锈成行，叶锈乱，秆锈是个大红斑”。条锈病主要发生在叶片上，其次是叶鞘和茎秆及穗部。苗期染病，叶片上产生多层轮状排列的鲜黄色夏孢子堆。成株叶片初发病时夏孢子堆为小长条状，鲜黄色，椭圆形，与叶脉平行，且排列成行，像缝纫机轧过的针脚一样，呈虚线状，后期表皮破裂，出现锈褐色粉状物，用手触摸病斑，在手上留下锈粉。小麦叶锈夏孢子堆近圆形，较大，不规则散生，主要发生在叶面，成熟时表皮开裂一圈，有别于条锈病。小麦秆锈病主要发生在叶鞘和茎秆上，也为害叶片和穗部。夏孢子堆大，呈椭圆形，深褐色或褐黄色，排列不规则，散生，常连接成大斑，成熟后表皮易破裂，表皮大片开裂且向外翻成唇状，散出大量锈褐色粉末，即夏孢子。

（二）传播途径及发病条件

小麦条锈病是一种典型的远距离气流传播病害，主要以夏孢子在小麦上完成周年的侵染循环。其侵染循环可分为越夏、侵染秋苗、越冬及春季流行4个环节。越夏区产生的夏孢子经风吹到麦区，成为秋苗的初侵染源。病菌可以随发病麦苗越冬。春季在越冬病麦苗上产生夏孢子，可扩散造成再侵染。流行的两大重要条件。早春低温持续时间较长，又有春雨的条件发病重。秋苗发病重，冬季温暖越冬菌源量大，翌年春雨早而多，利于条锈病流行。如果早春有雨而后期干旱或早春干旱后期有雨，则条锈病发生轻，或局部不流行。春季持续干旱，即使大面积种植感病品种由于越冬菌源不能顺利侵染，条锈病也不易流行。

（三）防治方法

防治上应严把“越夏菌源控制”、“秋苗病情控制”和“春季应急防治”这三道防线，做到发现一点，防治一片。一是秋播前实行药剂拌种，用种子重量 0.03%（有效成分）三唑酮或 12.5%烯唑醇可湿性粉剂 60~80 克拌麦种 50 千克，拌种力求均匀，拌药的种子必须当天播完。二是小麦出苗后 1 个月左右开展系统监测，对初见病叶或发病中心田块及时进行挑治或全田防治。三是春季在小麦拔节或孕穗期病叶普遍率达 0.5%~1%，严重度达 1%时，亩用 15%三唑酮可湿性粉剂 100 克，对水 45 千克均匀喷雾。重病田块应间隔 7~10 天再用药一次。也可选用 12.5%烯唑醇可湿性粉剂、25% 丙环唑乳油进行喷雾防治。

二、小麦白粉病

（一）症状特征

典型症状为病部表面覆有一层白色粉状霉层。组织受侵后，先出现白色绒絮状霉斑，逐渐扩大相互联合成大霉斑，表面渐成粉状，后期霉层渐变为灰色至灰褐色，上面散生黑色小颗粒。该病可侵害植株地上部各器官，以叶片为主，发病重时叶鞘颖壳和麦芒也可受害。病斑表面覆有一层灰白色霉状物，遇有外力或振动时立即飞散。

（二）发病规律

病菌的分生孢子或子囊孢子借气流传播到小麦叶片上，遇有适宜的温、湿条件即可萌发长出芽管。后在菌丝中产生分生孢子梗和分生孢子，成熟后脱落，随气流传播蔓延，进行多次感染。病菌以分生孢子在夏季最热的一旬平均小于 23.5℃地区的自生麦苗上越夏或以潜伏状态度过夏季。病菌越夏后，首先感染越夏区的秋苗，引起发病并产生分生孢子，后向附近低海拔地区和非越夏区传播，侵害这些地区秋苗。早春气温回升，小麦返青后，潜伏越冬的病菌恢复活动，产生分生孢子，借气流传播。

（三）病田特征

地头及田边种植密度大的地方发病重。高水肥区和密度高的田块，病斑不但侵害叶片和叶鞘，而且侵害到颖壳和麦芒。重发田块穗感病率达 100%，由于感病导致麦穗成穗率降低，个别麦田成穗率为 71%，造成小麦减产 20%左右。

（四）防治措施

1. 种子处理

可用种子重量的 0.03%（有效成分）2%戊唑醇悬浮种衣剂拌种；或用 2.5%适乐时 20 毫升+3%敌委丹 100 毫升对适量水拌种 10 千克，并堆闷 3 小时。

2. 生长期用药

早春病株率达 5%时开始施药，可选 25%三唑酮乳油 1 000倍液喷雾。在孕穗期至抽穗期病株率达 20%时施药，可选用 15%三唑酮（粉锈宁）可湿性粉剂，每亩用有效成分 8~10 克，或用 12.5%特普唑可湿性粉剂，每亩有效成分 4~6 克，或用 12.5%烯唑醇可湿性粉剂每亩 20~30 克对水喷雾，均可取得较好防效。

三、小麦赤霉病

（一）症状特征

从小麦苗期至成熟期，都可发生赤霉病的感染，但为害最重的是在小麦开花至灌浆期，故对产量影响最大。小麦抽穗后在发病初期，小穗基部出现水渍、淡褐色病斑。此后蔓延为害全穗。并在颖壳、穗梗基部出现红色霉层，有黑色小粒产生，严重时全穗腐烂死亡。

（二）发生规律

小麦赤霉病病菌致病能力极强，分布范围广，能够在上百种植物秸秆上产生病菌。春季麦田的玉米秸秆、杂草上是产生赤霉病病菌的主要场所。随着温度升高，土壤温度增大，小麦赤霉病病菌开始繁殖增多，经雨水飞溅和风向、风速的变化，传播到麦穗上。在高温条件下很快产生粉红色或橘橙色霉层，经风雨传播，引起再侵染。在有大量菌源存在的条件下，小麦抽穗扬花期间若遇 3 天以上连续阴雨，气温保持在 15℃以上，赤霉病将大流行。

（三）防治措施

1. 防治适时

药剂防治赤霉病的效果与喷药时期关系很大。在小麦抽穗至扬花初期喷第一次药最好。感病品种或适宜发病年份再按病情、品种、抗性及天气趋势，决定是否第二次用药。

2. 用药准确

每亩用 50%多菌灵可湿性粉剂 100 克或 70%甲基硫菌灵可湿性粉剂 50～75 克对水 30～60 千克喷雾。同时还能起到防治白粉病、根腐病、叶枯病、锈病等效果。如果使用粉锈宁防治则不能在小麦盛花期喷药，以免影响结实。

四、小麦纹枯病

（一）为害特点

小麦纹枯病的病原菌主要是禾谷丝核菌，其主要以菌核在土壤或以菌丝在土壤中病残体中越冬、越夏，菌核在干燥土壤中能存活 6 年。小麦播种以后受到纹枯病侵染，在不同生育阶段可引起烂芽、病苗死苗、花秆烂茎、枯株白穗等不同症状。烂芽，表现为芽鞘变褐，继而麦芽腐烂枯死，不能出土；病苗死苗，主要在小麦 3～4 叶期，于第一叶鞘上呈现中部灰色、边缘褐色的病斑，严重的因不能抽出新叶而造成死苗；花秆烂茎，在拔节期以后，在基部叶鞘上形成中部灰色、边缘浅褐色的云纹状病斑，云纹斑连片后，茎基部如同花秆状；病斑可深入茎壁，发展成中部灰褐、边缘褐色的近椭圆形眼斑，严重的茎壁失水坏死；最后使植株得不到必需的养分和水分而枯死，形成枯白穗。

（二）小麦纹枯病的发生规律

小麦纹枯病病菌主要以菌核在土壤中或病残体中腐生，秋播后菌核萌发长出菌丝侵入叶鞘和茎秆，小麦拔节后病斑向上扩展，病情严重度增加，造成实质性为害，严重地块出现枯孕穗，这是决定严重度的关键时期。抽穗后茎秆变硬，阻止病菌扩展，病情稳定，病部可产生小粒菌核。

小麦纹枯病早播麦田重于适期晚播麦田；上年发病重的田块，田间遗留菌核多，发病重；冬季气温高，有利于病菌侵染；春季温度湿度偏高，病情上升快；降雨持续期长，病情严重；密植，偏施氮肥多，杂草发生量大的麦田发病严重。

五、防治技术

小麦纹枯病的药剂防治应以种子处理为重点，重病田要辅以早春田间喷药。对于感病品种和早播发病重的麦田，秋播时用烯唑醇、戊唑醇拌种，用药量为干重 0.1%~0.15%，因拌种后会影响发芽率，因此，每 50 千克种子必须加进 75 毫升赤霉素，起到逆转的作用，也可以加进增产菌 10 克混配拌种，可有效地控制纹枯病的发生并能兼治其他土传病害和苗期锈病、白粉病等。对于晚播麦田，如果田间病株率为 10%时，在小麦起身期每亩用井冈霉素 80~100 毫升或烯唑醇 20~30 克对水 30~50 千克喷麦苗基部，7 天以后再喷第二次。孕穗期每亩用 100~150 毫升井冈霉素或烯唑醇 30~40 克对水 50~60 千克喷雾。

六、小麦全蚀病

(一) 症状

小麦全蚀病是一种根腐和基腐性病害，在小麦全生育期均可发病，病菌只侵染根部和茎基部 1~2 节。幼苗发病后，植株矮化，下位黄叶多，分蘖减少，类似干旱缺肥状，初生根和根茎变成黑褐色，严重时可造成全株连片枯死。拔节期冬麦病苗返青迟缓、分蘖少，病株根部大部分变黑，在茎基部及叶鞘内侧出现较明显灰黑色菌丝层。抽穗后病株成簇或点片状发生早枯白穗，病根变黑，易于拔起。在茎基部及叶鞘内布满黑褐色菌丝层，呈“黑脚”状，后颜色加深呈黑膏药状，其上密布黑褐色颗粒状子囊壳。“黑脚”和“白穗”成株期所特有的症状。

(二) 发生规律

小麦全蚀病属于真菌性病害，病原为禾顶囊壳菌。病菌主要以菌丝体在土壤内的植株病残体及带菌粪肥中越冬、越夏。小麦播种后即可侵染，并陆续出现苗枯、黑脚、黑膏药、白穗等症状。小麦整个生育期均可受害，但以幼苗期和苗高 15 厘米时被害最为严重。病害的发生轻重受多种因素影响。连作重茬发病重；土壤砂质通气好、偏碱性发病重；土壤缺肥病重，施用铵态氮肥及增施磷肥可明显减轻发病；春季多雨，土壤湿度大有利于发病。

(三) 防治措施

1. 种子处理

每 10 千克麦种用小麦全蚀净悬浮剂 20 毫升进行包衣。或每 10 千克麦种用 2.5%适乐时悬浮种衣剂 10~20 克进行包衣。也可用 12.5%烯唑醇可湿性粉剂，或用 2%戊唑醇可湿性粉剂拌种。拌种或包衣时，要严格掌握用药量，以免影响出苗。

2. 大田防治

用 20%三唑酮乳油每亩 100 毫升对水 50 千克灌根有一定的防治效果。

七、小麦蚜虫

为害小麦的蚜虫有多种，通常较普遍而重要的有：麦长管蚜、麦二叉蚜、禾谷缢管蚜、无网长管蚜。

（一）为害症状

麦蚜的为害主要包括直接为害和间接为害两个方面：直接为害主要以成、若蚜吸食叶片、茎秆、嫩头和嫩穗的汁液。麦长管蚜多在植物上部叶片正面为害，抽穗灌浆后，迅速增殖，集中穗部为害。麦二叉蚜喜在作物苗期为害，被害部形成枯斑，其他蚜虫无此症状。间接为害是指麦蚜能在为害的同时，传播小麦病毒病，其中，以传播小麦黄矮病为害最大。

（二）生活习性

麦蚜以无翅胎生雌蚜在麦株基部叶丛或土缝内越冬，北方较寒冷的麦区，多以卵在麦苗枯叶上、杂草上、茬管中、土缝内越冬，而且越向北，以卵越冬率越高。从发生时间上看，麦二叉蚜早于麦长管蚜，麦长管蚜一般到小麦拔节后才逐渐加重。

麦蚜为间歇性猖獗发生，这与气候条件密切相关。麦长管蚜喜中温不耐高温，要求湿度为40%~80%，而麦二叉蚜则耐30℃的高温，喜干怕湿，湿度35%~67%为适宜。一般早播麦田，蚜虫迁入早，繁殖快，为害重；夏秋作物的种类和面积直接关系麦蚜的越夏和繁殖。

（三）防治方法

1. 防治适期

麦二叉蚜要抓好秋苗期、返青和拔节期的防治；麦长管蚜以扬花末期防治最佳。

2. 选择药剂

用40%乐果乳油2 000~3 000倍液或50%辛硫磷乳油2 000倍液，10%吡虫啉可湿性粉剂1 500倍液；50%辟蚜雾可湿性粉剂10克，对水50~60千克；50%抗蚜威4 000~5 000倍液喷雾防治。

八、小麦红蜘蛛

（一）生活习性及发生规律

1. 生活习性

麦长腿蜘蛛每年发生3~4代，完成1个世代需24~46天，平均32天。麦圆蜘蛛每年发生2~3代，完成1个世代需45~80天，平均57.8天。两者都是以成虫和卵在植株根际和土缝中越冬，翌年2月中旬成虫开始活动，越冬卵孵化，3月中下旬虫口密度迅速增大，为害加重，5月中下旬麦株黄熟后，成虫数量急剧下降，以卵越夏。10月上中旬，越夏卵陆续孵化，在小麦上繁殖为害，12月以后若虫减少，越冬卵增多，以卵或成虫越冬。

2. 发生规律

麦长腿蜘蛛喜温暖、干燥，最适温度为15~20℃，最适湿度50%以下，因此，多分布在平原、丘陵、山区麦田，一般春旱少雨年份活动猖獗。每天日出后上升至叶片为害，以9:00~16:00时较多，以15:00~16:00时数量最大，20:00时以后即退至麦株基部潜伏。对大气湿度较为敏感，遇小雨或露水大时即停止活动。

麦圆蜘蛛喜阴湿，怕高温、干燥，最适温度为8~15℃，适宜湿度为80%以上，多分布在水浇地或低洼、潮湿、阴凉的麦地，春季阴凉多雨时发生严重。在一天内的活动时间与麦长腿蜘蛛相反，主要在温度较低和湿度较高的早晚活动为害，以 6:00~8:00 时和 18:00~22:00 时为活动高峰，中午阳光充足，高温干燥，移至植株基部潜伏。气温低于 8℃时很少活动。

麦长腿蜘蛛和麦圆蜘蛛都进行孤雌生殖，有群集性和假死性，均靠爬行和风力扩大蔓延为害，所以，在田间常呈现出从田边或田中央先点片发生、再蔓延到全田发生的特点。

（二）防治措施

小麦红蜘蛛虫体小、发生早且繁殖快，易被忽视，因此应加强虫情调查。从小麦返青后开始每 5 天调查 1 次，当麦垄单行 33 厘米有虫 200 头或每株有虫 6 头，大部分叶片密布白斑时，即可施药防治。

防治红蜘蛛最佳药剂为 1.8%虫螨克 5 000~6 000倍液，防治效果可达 90%以上；其次是 15%哒螨灵乳油 2 000~3 000倍液、1.8%阿维菌素 3 000倍液、20%扫螨净可湿性粉剂 3 000~4 000倍液、20%绿保素（螨虫素+辛硫磷）乳油 3 000~4 000倍液，防治效果达 80%以上；防治效果最差的为氧化乐果，仅为 60%左右。

第三章　玉　　米

第一节　概　　述

一、玉米在国民经济中的重要性

玉米又名玉蜀黍、苞米、苞谷、玉茭、玉麦、棒子和珍珠米等。玉米在农业生产中是一种很重要的粮食作物，从籽粒到茎叶都有广泛而重要的用途。

（一）玉米是高产作物

玉米在粮食作物中的地位，仅次于稻、麦而居旱粮之首。单位面积产量有时仅次水稻、甘薯，一般高于其他粮食作物。

改革开放后，在党和政府的重视和领导下，大力推广杂交种和改进耕作栽培技术，玉米产量水平不断提高。无论是山区、平原或丘陵地区，也无论是春玉米、夏玉米或麦套玉米，均出现不少大面积的高产典型。

据研究，玉米是 C_4 植物，因其光合作用效率高，净光合作用值较 C_3 植物如小麦、水稻等高出 3 倍；同时证明玉米还是非光呼吸作物，它虽也进行光呼吸，但其强度很低，养分消耗少，积累多。这就是玉米高产的生理基础。目前，作物对光能利用率是很低的，一般为 1%~3%，低的还不到 1%，可见，作物增产的潜力是很大的，如能把玉米光能利用率提高到 4%，据推算，每亩理论产量可达 3 500千克左右。

（二）玉米的营养价值高

玉米含有丰富的营养成分，而这些营养成分比其他谷类作物要高出许多。玉米籽粒中脂肪含量很高，维生素较多，碳水化合物的含量略低于大米和面粉，蛋白质比面粉略低，比大米高。玉米作为食用，有发热量高的特点，如与大豆混合磨粉，做成各种面食，能使蛋白质和脂肪等成分增多，营养更加丰富。

此外，在玉米籽粒的蛋白质中，赖氨酸、色氨酸和蛋氨酸含量不足，但通过定向选择，玉米籽粒中赖氨酸含量可增加 50%~80%，而色氨酸含量则可增加 25%~30%。

（三）玉米是高产优质的饲料

玉米“一身无废物，全身都是宝”，其植株各部分均可用作饲料。玉米的籽粒是家畜、家禽的上等饲料，对提高猪肉、牛奶及蛋品产量都有显著的作用。试验证明，100 千克玉米籽粒的饲用价值相当于 135 千克燕麦、130 千克大麦。玉米收获果穗后的茎叶，可以作青贮饲料，用以饲养家畜，青脆可口，含维生素较多，牲畜吃后易增膘，毛色发亮，粪便不干燥。据分析，100 千克青贮玉米秸含有 20 个饲料单位和 0~6 千克可消化蛋白质，等于20千克精饲料的营养价值，可作为家畜的良好饲料。脱粒后的穗轴，同样是牲畜的良好饲料。把穗轴磨碎煮熟所制成的饲料，不仅为牛马所喜欢吃，而且用来喂猪，特别是架子猪，可以很快增加肉的产量。

（四）玉米是重要的工业和医药原料

玉米是轻工业的重要原料，玉米植株各部分直接或间接制成的工业产品约达300种以上。玉米籽粒可以制造淀粉、糖浆、葡萄糖、酒精、醋酸、丙酮、丁醇等，最主要是制造淀粉。玉米胚的脂肪含量在36%~47%，是很好的油脂原料。100千克玉米胚能榨油40千克，比大豆出油率高出1倍多。玉米油含亚油酸比率高。玉米油可做肥皂、油漆涂料、润滑油等，经过加工后可以食用。榨油后的油饼还可以酿酒、制造饴糖等。

利用玉米茎秆可以制造出很好的纤维素、人造丝、纸、电气绝缘体和化学胶板等。玉米果穗的穗轴可以制造电木、漆布、人造软木塞、黑色火药、人造胶水和酒精等。从玉米的穗轴和茎秆中，还可以提取糠醛，是用以制造高级塑料的重要原料。提取糠醛后的残渣可以酿造同等数量的酒精。玉米的花丝和苞叶是用作包装和填充的良好原料。玉米苞叶还可以编制各种各样的出口工艺品。玉米在医药上也有广泛的用途。玉米淀粉是制造抗生素的重要原料。玉米油含有激素和多量维生素E，具有治高血压和血管硬化的作用。玉米花丝可以治高血压，并有利尿的功能。

由于玉米产量高、适应性强、用途广，在作为粮食、饲料和轻工业原料等方面，都具有较高的经济价值。因此，发展玉米，提高玉米生产水平，对于增产粮食，促进畜牧业发展，具有十分重要的意义。

二、玉米的起源及我国栽培简史

根据近几年的考古资料，在墨西哥城附近大湖底所发现的玉米花粉化石，经研究确定，玉米的栽培历史估计有45 000~5 000年，它是古老栽培作物之一。不过，直到1492年哥伦布发现美洲时，才知道玉米的栽培。

我国栽培玉米有460多年的历史。玉米传入我国的年代和途径，众说不一。过去多认为1578年李时珍所著的《本草纲目》是记载玉米最早的一本书，因而认为玉米传入我国的年代在16世纪70年代以前。传入的途径，可能从麦加经阿拉伯、中亚西亚传入我国的西北部再到内地各省。有的认为从麦加经伊斯兰教徒传入印度，再传入我国西部，先在四川等地种植，故有“玉蜀黍”之称。近年来，中国农业科学院农业遗产研究室发现1573年田艺蘅所著《留青日札》就有关于玉米的记载。田艺蘅系浙江杭州人，可见，当时玉米已在杭州广为种植。由此证明玉米传入我国应在16世纪前期或中期，传入我国的途径可能先由沿海省份再到内地各省。

三、玉米产况、分布及区划

（一）世界玉米生产概况

玉米是世界上分布较广的作物之一，从北纬58°通过热带到达南纬35°~40°的地区，均有大面积种植。按玉米栽培面积多少的顺序，以北美洲为最多，其次为远东、拉丁美洲、欧洲、非洲、近东和大洋洲。

世界玉米生产由于近年来采用现代化的科学技术而发展很快。其中，比较突出而带有普遍性的技术措施是杂交种的利用、增施肥料、适当密植、病虫害及杂草的防治、农业机械化栽培等。

（二）我国玉米的分布与区划

我国幅员辽阔，玉米的分布极广。东自台湾和沿海各省，西至新疆及西藏高原，南自北纬18°的海南岛，北至北纬53°黑龙江省的黑河以北地区都有栽培。但主要集中在东北、华北和西南山区，大致形成一个从东北向西南的斜长形地带。这一地带包括黑龙江、吉林、辽宁、河北、山东、河南、山西、陕西、四川、贵州、广西和云南12个省（区），其播种面积占全国玉米总面积的80%以上。据1975年统计，其中，以黑龙江、吉林、辽宁3省栽培面积最大，各占全国玉米总面积的7.6%~9.7%，其他6省栽培面积也不少。在这个斜长形地带以外，新疆内陆灌溉区和东南沿海江苏、浙江等省的丘陵、山区，玉米分布也比较集中。

我国玉米产区根据各地的自然条件、栽培制度等，全国可以划分以下6个玉米区：北方春玉米区、黄淮平原春、夏玉米区、西南山地丘陵玉米区、南方丘陵玉米区、西北内陆玉米区和青藏高原玉米区。

第二节　玉米的生长发育

一、玉米的一生

从播种至新的种子成熟为止，叫做玉米的一生。在它的生长发育过程中，结合其生育特点，划分以下3个生育阶段。

（一）苗期阶段（出苗—拔节期）

玉米苗期是指播种至拔节的一段时间，是生根、分化茎叶为主的营养生长阶段。本阶段的生育特点是：根系发育比较快，至拔节已基本上形成了强大的根系，但地上部茎叶生长比较缓慢。为此，田间管理的中心任务，就是促进根系发育，培育壮苗，达到苗早、苗足、苗齐、苗壮的“四苗”要求，为玉米丰产打好基础。

（二）穗期阶段（拔节—抽穗期）

玉米从拔节至抽穗的一段时间，称为穗期阶段。这个阶段的生育特点是；营养生长和生殖生长同时并进，就是叶片增大、茎节伸长等营养器官旺盛生长和雌雄穗等生殖器官强烈分化与形成。这时期是玉米一生中生长发育最旺盛的阶段，也是田间管理最关键的时期。为此，这一阶段田间管理的中心任务，就是促叶、壮秆、穗多、穗大。具体地说，就是促进中上部叶片增大，茎秆粗壮敦实，以达到穗多、穗大的丰产长相。

（三）花粒期阶段（抽雄—成熟期）

玉米从抽雄至成熟这一段时间，称为花粒期。这个阶段的生育特点，就是基本上停止营养体的增长，而进入以生殖生长为中心的时期，也就是经过开花、受精进入籽粒产量形成为中心的阶段。为此，这一阶段田间管理的中心任务，就是保护叶片不损伤、不早衰，争取粒多、粒重，达到丰产。

二、玉米的生育期和生育时期

（一）生育期

玉米从播种至成熟的天数，称为生育期。生育期的长短与品种、播种期和温度有关。早熟品种生育期短，晚熟品种就长；播种期早的生育期长，播种迟的就短；温度高的生育期短，温度低的就长。

（二）生育时期

玉米从播种至新种子成熟的整个生长发育过程中，由于本身量变和质变的结果和环境变化的影响，使其在外部形态和内部等方面发生阶段性的变化，这些阶段性的变化，即称为生育时期。如出苗、拔节、开花、吐花丝和成熟等。

此外，在生产上常用大喇叭口作为施肥灌水的重要标志。其特征是：棒三叶（果穗叶及其上下两叶）开始甩出而未展开；心叶丛生，上平中空，状如喇叭；雌穗进入小花分化期；最上部展出叶与未展出叶之间，在叶鞘部位能摸出发软而有弹性的雄穗，即所谓大喇叭口。

三、玉米生长发育对温度、光照的要求

（一）温度

玉米原产于中南美洲热带高山地区，在系统发育的过程中形成了喜温的特性，整个生育期间都要求较高的温度。玉米在各个生育时期，对温度的要求有所不同。玉米种子一般在10~12℃发芽较为适宜，25~35℃时发芽最快。为了做到既要早播，又要避免因过早播种引起烂种缺苗，一般在生产上通常把土壤表层5~10厘米温度稳定在10~12℃时，作为春玉米播种的适宜时期。玉米出苗的快慢，在适宜的土壤水分和通气良好的情况下，主要受温度的影响较大。据研究，一般在10~12℃时，播种后18~20天出苗；在15~18℃，8~10天出苗；在20℃时，5~6天就可以出苗。玉米苗期遇到-3~-2℃的霜冻，幼苗就会受到伤害，但如及时加强管理，植株在短期内恢复生长，对产量不致有显著的影响。

玉米抽穗、开花期要求日平均温度在26~27℃，在温度高于35℃、空气相对湿度接近30%的高温干燥气候条件下，花粉（含60%的水分）常因迅速失水而干枯，同时花丝也容易枯萎，因而常造成受精不完全，产生缺粒现象。及时灌水，进行人工辅助授粉，可以减轻和克服这种损失。

在籽粒灌浆、成熟这段时期，要求日平均温度保持在20~24℃，如温度低于16℃或超过25℃，会影响淀粉酶的活动，使养分的运转和积累不能正常进行，造成结实不饱满。玉米有时还发生“高温逼熟”现象，就是当玉米进入灌浆期后，遭受高温影响，营养物质运转和积累受到阻碍，籽粒迅速失水，未进入完熟期就被迫停止成熟，以致籽粒皱缩不饱满，千粒重降低，严重影响产量。

（二）光照

玉米虽属短日照作物，但不典型，在长日照（18小时）的情况下仍能开花结实。

玉米是高光效的高产作物，要达到高产，就需要较多的光合产物，即要求光合强度高、光合面积大和光合时间长。生产实践证明，如果玉米种植密度过大，或阴天较多，即使玉米种在土壤肥沃和水分充足的土地上，由于株间荫蔽，阳光不足，体内有机养分缺乏，会使植株软弱，空秆率增加，严重的降低产量。为此，在栽培技术上，解决通风透光获取较充足的光照，是保证玉米丰收的必要条件。

第三节　玉米器官形态特征与生理功能

玉米根、茎、叶、穗等器官的着生部位是有一定关系的，各个器官的形态特征、生育特征及其相互之间的关系，又有其自身特点和一定规律，了解这些，对于玉米栽培十分重要。

一、根

（一）根的种类

玉米根系和其他禾谷类作物一样，是须根系，是由胚根和节根组成。

1. 胚根

胚根（初生胚根、种子根）是在种子胚胎发育时形成的，大约在受精10天后由胚柄分化而成。胚根只有一条，在种子萌动发芽时，首先突破胚根鞘而伸出。胚根伸出后，迅速生长，垂直深入土壤深处，可长达20~40厘米。

2. 节根

着生在茎的节间居间分生组织基部。生在地下茎节上的称为地下节根（次生根）；生在地上茎节上的称为地上节根（气生根、支持根、支柱根）。节根在植物学上称为不定根。

节根是玉米的主体根系，分枝多，根毛密。一株玉米根的总长度可达1~2千米，这就是使种植在耕作层中构成了一个强大而密集的节根根系。

（二）根的生理功能和特点

玉米根系具有吸收养分、水分、支持种植和合成的作用。根系吸收矿物质营养和水分是通过根毛来进行的。据测定，着生在根尖部分的玉米根毛，每平方厘米有42 500条。由于根毛发达，玉米根的吸收面积增加了5.5倍左右。

玉米根系的特点不仅在于节根发达，支持根作用显著，而且能产生较高的渗透压力。据测定，玉米的根毛细胞汁液渗透压为16~27个大气压，黑麦、小麦、燕麦为5~8个大气压，大麦则为7~16个大气压。这也是玉米吸收水分及矿物质营养的能力超过其他禾谷类作物的原因。

（三）根的生长与其他器官的关系

玉米根系的生长和地上部分的生长是相适应的关系。根系生长较好，能保证地上部各器官也相应地繁茂茁壮；地上部生长良好又能为根系发育获得充分的有机养分，根系也相应比较发达。因此，地下部分与地上部分生长的相互关系是玉米有机体内平衡协调的关系。

二、茎

(一) 茎的形态与生理功能

玉米茎的高矮，因品种、土壤、气候和栽培条件不同而有很大差别。矮生类型的，株高只有0.5~0.8米，高大类型的，株高可达3~4米，巨大类型的，株高可达7~9米。一般来说，矮秆的生育期短，单株产量低，高秆的生育期长单株产量高；土壤、气候和栽培条件等适宜的，茎秆生长比较大，单株的产量也较高。

玉米茎秆上有许多节，每节生长一片叶子，茎节数目与叶片数目相应地变化在8~40。位于地面以下的茎节数目一般3~7个，多者可达8~9节，而地面以上的茎节数30个。主要栽培的玉米品种茎秆多变化在13~25节。一般来说，晚熟高秆类型，节间数目多，早熟矮秆类型，节间数目少。节与节之间称节间。节间的粗度自茎基部向顶端逐渐减小。

实践表明，靠近地面的节间粗短，根系发育良好，抗风力强，不易倒伏。反之，节间细长，根系发育差，抗风力弱，容易倒伏。因此，基部节间长短粗细，是鉴定植株根系发育和栽培技术的标志。我国农民经验，在玉米茎秆显著伸长以前，适当控制水肥，使营养器官与生殖器官生长得均衡协调，可以防止倒伏并获得高产。

茎的功能很多，其茎中的维管束是植株的根与叶、花、果穗之间的运输管道，它除担负水分和养分的运输外，还有支持茎秆的作用。茎能支撑叶片，使之在空中均匀分布，便于吸收阳光和二氧化碳更好地进行光合作用。茎秆还是贮藏养料的器官，后期可将部分养分转运到籽粒中去，空秆的玉米秆特别甜，就是其内部贮藏糖分的缘故。茎具有向光性和负向地性，当植株倒伏时，它又能弯曲向上生长，使植株重立起来，减少损失。茎又是果穗发生和产品的支持器官，茎秆生长好坏与产量关系密切。

(二) 茎的生长与其他器官的关系

各节间伸长的顺序是从下向上逐渐进行，最上面的阳光节间最后伸出，并从最上部的叶鞘中顶出雄穗，这时即为抽雄穗期。雄穗开花期，茎的高度一般不再增加。

玉米由茎基部节上的腋芽长成的侧枝称为分蘖（分枝）。分蘖多少与品种类型、土壤肥力及种植密度有关。

三、叶

(一) 叶的形态特征

玉米叶呈互生排列，全叶可分为叶鞘、叶片、叶舌三部分。叶鞘紧包着节间，有保护茎秆和贮藏养分的作用。叶片着生于叶鞘顶部的叶环之上，是光合作用的重要器官，玉米多数叶片的正面有茸毛，只有基部第1~5片叶（早熟品种少，晚熟品种多）是光滑无毛的，这一特性可作为判断玉米叶位的参考。玉米叶舌（亦有无叶舌的品种）着生于叶鞘与叶片交接处，紧贴茎秆，有防止雨水、病菌、害虫侵入叶鞘内侧的作用。

玉米一生主茎出现的叶片数目因品种而不同，早熟品种叶片少，晚熟品种叶片多，变幅在8~40片，一般在13~25片。每一品种的叶片数量是相对稳定的。

玉米各节位叶面积一般来说，果穗叶及其上下叶（棒三叶）叶片最长，叶片最宽，叶面积最大，单叶干重最重。这可能有利于果穗干物质的积累，符合有机养分“就近供应”的原则。生产上要注意通过合理肥水管理适当扩大“棒三叶”面积。

（二）叶的生长与功能

玉米最初的5片叶子（晚熟种6~7片叶）是在种子胚胎发育时形成的，故称胚叶。第一片叶子通常叶尖是圆的，而以后各叶片是尖的，每一叶片形成后其长度和宽度继续增加。

了解玉米不同节位叶片的生理功能，对丰产栽培是非常重要的。

1. 不同节位叶片的相互关系

玉米在叶片形成过程中，植株上部叶片的形成是靠下部已经建成叶为基础的。

2. 不同节位叶片与根系形成的关系

玉米植株在拔节前，是以根系形成为中心，因而对根系生长起主导作用的只能是已经形成的植株基部5~6个叶片。生产实践证明，下部叶片早衰不能获得高产，其主要原因就在于此。

3. 不同节位叶片与茎秆形成的关系

不同节位叶片和在不同生育时期，对茎秆光合产物的供给是不相同的。拔节期茎节伸长缓慢，叶片供给茎秆的光合产物以第5叶为最多。玉米在大喇叭口期是茎节伸长旺盛时期，叶片供给茎秆的光合产物显著增加，第7~11叶是茎秆形成的主要负担者。玉米开花授粉末期和果穗籽粒形成期，是靠近果穗的中部叶片将其光合产物直接供应果穗。

4. 不同节位叶片与生殖器官形成的关系

不同节位叶片对生殖器官作用大小是不一样的。

（1）对雄穗养分的供给　在大喇叭口期，以第9~11叶片是养分供给的主要负担者，说明中部和中下部叶片对雄穗干重的增长起重要作用。

（2）对雌穗养分的供给　在大喇叭口期，对雌穗营养物质的供给，其主要负担者为第11~15叶片。

（3）对籽粒养分的供给　第13~17叶（顶叶）是籽粒干物质积累的主要负担者。

了解不同节位叶片和叶组的生理功能，在生产上是非常重要的。这样就可以通过观察叶片的伸展进程，判断玉米生育阶段，掌握生长中心，从生长中心着眼，从供长中心叶入手，采取促控措施，促控不同叶组叶片和生长中心器官，达到科学管理，获得高产。

四、花

玉米是雌雄同株异花作物，依靠风力传粉，天然杂交率一般在95%左右，故为异花授粉作物。

（一）雄花序

雄花序又称雄穗，属圆锥花序，着生于茎秆顶部。发育正常的雄穗可产生大量的花粉粒。每个雄穗有2 000~4 000朵小花，每朵小花有3个花药，每一花药大约产生

2 500粒花粉，一个雄穗花序能产生1 500万~3 000万个花粉粒。玉米能产生如此大量的花粉粒，是完全符合于异花授粉的生物学特性的。

玉米雄穗抽出后2~5天，开始开花。亦有边抽穗边开花的。有的抽出后7天才开始开花。开花的顺序是从主轴中上部开始，然后向上向下同时进行。各分枝的小花开放顺序与主轴相同，按分枝顺序说，则上中部的分枝先开放，然后向上和向下部的分枝开放。

雄穗开始开花后，一般第2~5天为盛花期。

玉米在温、湿度适宜的条件下，雄穗全昼夜内均有花朵开放，一般上午开花最多，午后开花显著减少，夜间更少。一般以7:00~11:00时开花最盛，其中尤以7:00~9:00时开花最多。

（二）雌花序

雌花序又称雌穗，为肉穗花序，受精结实后即为果穗。雌穗由叶腋中的腋芽发育而成，着生于穗柄的顶端。

果穗在茎秆上着生位置的高低，因品种和栽培条件而不同，以高度适中者为宜，这样便于机械化收获。过高容易倒伏，过低容易引起霉烂和兽害。果穗的穗轴由侧茎顶芽形成。穗轴肥大，呈白色或红色。穗轴的粗细因品种而不同，以细轴者为好，一般其重量约占总重量的20%~25%。

雌穗一般比同株雄穗抽出稍晚，多者达5~6天。雌穗"花丝"开始抽出苞叶，为雌穗开花（吐丝），一般比同株雄穗开始开花晚2~3天，亦有雌雄穗同时开花的。一个果穗从第一条花丝露出苞叶到全部花丝吐出，一般需要5~7天。花丝长度一般为15~30厘米，如果长期得不到受精，可一直伸长到50厘米左右。花丝在受精以后停止伸长，2~3天变褐枯萎。

（三）授粉与受精

玉米开花时，胚珠中的胚囊和花药中的花粉粒都已经成熟，雄穗花药破裂散出花粉。微风时，花粉只能散落在植株周围1米多的范围内，风大时花粉可散落在500~1 000米以外的地方。花粉借风力传到花丝上的过程称为授粉。

五、种子

（一）种子的形态结构与化学成分

1. 玉米的种子形态

玉米的种子实质就是果实，但在生产上习惯称之为种子。它具有多样的形态、大小和色泽。有的种子近于圆形，顶部平滑，如硬粒型玉米；有的扁平，顶部凹陷，如马齿形玉米；有的表面皱缩，如甜质型玉米；也有的粒型椭圆，顶尖，形似米粒，如爆裂型玉米等。种子大小有很大差别，一般千粒重为200~350克，最小的只有50克，最大的可达400克以上。通常马齿形比硬粒型种子千粒重大。种子的颜色有黄、白、紫、红、花斑等色，我国栽培最常见的为黄色与白色两种。带色的种子含有较多的维生素，营养价值较高。

2. 玉米的种子结构

玉米的种子是由种皮、胚乳和胚3个主要部分组成。种皮是由子房壁发育而成的果皮和内珠被发育而成的种皮所构成。胚乳位于种皮内，占种子总重量的80%~85%。胚乳的结构和蛋白质的含量与分布，是玉米分类上的依据之一。如硬粒型玉米种子，角质胚乳分布在四周，粉质胚乳在中央；马齿形玉米种子，角质胚乳分布在两侧，顶部和中央则分布着粉质胚乳。胚位于种子一侧的基部，较大，占种子总重量的10%~15%。胚实质上就是尚未成长的幼小植株。胚由胚芽、胚轴、胚根、子叶（盾片）组成。胚的上端为胚芽。胚芽的外边有一胚芽鞘，胚芽鞘内包裹着几个普通的叶原基和茎叶的顶端分生组织，将来发育成茎叶。胚的下端为胚根，胚根外包着胚根鞘，胚芽与胚根之间由胚轴相连。在胚轴上，向胚乳的一面生有一片大子叶紧贴胚乳，在种子萌发时有吸收胚乳养料的作用，这一片特殊的内子叶称为盾片。另外，在种子的下端有一“尖冠”，它使种子附着穗轴上，并且保护胚。

玉米种子的化学成分，因品种和栽培条件而异。决定玉米经济价值的最主要的是蛋白质、脂肪、淀粉和各种糖。

（二）种子的形成过程

雌穗受精后花丝凋萎，即转入以籽粒形成为中心的时期。种子形成过程大致分4个时期：籽粒形成期、乳熟期、蜡熟期和完熟期。各期所需天数因品种和环境条件而异。现以夏玉米为例简述如下。

1. 籽粒形成期

约距吐丝后14~17天，果穗和籽粒体积增大，籽粒呈胶囊状，胚乳呈清水状，胚进入分化形成期，籽粒水分很多，干物质积累少。胚和胚乳已能分开。

2. 乳熟期

自吐丝后15~18天，为期20天，此期胚乳开始为乳状，后变成浆糊状。此期末，果穗粗度，籽粒和胚的体积都最大，籽粒增重迅速，达成熟期的70%以上，是籽粒形成的重要阶段。籽粒含水量变动在40%~70%，处于水分平稳阶段。授粉后半个月左右，胚已具有发芽能力。授粉后35天乳熟末期的种子，发芽率可达95%。

3. 蜡熟期

自吐丝后35~37天，为期10~15天，此期籽粒处于缩水阶段，籽粒水分由40%减到20%，果穗粗度和籽粒体积略有减少，胚乳由糊状变为蜡状。籽粒内干物质积累还继续增加，而速度减慢，但无明显终止期。

4. 完熟期

籽粒变硬，指甲不易划破，具有光泽，呈现品种特征。

六、根、茎、叶、穗器官的同伸关系

玉米根、茎、叶、穗器官的同伸关系是很密切的。了解它们之间相互关系，有利于掌握其生育阶段和生长中心，便于采取相应措施，达到促控器官和高产的目的。

根据部分研究资料，将根、茎、叶、穗器官的同伸关系列于表3-1。

表 3-1　玉米穗分化时期与根、茎、叶器官同伸关系

穗分化时期		品种	节根层数	茎秆开始伸长节间	茎秆最长节间	茎秆每昼夜增长量		可见叶		展开叶	
雄穗	雌穗					茎高(厘米)	干物重(克)	叶数	每增一片叶需天数	叶数	每增一片叶需天数
		晚	4	5	4			8~9		6.5~6.8	
伸长		中	3~4	4	3	0.77	0.149	7	2.38	5.5	3.85
		早	2~3	3	2			5~6		4.0	
		晚	5	7	5~6			10~11		7.5~7.8	
小穗原基		中	4~5	5~6	4~5	1.82		8~9	2.13	6.5~6.8	3.03
		早	3~4	4	3~4			8		5.6~5.7	
		晚	5~6	9~10	6~7			12		8.8~8.9	
小穗		中	5	7	5	1.81	0.361	10~11	2.78	7.5~7.9	3.44
		早	3~4	5	4			8~9		6.0	
		晚	6	10~11	7			13		9.8~9.9	
小花	伸长	中	5	9	6	4.07		12	2.00	8.8	2.38
		早	4	6	4~5			9		6.7~6.8	
		晚	7	13~14	7		1.790	15~16		11.6~11.9	
雄长雌退	小穗	中	6	10~11	6	6.28		13~14	2.27	9.9	3.33
		早	5	7	4~5			10~11		7.8~7.9	
		晚	7	15~16	9~10			16~18		12.7~12.9	
四分体	小花	中	6~7	12~13	8~9	7.57		14~15	3.33	10.9	3.33
		早	5~6	9~10	6~7			12~13		8.8~8.9	
		晚	8~9	19~20	10~12		2.368	19~20		15.9~16.9	
花粉充实	性器官形成	中	7	16	9~10	14.27		17~18	6.66	13.8~14.9	1.16
		早	6	13~14	8~9			14~15		11.9	
		晚	8~9		10~13			20~21		19.0~21.0	
抽雄	果穗增长	中	7		10~12	6.46	1.512	18	0	15.9~17.0	7.14
		早	6		8~9			14		13.9~14.0	
		晚	8~9		11~14			20~21		20~21	
开花	吐丝	中	7~8		10~14	—	—	18		18	
		早	7		9~10			14		14	

第四节　玉米雌雄穗的分化过程

玉米雌雄穗的分化与形成，是个连续发育变化的过程。根据变化过程中的形态发育特点，可分为生长锥未伸长期、生长锥伸长期、小穗分化期、小花分化期和性器官发育形成期等 5 个主要时期。

一、雄穗分化过程

(一) 生长锥未伸长期

其特点是茎顶生长锥是一个表面光滑的圆形突起，长和宽差别甚小。

(二) 生长锥伸长期

开始时生长锥稍微伸长，长度略大于宽度，基部原始节和节间形成，但生长锥上部仍是光滑的。随后，生长锥显著伸长，生长锥下部形成突起，中部开始分节，即以后形成为穗轴节片。此期称为分节期。

(三) 小穗分化期

生长锥继续伸长，基部出现分枝突起，中部出现小穗原基。每一小穗原基又迅速地分裂为成对的两个小穗突起，其中一个大的在上，将来发育为有柄小穗；一个小的在下，成为无柄小穗。

(四) 小花分化期

每一个小穗突起进一步分化出两个大小不等的小花突起，称为小花开始分化期。在小花突起的基部形成 3 个雄蕊原始体，中央形成一个雌蕊原始体，称为雌雄蕊形成期，雄蕊分化到这一时期表现为两性花。但继续发育时，雄蕊生长产生药隔，雌蕊原始体便逐渐退化，两朵小花发育不均衡，位于上部的第一朵小花比位于下部的第二朵小花发育旺盛，此时称为雄蕊生长雌蕊退化期。每朵花具有内、外稃和两个浆片，这一时期延续约 7 天。

(五) 性器官发育形成期

雄蕊原始体生长，当雄穗主轴中上部小穗颖片长度达 0. 8 厘米左右，花粉囊中的花粉母细胞进入“四分体”期，这时期雌蕊原始体已经退化。随后进入花粉粒形成及内容物充实期，这时细胞核进行有丝分裂，穗轴节片迅速伸长，护颖和内外颖强烈生长，整个雄穗体积迅速增大，其长度可比小花分化期增长 10 倍左右，外形看去“孕穗”，不久即进入抽雄穗期。这一时期延续时间 10～11 天。

雄穗进入四分体期，对肥、水、温、光要求迫切，反应灵敏，这是决定花粉粒形成多少、生活力高低的关键时期；同时又是雌穗小花分化期。这时及时追肥、灌水和充足的光照，是促进花粉粒发育，提高结实率，争取穗多、穗大、粒多、粒重的重要措施。

二、雌穗分化过程

(一) 生长锥未伸长期

生长锥尚未伸长，呈基部宽广、表面光滑的圆锥体，体积很小。

（二）生长锥伸长期

生长锥显著伸长，长度大于宽度，此期延续时间 3~4 天。

（三）小穗分化期

生长锥进一步伸长，出现小穗原基。每个小穗原基又迅速分裂为两个小穗突起，形成两个并列的小穗，在小穗分化期间给予充足的养分、水分和光照条件，可以分化出更多的小穗，从而就有可能获得长大的果穗。这一时期延续 3~4 天。

（四）小花分化期

每个小穗突起进一步分化为大小不等的两个小花突起称为小花开始分化期。粒行数多少及其整齐度，即决定于这个时期的环境条件。在良好的环境条件下，形成的粒行数多，行列整齐；反之，则部分小花不能继续发育，粒行数少，且长成畸形或粒行不整齐的果穗。此期延续时间一般为 7 天。

（五）性器官发育形成期

雌蕊的花丝逐渐伸长，顶端出现分裂，花丝上出现绒毛，子房体增大。此期延续时间为 7 天左右。

三、雌穗与雄穗分化时期的相关性

近几年综合各地的研究资料，可以看出，雌雄穗分化时期的相关性是很密切的。其相关趋势大致是：雄穗进入生长锥伸长期，茎节上的腋芽尚未分化；当雄穗进入小穗分化期，雌穗处于生长锥未伸长期；雄穗进入小花开始分化期，雌穗进入生长锥伸长期；雄穗进入雌雄蕊突起形成期，雌穗处于分节期；雄穗进入雄蕊生长雄蕊退化期，雌穗进入小穗原基或小穗形成期；雄穗进入四分体期，雌穗进入小花开始分化期；雄穗进入花粉粒形成期，雌穗处于雌雄蕊突起形成或雌蕊生长雄蕊退化期；雄穗进入花粉粒成熟期，雌穗进入性器官形成初期；雄穗进入抽雄期，雌穗处于果穗增长期；雄穗进入开花期雌穗即进入吐丝期（表 3-2）。

表 3-2 玉米穗分化进程与外部形态关系

穗分化时期（开始）			品种类型	日 期（月/日）	延续天数	可见天数	展开叶数	距播种天数
雄 穗		雌 穗						
伸长期	伸长		晚	7/1~20	3	8~9	6.5~6.8	28
			中	7/1~17	5	7	5.5	23
			早	7/9~12	4	6	4	18
	分节		晚					
			中					
			早					

（续表）

穗分化时期（开始）				品种类型	日　期（月/日）	延续天数	可见天数	展开叶数	距播种天数
雄　穗		雌　穗							
小穗分化期	小穗原基	伸长期		晚	7/2~24	4	10~11	7.5~7.8	31
				中	7/1~20	3	8~9	6.5~6.8	28
				早	7/1~16	4	8	5.6~5.7	23
	小穗			晚	7/2~27	3	12	8.8~8.9	35
				中	7/2~24	4	10~11	7.5~7.9	31
				早	7月17日	1	—	—	27
小花分化期	小花时期		伸长	晚	7/2~31	4	13	9.8~9.9	38
				中	7/2~27	3	12	8.8	35
				早	7/8~20	3	9	6.7~6.8	28
	雌雄蕊突起		分节	晚	7/2~31	—	13	9.9	38
				中	7/2~27	—	12	8.8~8.9	35
				早	7/1~20	—	—	—	28
	雄蕊长雌蕊退	小穗期	小穗原基或小穗	晚	8/1~3	3	15~16	11.6~11.9	42
				中	7/2~31	4	13~14	9.9	38
				早	7/2~24	4	10~11	7.8~7.9	31
性器官成熟期	四分体	小花分化期	小花始期	晚	8/4~7	4	16~18	12.7~12.9	45
				中	8/1~3	3	14~15	10.9	42
				早	7/2~27	3	12~13	8.8~8.9	35
	花粉粒形成		雌雄蕊突起或雌长雄退	晚	8/8~10	3	18	13.9	49
				中	8/4~7	4	15~17	11.8~11.9	45
				早	7/28~31	4	13	9.8~9.9	38
	花粉粒成熟	性器官形成期	花丝始伸	晚	8/1~14	4	19~20	15.9~16.9	52
				中	8/8~10	3	17~18	13.8~14.9	49
				早	8/1~3	3	14~15	11.9	42
抽雄期	抽雄		果穗长（花丝伸长）	晚	8/1~17	3	20~21	19.9~21.0	56
				中	8/1~14	4	18	15.9~17.0	52
				早	8/4~7	4	14	13.9~14.0	45
开花期	开花		吐丝	晚	8月18日	—	20~21	20~21	59
				中	8月15日	—	18	18	56
				早	8月8日	—	14	14	49

了解上述雌雄穗分化时期的相关趋势，就可以依据某一品种雄穗或雌穗的分化时期，估计雌穗或雄穗的分化时期，以便采取相应的农业技术措施。

四、穗分化时期与叶龄指数的关系

玉米穗分化进程与丰产栽培关系是很密切的。但在生产上如何掌握这一进程，除借助解剖观察外，可以采用叶龄指数的方法，以判断幼穗分化的时期，作为采取农业技术措施的科学依据。

所谓叶龄，是用主茎上展开叶数来表示。当各叶达到展开叶标准时，分别称为一龄、二龄、三龄等。

研究表明，玉米主茎总叶片数相同，进入相同穗分化时期的主茎叶龄也非常近似。因此，在生产上只要知道栽培品种的主茎总叶数，同时又知道这些品种在各穗分化时期的主茎叶龄，即可根据植株在田间生长主茎出现的叶龄数，随时判断出穗分化时期，而决定其管理措施。

第五节　分类及品种

一、按籽粒形态及结构分类

根据籽粒稃壳的长短，籽粒的形状，淀粉的品质和分布，化学成分和物理结构等将栽培种分成现通行的9个亚种。

二、按生育期分类

玉米生育期的分类方法，是根据植物学、生态学和生物学进行的。我国栽培的玉米品种，生育期一般为70~150天。根据它们的生育期常可分为早熟、中熟和晚熟三类。

（一）早熟品种

春播70~100天，积温2 000~2 200℃；夏播70~85天，积温1 800~2 100℃，植株矮叶数少，一般叶数为14~17片，籽粒小，千粒重为150~200克。

（二）晚熟品种

春播120~150天，积温2 500~2 800℃；夏播96天以上，积温2 300℃以上，植株高大，叶数较多，一般为21~25片，籽粒大，千粒重300克左右，产量较高。

（三）中熟品种

春播100~120天，积温2 300~2 500℃；夏播85~95天，积温2 100~2 200℃植株性状介于二者之间，千粒重200~300克。适应地区广，生育期的长短，随环境条件而改变，如南方品种移向北方，常因日照加长，气温变低，而延长生育期。反之，北方品种移向南方，则缩短生育天数。同一品种在同一地区播种期早晚不同，其生育天数亦有差异。

三、按籽粒颜色及用途分类

按玉米籽粒的颜色可分为黄色玉米、白玉米及杂玉米三类。黄色玉米含有较多的维生素和胡萝卜素，营养价值高。按用途可分为食用、饲用和食饲兼用三类。食用玉米主要是指利用它的籽粒，供做粮食、精饲料和食品工业原料，通常要求高产优质。饲用玉米指利用玉米的茎叶作为饲料，要求茎秆粗大，叶片宽大而多汁。食饲兼用玉米，既要求籽粒高产优质，又要求在籽粒完熟时茎叶仍青嫩多汁。

四、因地制宜，选用优良品种

北方各省气候条件不同，生产管理水平不一样，选用优良杂交种要因地制宜，必须考虑品种特性，与本地区的自然条件和生产条件相适应。

为了发挥良种的最大增产潜力，必须根据其发育规律，在栽培管理技术上满足它的要求，争取最大限度的高产，就必须良种良法配套。

第六节　玉米丰产的土壤基础

一、玉米丰产的土壤条件

（一）土层深厚，结构良好

玉米根层密，数量大，垂直深度可达1米以下，水平分布1米左右，在土壤中形成一个强大而密集的根系。玉米根数的多少、分布状况、活性大小与土层深厚有密切关系。土层深厚指活土层要深，心土层和底土层要厚。活土层即熟化的耕作层，土壤疏松，大小空隙比例适当，水、肥气、热各因素相互协调，利于根系生长。

（二）土壤疏松通气，利于根系下扎

通气良好的土壤，可提高氮肥肥效。故在播前深耕整地，生长期间加强中耕，雨季注意排涝，以增加土壤空气的供应，保证根系对氧的需要。

（三）耕层有机质和速效养分高

在玉米生育过程中，提高土壤养分的供应能力，是获得高产的物质基础，玉米吸收的养分主要来自土壤和肥料。据试验，以施用N、P、K肥料的玉米产量为100%，则不施肥料的玉米产量为60%~80%，说明玉米所需养分的3/5~4/5依靠土壤供应，1/5~2/5来自肥料。各地高产稳产田土壤分析资料说明，耕层有机质和速效性养分含量较高，耕层有机质含量15~20克/千克，速效性氮和磷约在30毫克/千克，速效钾在150毫克/千克，都比一般大田高1~2倍以上，能形成较多的水稳性团粒结构。因此，在玉米生育过程中，不出现脱肥和早衰。

土壤的供肥能力，视有机肥料多少而定，增施有机肥料，既能分解供给作物养分，又可不断地培肥土壤，为玉米持续高产创造条件。

二、深耕改土是玉米丰产的基础

（一）深耕改土的原则和方法

深耕对调节水、肥、气、热有明显效果，活土层加厚，总孔隙度增加，利于透水蓄

水。在播种前除多耕多耢，使土块达一定碎度外，要重施有机肥，并应根据必要与可能实行秸秆还田，以逐步提高土壤的有效肥力。

(二) 玉米的整地技术

夏玉米具有生长期短的特点，同时三夏农活紧张，因此要争分夺秒，抢时抢墒早播。根据各地经验，夏玉米的耕作方法不外乎小麦收后采取全套耕、耢、耪的复合作业措施，边耕边播种，麦收后按玉米行距冲沟，先灭茬再播种，以及利用前茬深耕的后效等方法。

第七节 施 肥

一、玉米合理施肥的生理基础

玉米在生长发育过程中，需要的营养元素很多。如氮、硫、磷、钾、钙、镁、铁、锰、铜、锌、硼、钼等矿质元素和碳、氢、氧三种非矿质元素等。其中，氮、磷、钾、硫、钙、镁六种元素，玉米需要量最多，称为大量元素；铁、锰、铜、锌、硼、钼等元素，需要量很少，称为微量元素。

(一) 氮、磷、钾的生理作用

1. 氮

玉米对氮的需要量比其他任何元素要多。氮是组成蛋白质、酶和叶绿素的重要成分，对玉米植株的生长发育起到重要作用。

玉米缺氮的特征是株型细瘦，叶色黄绿，首先是下部老叶从叶尖开始变黄，然后沿中脉伸展呈楔（V）形，叶边缘仍为绿色，最后整个叶片变黄干枯。这是因为缺氮时，氮素从下部老叶转运到上部正在生长的幼叶和其他器官中去的缘故。缺氮还会引起雌穗形成延迟，或雌穗不能发育，或穗小粒少产量降低。如能及早发现和及时追施速效氮肥，可以消除或减轻这种不良现象。

2. 磷

玉米需要的磷比氮少得多，但对玉米发育却很重要。磷可使玉米植株体内氮素和糖分的转化良好；加强根系发育；还可使玉米雌穗受精良好，结实饱满。

玉米缺磷，幼苗根系减弱，生长缓慢，叶色紫红；开花期缺磷，花丝抽出延迟，雌穗受精不完全，形成发育不良、粒行不整齐的果穗；后期缺磷，果穗成熟期延迟。在缺磷的土壤上增施磷肥作基肥和种肥，能使植株发育正常，增产显著。

3. 钾

钾对玉米正常的生长发育起重要作用。钾可促进碳水化合物的合成和运转，使机械组织发育良好，厚角组织发达，提高抗倒伏的能力。而且钾对玉米雌穗的发育有促进作用，可增加单株果穗数，尤其对多果穗品种效果更显著。

玉米缺钾，生长缓慢，叶片黄绿或黄色，叶边缘及叶尖干枯呈灼烧状是其突出的标志。严重缺钾时，生长停滞，节间缩短，植株矮小，果穗发育不良或出现秃顶，籽粒淀粉含量降低、千粒重减轻，容易倒伏。如果土壤缺钾必须重视钾肥的增施。

（二）微量元素的生理作用

1. 硼

硼素的缺乏常出现在碱性的土壤上，硼可作基肥使用，每亩用量 0.1～0.25 千克。或者用 0.01%～0.05%溶液浸种 12～24 小时，也可作叶面喷施，浓度为 0.1%～0.2%。据研究，给玉米施硼肥可以显著提高植株生长素的含量及其氧化酶的活性，并加速果穗的形成。

2. 锌

缺锌多发生在 pH 值≥6 的石灰性土壤上。锌肥可作基肥和种肥施用，每亩施用硫酸锌 1 千克；浸种处理时，可用浓度 0.02%～0.05%的硫酸锌溶液浸 12～24 小时；根外施肥常用浓度为 0.05%～0.1%，在苗高 5 寸时午后日落前进行喷施。施锌肥可加速玉米发育 5～12 天，并使开花期以后呼吸作用减弱，有利于干物质积累。

3. 锰

缺锰多发生在轻质的石灰性土壤上。锰肥作基肥常用量，每亩施硫酸锰 1～2.5 千克；浸种时可用 0.05%～0.1%硫酸锰溶液浸 12～24 小时，种子与溶液比例为 1：1.5；根外追肥可用 0.05%～0.1%的硫酸锰溶液，视植株大小，于黄昏前每亩喷施 25～50 千克。

（三）玉米对主要矿质营养元素的需要和吸收

玉米籽粒产量与氮、磷、钾数量的比例关系　玉米是高产作物，需肥较多，一般规律是随着产量的提高，吸收到植株体内的营养数量也增多。一生中吸收的养分，以氮为最多，钾次之，磷较少。每生产 100 千克玉米籽粒则需吸收 N 3.43 千克，P_2O_5 1.23 千克，K_2O 3.26 千克；N、P、K 的比例为 3：1：2.8。

二、玉米施肥技术

（一）施肥的一般原则

玉米施肥应掌握“基肥为主，种肥、追肥为辅；有机肥为主，化肥为辅；基肥、磷钾肥早施、追肥分期施”等原则。施肥量应根据产量指标、地力基础、肥料质量、肥料利用率、密度、品种等因素灵活运用。

培肥地力是玉米高产稳产的基础。在连作玉米地块，不要连续单施化肥，特别是连续单施硫酸铵酸性氮素化肥，最好以有机肥为主配合化肥施用，效果好。有机肥用量必须逐年增加，施入量大于支出量，地才能越种越肥，产量才能逐年提高。

（二）基肥的施用

玉米施肥应以基肥为主，基肥应以有机肥料为主。基肥用量，一般应占总施肥量的 60%～70%。基肥施用方法要因地制宜。基肥充足时可以撒施后耕翻入土，或大部分撒施小部分集中施。如肥料不足，可全部沟施或穴施。“施肥一大片，不如一条线（沟施），施肥一条线，不如一个蛋（穴施）”。群众的语言生动说明了集中施肥的增产效果。夏玉米因抢耕抢种或肥源不足常不能施用基肥。但为了提高夏玉米产量，除应积极广开肥源、做好劳力调配，力争增施基肥外，亦可在前作地上多施基肥。生产证明，玉米能很好的利用前作基肥的后效。

(三) 种肥的施用

玉米施用种肥，一般可增产10%左右。在基肥不足和未施基肥的情况下，种肥的增产作用更大。种肥主要是满足玉米生长初期对养分的需要，能促进根系发育，幼苗生长健壮，为后期生长打好基础。种肥以速效氮素化肥为主，适当配合磷、钾化肥以提高其肥效。肥料要施在种子层的种子旁边，距种子4~5厘米的地方，穴施或条施均可。过近要烧坏种子根，过远则起不到种肥的效果。

(四) 追肥的施用

1. 苗期

凡是套种或抢茬播种没有施底肥的夏玉米，定苗后要抓紧追足有机肥料。

2. 拔节期

拔节肥能促进中上部叶片增大，增加光合面积，延长下部叶片的光合作用时期，为促根、壮秆、增穗打好基础。拔节肥的施用量，要根据土壤、底肥和苗情等情况来决定。在地力肥，底肥足，植株生长健壮的条件下，要适当控制追肥数量，追肥的时间也应晚些；在土地瘠薄，底肥少，植株生长瘦弱的情况下，应当适当多施或早施。

拔节肥应以施速效氮肥为主，但在磷肥和钾肥施用有效的土壤上，可酌量追施一部分磷、钾肥。据中国农业科学院试验，用N、P之比1：1混合肥料追拔节肥，增产效果显著。

3. 穗肥

穗肥是指在雌穗生长锥伸长期至雄穗抽出前追施的肥料。此时正处于雌穗小穗、小花分化期，营养体生长速度最快，雌雄穗分化形成处于盛期，需水需肥最多，是决定果穗大小、籽粒多少的关键时期。这时重施穗肥，肥水齐攻，既能满足穗分化的肥水需要，又能提高中上部叶片的光合生产率，使运入果穗的养分多，粒多而饱满，产量提高。

各地很多玉米丰产经验和试验证明，只要在苗期生长正常的情况下，重施穗肥，都能获得显著的增产效果。特别在化肥不足的情况下，一次集中追施穗肥，增产效果显著。

第八节 灌溉与排水

一、玉米对水分的要求

(一) 播种出苗期

玉米从播种发芽到出苗，需水量少，占总需水量的3.1%~6.1%。

(二) 幼苗期

玉米在出苗到拔节的幼苗期间，植株矮小，生长缓慢，叶面蒸腾量较少，所以耗水量也不大，占总需水量的17.8%~15.6%。这时的生长中心是根系，为了使根系发育良好，并向纵深伸展，必须保持在表土层疏松干燥和下层比较湿润的状况。

（三）拔节孕穗期

玉米植株开始拔节以后，生长进入旺盛阶段。这个时期茎和叶的增长量很大，雌雄穗不断分化和形成，干物质积累增加。这一阶段是玉米由营养生长进入营养生长与生殖生长并进时期，植株各方面的生理活动机能逐渐加强；同时，这一时期气温还不断升高，叶面蒸腾强烈。因此，玉米对水分的要求比较高，占总需水量的29.6%~23.4%。特别是抽雄前半个月左右，雄穗已经形成，雌穗正加速小穗、小花分化，对水分条件的要求更高。这时如果水分供应不足，就会引起小穗、小花数目减少，因而也就减少了果穗上籽粒的数量。同时还会造成“卡脖旱”，延迟抽雄和授粉，降低结实率而影响产量。

（四）抽穗开花期

玉米抽穗开花期，对土壤水分十分敏感，如水分不足，气温升高，空气干燥，抽出的雄穗在3~4天内就会“晒花”，甚至有的雄穗不能抽出，或抽出的时间延长，造成严重的减产，甚至颗粒无收。这一时期，玉米植株的新陈代谢最为旺盛，对水分的要求达到它一生的最高峰，称为玉米需水的“临界期”。这时需水量因抽穗到开花的时间短，所占总需水量的比率比较低，为13.8%~27.8%；但从每日每亩需水量的绝对值来说，却很高，达到3.69~3.32立方米/亩。因此，这一阶段土壤水分以保持田间持水量的80%左右为好。

（五）灌浆成熟期

玉米进入灌浆和蜡熟的生育后期时，仍然需要相当多的水分，才能满足生长发育的需要，这时需水量占总需水量的31.5%~19.2%，这期间是产量形成的主要阶段，需要有充足的水分作为溶媒，才能保证把茎、叶中所积累的营养物质顺利地运转到籽粒中去。所以，这时土壤水分状况比起生育前期更具有重要的生理意义。灌浆以后，即进入成熟阶段，籽粒基本定型，植株细胞分裂和生理活动逐渐减弱，这时主要是进入干燥脱水过程，但仍需要一定的水分，占总需水量的4%~10%来维持植株的生命活动，保证籽粒的最终成熟。

二、玉米合理灌溉

（一）玉米播种期灌水

玉米适期早播，达到苗早、苗全、苗壮，是实现高产稳产的第一关。

（二）玉米苗期灌水

玉米幼苗期的需水特点是：植株矮小，生长缓慢、叶面积小，蒸腾量不大，耗水量较少。

（三）玉米拔节孕穗期灌水

玉米拔节以后，雌穗开始分化，茎叶生长迅速，开始积累大量干物质，叶面蒸腾也在逐渐增大，要求有充足的水分和养分。玉米拔节孕穗期间加强灌溉和保墒工作，是争取玉米穗多、粒多提高产量的关键环节。

(四) 玉米抽穗开花期灌水

玉米雄穗抽出后，茎叶增长即渐趋停止，进入开花、授粉、结实阶段。玉米抽穗开花期植株体内新陈代谢过程旺盛，对水分的反应极为敏感，加上气温高，空气干燥，使叶面积蒸腾和地面蒸发加大，需水达到最高峰。

(五) 玉米成熟期灌水

玉米受精后，经过灌浆、乳熟、蜡熟达到完熟。从灌浆到乳熟末期仍是玉米需水的重要时期。这个时期干旱对产量的影响，仅次于抽雄期。玉米从灌浆起，茎叶积累的营养物质主要通过水分作媒介向籽粒输送，需要大量水分，才能保证营养运转的顺利进行。

三、玉米的田间排水

大部分玉米产区，在玉米生育期间正是雨季，尤其是黄淮流域夏玉米产区，雨量多集中在7~8月，如无排水准备，低洼地区很容易遭受涝害，因此采取有效措施，做好排水防涝工作很重要。

第九节 合理密植

一、合理密植的生理基础

玉米产量由每亩穗数、每亩粒数和粒重所组成。合理密植就是为了充分有效地利用光、水、气、热和养分，协调群体与个体的矛盾，在群体最大发展的前提下，保证个体健壮地生长发育，达到穗多、穗大、粒重，提高产量。

(一) 玉米合理的群体结构

玉米合理的群体结构，是根据当时当地的自然条件、生产条件和品种特性而确定的。所谓合理的群体结构即是群体与个体、地上部与地下部、营养器官与生殖器官、前期生长和后期生长都能比较健全而协调地发展，从而经济有效地利用光能和地力，促使穗多、穗大、粒多、粒饱，最后达到高产优质低成本的目的。

光合势、光合生产率和经济产量系数三者的乘积最大时，籽粒产量最高，其群体结构也是合理的。在种植密度较稀时，光合生产率及经济产量系数虽较高，但每亩绿叶面积较小，全生育期光合势也较小，每亩籽粒产量不高；种植过密时，光合势大，但每亩也面积过大，过分郁蔽，光合条件恶化，光合生产率下降，经济产量系数降低，所以籽粒产量也不高。

(二) 玉米高产的群体结构

根据不同地区的自然条件、生产条件和玉米不同品种的生育特点，确定不同生育时期合理群体结构指标，因地制宜地规划出当地玉米高产的群体结构图型，作为主攻方向，做到目的明确，心中有数，然后根据具体情况，采取促控措施，实现各时期的群体指标。

二、合理密植的原则

合理密植是实现玉米丰产的中心环节。影响玉米适宜密度的基本因素，是品种（内因）和生活条件（外因）。因此，合理密植的原则，就是根据内外因素确定适宜的密度，使群体个体矛盾趋向统一，使构成产量的穗数、粒数和粒重的乘积达最大值，以达提高单位面积产量的目的。

（一）适宜密度与品种的关系

一般晚熟品种生长期长，植株高大，茎叶繁茂，单株生产力高，需要较大的个体营养面积，应适当稀些；反之，植株矮小的早熟品种，茎叶量小，需要的个体营养面积也较小，可适当密些；而植株较矮，叶片直立的品种可更密些。据国外报道，叶片直立，株高3.5~4.5尺（1尺≈33.33厘米）的半矮生玉米品种，每亩种16 000株以上，比当地玉米杂交种种植密度增加4~5倍，每亩产量高达1 350千克。这说明适宜密度要因种制宜。

（二）密植与肥水条件的关系

一般地力较差和施肥水平较低，每亩株数应少些；反之，土壤肥力高，密度可以增大。因为肥力高，较小的营养面积，即可满足个体需要。根据各地研究和实践证明，在提高肥水条件的基础上，适当增加株数，有明显的增产效果。

（三）玉米密植的适宜幅度

各地的适宜幅度，应根据当地的自然条件、土壤肥力及施肥水平、品种特性、栽培水平等确定。在现有技术水平条件下，采取合理的种植方式，每亩密植幅度为：高秆杂交种，夏播2 800~3 300株；春播2 000~3 000株。中秆杂交种，夏播3 500~4 000株；春播2 500~3 500株。矮秆杂交种，夏播4 500~5 000株。

三、种植方式

（一）等行距种植

这种方式株距随密度而有不同，一般行距60~70厘米。其特点是植株在抽穗前，地上部叶片与地下部根系在田间均匀分布，能充分地利用养分和阳光；播种、定苗、中耕锄草和施肥培土都便于机械化操作。但在肥水高密度大的条件下，在生育后期行间郁蔽，光照条件差，光合作用效率低，群个体矛盾尖锐，影响进一步提高产量。

（二）宽窄行种植

宽窄行距一宽一窄，一般大行距80厘米，窄行距在50厘米左右，株距根据密度确定。其特点是植株在田间分布不匀，生育前期对光照和地力利用较差，但能调节玉米后期个体与群体间的矛盾，所以，在高水肥高密度条件下，大小垄一般可增产10%。在密度较小情况下，光照矛盾不突出，大小垄就无明显增产效果，有时反而会减产。

四、玉米空秆、倒伏的原因及防止途径

（一）空秆、倒伏的原因

玉米空秆的发生，除遗传原因以外，与果穗发育时期、玉米体内缺乏碳糖等有机营

养有关。因为形成雌穗所需的养分，大部是通过光合作用合成的，当光合强度减弱，光合作用受到影响，合成的有机养分少，雌穗发育迟缓或停止发育，空秆增多。据各地调查，空秆的发生，是由于水肥不足、弱晚苗、病虫害、密度过大等造成的。这些情况直接或间接影响玉米体内营养物质的积累转化和分配而形成空秆。

玉米倒伏有茎倒、根倒及茎折断 3 种。茎倒是茎秆节的长细，植株过高及暴风雨造成，茎秆基部机械组织强度差，造成茎秆倾斜。根倒是根系发育不良，灌水及雨水过多，遇风引起倾斜度较大的倒伏。茎折断主要是抽雄前生长较快，茎秆组织嫩弱及病虫害遇风而折断。

（二）空秆、倒伏的防止途径

空秆、倒伏具有普遍原因，又有不同年份不同情况的特殊原因，因此，要因地制宜地预防。根据其发生原因，主要防止途径如下：

1. 合理密植

玉米合理密植可充分利用光能和地力，群体内通风透光良好，是减少玉米空秆、倒伏的主要措施。采取大小垄种植，对改善群体内光照条件有一定作用，不仅空秆率降低，还可减少因光照不足，造成单株根系少、分布浅，节间过长而引起倒伏。

2. 合理供应肥水

适时适量地供应肥水，使雌穗的分化和发育获得充足的营养条件，并注意施足氮肥，配合磷、钾肥。从拔节到开花是雌穗分化建成和授粉受精的关键，肥水供应及时，促进雌穗的分化和正常结实，土壤肥力低的田块，应增施肥料，着重前期重施追肥，土壤肥力高的田块，应分期追、中后期重追，对防止空秆和倒伏有积极作用。苗期要注意蹲苗，促使根系下扎，基部茎节缩短；雨水过多的地区，注意排涝通气。玉米抽雄前后各半月期间需水较多，适时灌水，不仅可促使雌穗发育形成，而且缩短雌雄花的出现间隔，利于授粉结实，减少空秆。

3. 因地制宜，选用良种

选用适合当地自然条件和栽培条件的杂交种和优良品种。土质肥沃及栽培水平较高的土地，选用丰产性能较高的马齿型品种。土质瘠薄及栽培水平较低的土地，选用适应性强的硬粒型或半马齿型品种。多风地区，选用矮秆、基部节间短粗、根系强大等抗倒伏能力强的良种。

此外，要加强田间管理，控大苗促小苗，使苗整齐健壮。防治病虫害，进行人工授粉，也有降低空秆和防止倒伏的作用。

（三）倒伏后的挽救措施

玉米在生育期间，遇到难以控制的暴风袭击，引起倒伏，为了减轻损失必须进行挽救。在抽雄前后倒伏，植株相互压盖，难以自然恢复直立，应在倒伏后及时扶起，以减少损失。但扶起必须及时，并要边扶边培土边追肥。如在拔节后倒伏，自身有恢复直立能力，不必人工扶起。

第十节　播种和田间管理

一、适时种好玉米

（一）做好播种准备

1. 选用优良品种

我国北方地区，玉米播种面积大，品种多，自然条件复杂，栽培制度各异，各地在选用良种时，应注意以下几个原则。

（1）选用抗病品种　近年来，北方各地普遍发生玉米各种病害，其中，玉米叶斑病已成为玉米的主要病害，一旦发生，轻者减产，重者造成毁灭性的灾害。另外，玉米病毒病也有发展。为了保证玉米高产稳产，选育和推广抗病品种，尤其是抗大、小斑病的品种，是生产上迫切需要解决的问题。

（2）选用良种必须因地制宜　任何优良品种都是有地区性的和有条件的，并非良种万能。不同的品种或杂交种，对肥水的反应、抗旱、耐涝、抗病力、区域适应性、产量水平及品质等都是有差别的。选用良种时，必须根据其品种特点与适宜范围，做到因地制宜，良种良法配套，才能获得丰产。不论从外地引进或当地新选育的品种或杂交种，在大面积推广之前，必须在试种示范过程中，了解和掌握其生育特性，并总结出一套有针对性的栽培管理措施，才能发挥良种的增产作用。

2. 精选种子及种子处理

（1）精选种子　为了提高种子质量，在播种前应做好以下种子精选工作。经过筛选和粒选，除去霉坏、破碎、混杂及遭受病虫为害的籽粒，以保证种子有较高的质量。对选过的种子，特别是由外地调换来的良种，都要做好发芽试验。一般要求发芽率达到90%以上，如低于90%，要酌情增加播量。

（2）种子处理　玉米在播种前，通过晒种、浸种和药剂拌种等方法，增强种子发芽势，提高发芽率，并可减轻病虫为害，以达到苗早、苗齐、苗壮的目的。

（二）播种

1. 适时早播增产的意义

首先，适时早播可以延长玉米生育期，积累更多的营养物质，满足雌雄穗分化形成以及籽粒的需要，促进果穗充分发育，种子充实饱满，提高质量。其次，可以减轻病虫为害。对玉米增产影响严重的病虫：苗期有地老虎、蝼蛄、金针虫、蛴螬等为害幼苗，造成玉米缺株；中后期有玉米螟为害茎叶和雌雄穗，导致减产。根据各地经验，适期早播可以在地下害虫发生以前发芽出苗，至虫害严重时，苗已长大，增强抵抗力，因而减轻苗期虫害，保证全苗；同时，还可以避过或减轻中后期玉米螟为害。

2. 夏玉米早播技术措施

早播是夏玉米夺取高产的关键措施。群众有“夏播无早，越早越好”的经验。早播所以能增产，除早播可以延长生育期，减轻或防止小斑、花叶、条纹、毒素等病害外，还可以减轻或避免“芽涝”的为害。在华北一带，一般7月上旬雨季来临，有的年份6月下旬雨季就开始，早播则可利用雨季来临前的时节充分生长，根系发育良好，雨季来临后，增强抗涝能力。甚至正值拔节，不仅避开了“芽涝”，反而可以转害为利，满足拔节时期对水分的要求。

（1）麦田套种　这是华北地区分布最广、面积最大的一种间套作方式。套种玉米的时间，晚熟种宜早，中熟种宜晚，肥地宜晚，瘦地宜早，一般以小麦收获前10~15天为宜。如小麦亩产在400千克以上，宜晚勿早，以小麦收获前7天左右套种玉米较好。套种玉米出苗后，处于地表板结透气性差，地干水分少，地薄养分缺的不良环境条件下，易发生缺苗或者形成弱苗，麦收后应及时一移苗补栽，勤锄灭茬，加强肥水管理。

（2）育苗移栽　夏玉米育苗移栽，播种期比直播提早，除了由于早播可以促进增产外，因玉米在育苗期间和移栽后的缓苗期都有蹲苗促壮的作用，使玉米株矮、穗位低、次生根增多、单株叶面积小，因此，移栽比直播玉米具有抗旱、抗倒伏和密植全苗等优点。

二、加强田间管理

（一）苗期管理

玉米苗期的生育特点，主要是以长根为中心，壮苗先壮根。因此，必须加强苗期管理，以促进根系发育，控制地上部茎叶生长，使幼苗达到根多、苗粗壮，茎扁、叶宽厚、叶色深绿、植株墩实、壮而不旺的旺苗要求。其措施，除苗期追肥外，还应抓好以下工作：

1. 移苗补栽

如缺苗较少，可带土补栽；如缺苗在10%以上时，可囤苗补栽。所谓囤苗补栽，就是把大田间出来的苗放在阴凉处，根部用土封好，泼点水，经过24小时，生出新根，即可补栽。补栽的苗要比缺苗地的苗多1~2叶片。并注意浇水，施少量化肥，促苗速长，赶上直播。

2. 适时间苗、定苗

间苗要早，一般在3~4片叶时进行。这是因为幼苗初生根对土壤通气、营养和水分有一定的要求。间苗过晚，由于植株拥挤，互相遮光，互争养分和水分，初生根生长不良，从而影响到地上部的生长，故间苗应早，特别是在旱地穴播及播量增大时，更应如此。间苗时应去掉小苗、弱苗、病苗。当苗龄达到5~6片叶时，应进行定苗。定苗时应留下壮苗。特别是麦套玉米早定苗尤为重要。间苗、定苗最好在晴天进行，因为受病虫为害或生长不良的幼苗，在阳光照射下，常发生萎蔫，易于识别，有利于去弱留壮。

3. 中耕

这是苗期管理的一项重要工作，也是促下控上增根壮苗的主要措施。中耕可以疏松土壤，流通空气，不但能促进玉米根系的发育，而且有益于土壤微生物的活动。

（二）穗期管理

根据穗期是玉米营养生长和生殖生长同时并进的旺盛生长时期的生育特点，合理分配水肥，以促进生殖生长，并适当控制营养生长；同时还要促使植株中、上部叶片生长良好，使玉米植株生长墩实粗壮，基部节间短，节间断面椭圆形，叶片宽厚，叶色深绿，叶挺有力，根系发达，达到壮株的丰产长相。为此，穗期的田间管理中心任务是攻秆、攻穗，严防缺水，避免“卡脖旱”和涝害。适期追肥、灌水。

（三）花粒期管理

根据花粒期营养生长逐渐停止而转入以生殖生长为中心的生育特点，田间管理的中心任务是为授粉结实创造良好的环境条件，提高光合效率，延长根和叶的生理活动，防早衰争活熟，提高粒重。具体措施除增施攻粒肥和勤浇攻粒水外，还应抓好以下工作：

1. 人工去雄

当雄穗刚抽出而尚未开花散粉时进行。去雄过早，易拔掉叶子影响生长；过晚，雄穗已开花散粉，失去去雄意义。去雄时，每隔一行去掉一行，也可以每隔两行去掉两行或一行。在去雄行内可全部去掉，也可以隔株去雄。去雄株数一般以不超过全田株数的1/2为宜。靠底边几行不应去雄，以免影响授粉。

2. 继续防治玉米螟

一般在抽穗后至乳熟期常有玉米螟为害穗部，继续加强玉米螟防治工作，是保产增收的重要措施。

3. 适时收获

一般当苞叶干枯松散，籽粒变硬发亮时，即为完熟期，可进行收获。如玉米系籽粒青贮兼用，或种回茬麦者，可在蜡熟中末期提前挖秆腾地，使籽粒后熟，既不影响产量，又有利于后茬小麦的整地播种；同时还可以利用仍带绿色的茎叶青贮，解决牲畜冬季饲料问题。

第十一节　优质专用玉米栽培技术要点

一、高油玉米

（一）品质特性

高油玉米是一种籽粒含油量比普通玉米高50%以上的玉米类型。普通玉米的含油量一般4%～5%，而高油玉米含油量高达7%～10%，有的可达20%左右。玉米油的主要成分为脂肪酸甘油酯。此外，还含有少量的磷脂、糖脂、甾醇、游离氨基酸、脂溶性维生素A、维生素E等。不饱和脂肪酸是其脂肪酸甘油酯的主要成分，占其总量的80%以上。主要包括人体内吸收值高的油酸和亚油酸，具有降低血清中胆固醇含量和软化血管的作用。

玉米的油分85%左右集中在籽粒的胚中，所以，高油玉米都有一个较大的胚。玉米胚的蛋白质含量比胚乳高1倍，赖氨酸和色氨酸含量比胚乳高2～3倍，而且高油玉米胚的蛋白质也比胚乳的玉米醇溶蛋白品质好。因此，高油玉米和普通玉米相比，具有高能、高蛋白、高赖氨酸、高色氨酸和高维生素A、维生素E等优点。作为粮食，高油玉米不仅产热值高，而且营养品质也有很大改善，适口性也好。作为配合饲料，则能提高饲料效率。用来加工，可比普通玉米增值1/3左右。

（二）栽培要点

1. 选择优良品种

选用含油量高，农艺性状好，生育期适宜的抗病、高产、优质杂交种，如农大高油115。

2. 适期早播

高油玉米生育期较长，籽粒灌浆较慢，中、后期温度偏低，不利于高油玉米正常成熟，影响产量和品质。因此，适期早播是延长生长季节，实现高产的关键措施之一。对春玉米而言，华北地区一般在土壤5~10厘米温度稳定在10~12℃时播种为宜，东北地区则在8~10℃时开始播种。而夏玉米一般在麦收前7~10天进行麦田套作或麦收后贴茬播种。

3. 合理密植

高油玉米植株一般较高大，适宜密度应低于紧凑型普通玉米，高于平展型普通玉米，即4 000~5 000株/亩。为减少空秆，提高群体整齐度，播种量要确保出苗数是适宜密度的2倍。

4. 合理施肥

为使植株生长健壮、提高粒重和含油量，要增施氮、磷、钾肥，最好与锌肥配合使用。施肥方法遵循“一底二追”的原则。每公顷施有机肥15 000~30 000千克，氮素120~150千克，五氧化二磷120千克，氧化钾150千克，硫酸锌225~450千克；苗期每公顷追尿素60~75千克；穗肥每公顷施尿素300~375千克。

5. 化学调控

高油玉米植株偏高，通常高达2.5~2.8米，防倒伏是种植高油玉米的关键措施之一。玉米生长期间注意使用玉米健壮素等生长调节剂控制株高防倒伏。

6. 防治病虫害

为了防治玉米螟，在大喇叭口期每公顷用杀螟松45~75千克或1%辛硫磷颗粒剂30千克灌心。

二、糯玉米

（一）品质特性

糯玉米淀粉比普通玉米淀粉易消化，蛋白质含量比普通玉米高3%~6%，赖氨酸、色氨酸含量较高，在淀粉水解酶的作用下，其消化率可达85%，而普通玉米的消化率仅为69%。鲜食糯玉米的籽粒黏软清香、皮薄无渣、内容物多，一般总含糖量为7%~9%，干物质含量达33%~58%，并含有大量的维生素E、维生素B_1、维生素B_2、维生素C、肌醇、胆碱、烟碱和矿质元素，比甜玉米含有更丰富的营养物质和更好的适口性。

（二）栽培要点

1. 选用良种

糯玉米品种较多，品种类型的选择上要注意市场习惯要求，且注意早、中、晚熟品种搭配．以延长供给时间，满足市场和加工厂的需要。

2. 隔离种植

糯质玉米基因属于胚乳性状的隐性突变体。当糯玉米和普通玉米或其他类型玉米混交时，会因串粉而产生花粉直感现象，致使当代所结的种子失去糯性，变成普通玉米品质。因此，种植糯玉米时，必须隔离种植。空间隔离要求糯玉米田块周围200米不种植同期播种的其他类型玉米。如果空间隔离有困难，也可利用高秆作物、围墙等自然屏障隔离。另外，也可利用花期隔离法，将糯玉米与其他玉米分期播种，使开花期相隔10天以上。

3. 分期播种

为了满足市场需要，作加工原料的，可进行春播、夏播和秋播，作鲜果穗煮食的，应该尽量能赶在水果淡季或较早地供给市场，这样可获得较高的经济效益。因此，糯玉米种植应根据市场需求，遵循分期播种、前伸后延、均衡上市的原则安排播期。

4. 合理密植

糯玉米的种植密度安排不仅要考虑高产要求，更重要的是要考虑其商品价值。种植密度与品种和用途有关。高秆、大穗品种宜稀，适于采收嫩玉米。如果是低秆、小梢紧凑品种，种植宜密，这样可确保果穗大小均匀一致，增加商品性，提高鲜果穗产量。

5. 肥水管理

糯玉米的施肥应坚持增施有机肥，均衡施用氮、磷、钾肥，早施前期肥的原则。有机肥作基肥施用，追肥应以速效肥为主，追肥数量应根据不同品种和土壤肥力而定。一般每亩施纯氮20~25千克，五氧化二磷15千克，氧化钾15~20千克。基肥、苗肥的比例应为70%，穗肥为30%。糯玉米的需水特性与普通玉米相似。苗期可适当控水蹲苗，土壤水分应保持在田间持水量的60%~65%，拔节后，土壤水分应保持在田间持水量的75%~80%。

6. 病虫害防治

糯玉米的茎秆和果穗养分含量均高于普通玉米，故更容易遭受各种病虫害。而果穗的商品率是决定糯玉米经济效益的关键因素，因此，必须注意及时防治病虫害。糯玉米作为直接食用品，必须严格控制化学农药的施用，要采用生物防治与综合防治措施。

7. 适期采收

不同的品种最适采收期有差别，主要由“食味”来决定，最佳食味期为最适采收期。一般春播灌浆期气温在30℃左右，采收期以授粉后25~28天为宜，秋播灌浆期气温20℃左右，采收期以授粉后35天左右为宜。用于磨面的籽粒，要待完全成熟后收获；利用鲜果穗的，要在乳熟末或蜡熟初期采收。过早采收糯性不够，过迟采收缺乏鲜香甜味，只有在最适采收期采收的才表现出籽粒嫩、皮薄、渣滓少、味香甜、口感好。

三、甜玉米

（一）品质特性

甜玉米是甜质型玉米的简称，是由普通型玉米发生基因突变，经长期分离选育而成的一个玉米亚种（类型）。根据控制基因的不同，甜玉米可分为3种类型：普通甜玉米、超甜玉米、加强甜玉米。

普通甜玉米是由 *su*（sugary 的缩写）基因控制，积累还原糖、蔗糖和可溶性糖，一般糖分含量为8%~10%，是普通玉米的2~5倍。超甜玉米是由 *sh*（shrunken 的缩写）突变基因控制的。*sh* 基因的共同特点是提高蔗糖含量，积累可溶性糖分，减少或抑制淀粉的合成。乳熟期超甜玉米的蔗糖含量可达20%以上，但不积累水溶性多糖。

加强甜玉米是在 *su* 遗传背景中引入加强甜基因 *se*（sugary enhancer 的缩写）。*se* 基因可以抑制可溶性糖转化成淀粉，维持水溶性多糖较高含量的持续时间。

甜玉米的营养价值高于普通玉米，除含糖量较高外，赖氨酸含量是普通玉米的两倍。籽粒中蛋白质、多种氨基酸、脂肪等均高于普通玉米。甜玉米籽粒中含有多种维生素和多种矿质元素。甜玉米所含的蔗糖、葡萄糖、麦芽糖、果糖和植物蜜糖都是人体容易吸收的营养物质。甜玉米胚乳中碳水化合物积累较少，蛋白质比例较高，一般蛋白质含量占干物质的13%以上。甜玉米不含普通玉米的淀粉，冷却后不会产生回生变硬现象，无论即煮即食还是经过常温、冷藏后，都能鲜嫩如初。因此适于加工罐头和速冻。

（二）栽培要点

1. 品种选择

应依据用途选用适宜的甜玉米品种。以幼嫩果穗作水果、蔬菜上市为主的，应选用超甜玉米品种；以做罐头制品为主的，则应选用普通甜玉米品种，并按厂家要求的果穗大小、重量选择合格品种。要注意早、中、晚熟期搭配，不断为市场和加工厂提供原料。

2. 隔离种植

甜玉米甜性受隐性基因控制，如果普通玉米或者不同类型的甜玉米串粉，就会产生花粉直感现象，变成普通玉米，失去甜味。因此，甜玉米要与其他玉米严格隔离种植，一般要相隔200米以上。如果空间隔离不易做到，也可利用村庄、树林、山丘等障碍物进行隔离，也可采用错开播期的方法。一般春播要间隔30天以上，夏播间隔20天以上。在播种时，还要严防普通玉米种子混入，如果混入普通玉米，普通玉米长势强，花粉量大，应及时去除，否则甜玉米质量就会大大下降，甚至不能作甜玉米销售。尤其需要注意的是，不同类型的甜玉米因受不同基因控制，相互授粉后籽粒都会失去甜质特性，因此也需隔离种植。

3. 适时播种

甜玉米种子表面皱缩，发芽率低，苗势弱。为确保一播全苗，春播要求10厘米地温稳定在12℃以上。地膜覆盖可提前15~20天播种。也可采用浸种催芽或营养钵育苗等措施提早播种。淡季收获上市，可大大提高经济效益。如黄淮流域可于3月底或4月初进行地膜覆盖种植，可提早上市。也可实行分期播种，延长市场供应时间。对于做罐头用的甜玉米，应根据工厂的加工能力和不同时期的需要量，合理安排好播种时间。

4. 田间管理

在甜玉米生产中，应根据其吸肥特性、土壤肥力状况和肥料种类确定施肥时期和施肥量。有机肥、磷肥和钾肥宜全部用作基肥，将全部施氮量的50%用作基肥，且要注意种肥隔离。追肥的时间，应将根据甜玉米的需肥规律分两期进行；一次在拔节前，另一次在大喇叭口期。一般生产条件下，甜玉米每亩施入纯氮8~9千克、五氧化二磷5~6千克、氧化钾7~8千克，可获得较高的产量和较好的品质。一般4~5片叶时间苗，6~7片叶时定苗，适宜密度依品种特性而定。另外，应注意中耕除草、培土、适时打杈。

5. 防治病虫

甜玉米较其他玉米更易感病虫害，极易招致玉米螟、金龟子、蚜虫等害虫为害，后期穗粒腐病较重。甜玉米的果穗受害后，严重影响商品质量和售价。因此，对甜玉米的病虫害应做到防重于治，首先要注意选择抗病品种，其次在生长过程中注意防治。为防止残毒，甜玉米授粉后尽量用生物农药防治，不用或少用化学农药，决不能用残留期长的剧毒农药。

6. 适时收获

除了制种留作种用的甜玉米要到籽粒完熟期收获外，做罐头、速冻和鲜果穗上市的甜玉米，都应在最适“食味”期（乳熟前期）采收。因为甜玉米籽粒含糖量在乳熟期最高，收获过早，含糖量少，果穗小，粒色浅，乳质少，风味差；收获过晚，虽然果穗较大，产量高，但含糖量降低，淀粉含量增加，果皮硬，渣滓多，风味降低。甜玉米收获时期较难掌握，而且不同品种、不同地点、不同播期之间也存在差异。一般来说，春播的甜玉米采收期在授粉后17~22天，秋播的在20~26天收获为宜。另外，甜玉米采收后含糖量迅速下降，因此采收后要及时加工处理。

四、爆裂玉米

（一）品质特性

爆裂玉米是玉米种中的一个亚种，是专门用来制作爆玉米花的专用玉米。其爆裂能力受角质胚乳的相对比例控制。爆裂玉米籽粒中蛋白质、钙质及铁质的含量分别为普通玉米的125%、150%和165%，为瘦牛肉的67%、100%和110%，并富含营养纤维、磷脂、维生素A、维生素B_1、维生素E及人体必需的脂肪酸等成分。

（二）栽培要点

1. 品种选择

选用品种应尽量选用杂交种。具体要求：

（1）千粒重一般要在130克以上。

（2）膨胀系数不低于25。

（3）爆花形状以蝶形最好。

（4）抗主要病虫及干旱。

（5）产量水平不低于普通玉米的1/2。

（6）其他性状如壳皮厚度、风味、柔嫩性、颜色、粒形等也应考虑。

2. 隔离种植与分期播种

爆裂玉米在遗传上是受隐性多基因控制的，为此，在生产上要进行空间或时间上的隔离。爆裂玉米因遗传因素及不良环境条件的影响，易产生雌雄花脱节现象。雌穗遇不良的自然条件，吐丝时间要比抽雄晚 20 天左右，为保证爆裂玉米的正常授粉结实，提高籽粒产量，种植过程中可采用分期播种的方式，以协调花期。另外，还可进行人工辅助授粉。

3. 精整土地与施足基肥

爆裂玉米籽粒较小，出苗较弱，对播种质量要求较高，且生育期较长，对养分需求量高。为此，要重视基肥的施用，以有机肥为主，配合磷、钾肥和少部分速效氮肥。土地耕翻后要精细整地，耙平耙匀。

4. 合理密植与加强管理

爆裂玉米具有多穗性、叶挺拔、分蘖多、每株可结多个穗的特点，但穗粒较少。因此，要获得高产应合理密植，适宜种植密度为 3 800~4 200株/亩。由于爆裂玉米苗期易产生大量分蘖，在苗期，应及时间苗、定苗和除去分蘖。

5. 适时采收

一般当苞叶干枯松散，籽粒变硬发亮时，即为完熟期，可进行收获。收获过早，籽粒成熟度差，膨胀系数降低；收获过晚，在田间有时会产生零星的自然爆裂现象。收获晾晒中注意避免损伤种皮和胚乳，保证籽粒的完整。最佳爆裂水分为 13%，因此要防止过度暴晒。

五、青饲青贮玉米

（一）品质特性

青饲青贮玉米是指专门用于饲养家畜的玉米品种，即在乳熟后期，将玉米的地上部分收割、切碎并贮藏于青贮窖或青贮塔中，可长时间用作奶牛、肉牛饲料。青饲青贮玉米按其植株类型分为分枝多穗型和单秆大穗型；按其用途，可分为青贮专用型和粮饲兼用型。分枝多穗型的青贮玉米分蘖性强，茎叶丛生，单株生物学产量高，并且多穗，可以使植株的青穗比例增加，蛋白质含量提高。单秆大穗型的玉米基本上无分蘖，一般植株高大，叶片繁茂，茎秆粗壮，着生 1~2 个果穗，单位面积产量主要通过增加种植密度来实现。作为粮饲兼用的玉米，必须具有适宜的生育期和较高的籽粒、茎叶产量及活秆成熟的性能，以保证在果穗籽粒达到完熟期进行收获时，仍能收获到保持青绿状态的茎、叶，以供青贮。

与普通玉米相比，青饲青贮玉米的生物产量高、饲用品质好、生长迅速。据测定，适期收获的青饲玉米含水分 68.6%，碳水化合物 20.1%，粗蛋白 2.696%，粗脂肪 0.8%，矿物质 2.0%。青饲青贮玉米经贮藏发酵后，使茎、叶软化，长期保持青绿多汁，富含蛋白质和多种维生素，营养价值高，容易消化。经微生物的发酵作用，部分碳水化合物转化为乳酸、醋酸、琥珀酸、醇类且一定量的芳香族化合物，具有酒香味，柔软多汁，适口性好，所含营养物质易吸收。

（二）栽培要点

1. 耕作制度

青饲青贮玉米对前茬要求不严格，因为青饲青贮玉米的生育期比以收获籽粒为目的的玉米短，在气候条件允许的地区可抢时复种。

2. 品种选择

生产上应选用具有强大杂种优势的青饲青贮玉米品种。种用玉米要选择品种纯正、成熟度好、粒大饱满、发芽率高、生命力强的种子，以保证出苗整齐、健壮。

3. 合理密植

为了获得量高的饲料产量，青饲青贮玉米的种植密度要高于普通玉米。在我国广泛采用的高产栽培密度为：早熟平展型矮秆杂交种 60 000~67 500株/公顷；中早熟紧凑型杂交种 5 000~6 000株/亩；中晚熟平展型中秆杂交种 3 800~4 000株/亩；中晚熟紧凑型杂交种 4 000~5 000株/亩。各地区应根据当地的地力、气候、品种等情况具体掌握，因地制宜。

4. 合理施肥

青饲青贮玉米的施肥方法是：全部磷钾肥和氮肥总量的 30%用作基肥，播前一次均匀底施；在 3~4 片叶时追施 10%的氮肥，做到施小苗不施大苗，促平衡生长；在拔节后 5~10 天，开穴追施 45%~50%氮肥，促进中上部茎叶生长，主攻大穗；在吐丝期追施 10%~15%氮肥，防早衰，使后期植株仍维持青绿。

5. 适期收获

青饲青贮玉米的适期收获，一般遵循产量和质量均达到最佳的原则。同时考虑品种、气候条件等差异对收割期的影响。处于不同生育时期的玉米营养有所不同，一般玉米绿色体的鲜重以籽粒乳熟期为最重，干物质以蜡熟期为最高，单位面积所产出的饲料单位，以蜡熟期为最高。含水量为 61%~68%时为最适收获期。如果收割期提前到抽雄后，不仅鲜重产量不高，而且过分鲜嫩的植株由于含水量高，不能满足乳酸菌发酵所需的条件，不利于青贮发酵；过迟收割，玉米植株由于黄叶比例增加，含水量降低，也不利于青贮发酵。

六、优质蛋白玉米

（一）品质特性

优质蛋白玉米，又称高赖氨酸玉米或高营养玉米，是指蛋白质组分中富含赖氨酸的特殊类型。一般来说，普通玉米的赖氨酸含量仅为 0.20%，色氨酸为 0.06%，而优质蛋白玉米分别达到 0.48%和 0.13%，比普通玉米提高 1 倍以上。另外，优质蛋白玉米籽粒中组氨酸、精氨酸、天门冬氨酸、甘氨酸、蛋氨酸等的含量略有增加，使氨基酸在种类、数量上更为平衡，提高了优质蛋白玉米的利用价值。优质蛋白玉米作为饲料的营养价值也很高。研究表明，用优质蛋白玉米养猪，猪平均日增重 250 克以上，比用普通玉米养猪提高 29.7%~124.2%，饲料报酬率提高了 30%。用优质蛋白玉米养鸡，鸡平均日增重比用普通玉米喂养提高 14.1%~76.3%，产蛋量提高 13.3%~30.0%。

(二) 栽培要点

1. 品种选择

目前生产上主要应用的品种有中单 9409、鲁五 13、新玉 6 号、长单 18 号等。

2. 隔离种植

优质蛋白玉米是由隐性单基因转育的，如接受普通玉米花粉，其赖氨酸的含量就会变成与普通玉米一样。因此，生产上凡是种优质蛋白玉米的地块，应与普通玉米隔开，防止串粉，这是保证优质蛋白玉米质量的关键措施。隔离的方式可采用空间隔离、时间隔离或自然屏障隔离。为了便于隔离，最好是连片种植。

3. 提高播种质量

因为目前的优质蛋白玉米多为软质或半硬质胚乳，种子顶土能力比普通玉米差。播种前应精选种子，除去破碎粒、小粒。播种期的确定一般应掌握在当地日平均气温稳定通过 12℃时。因为种子发芽进行呼吸作用和酶活动时都需要氧气，优质蛋白玉米种子内含油量较多，呼吸作用强，对氧的需求量较高，若土壤水分过多，或土壤板结，或播种过深，都会影响氧气的供给，而不利发芽。因此，播前要精细整地，做到耕层土壤疏松、上虚下实，播种深度不宜过深，以 3~5 厘米为宜，土壤湿度不宜过大．保证出苗迅速、出苗率高、出苗整齐，以利于培育壮苗。

4. 田间管理

优质蛋白玉米田间管理的主攻目标是：促苗早发，苗齐、苗壮，穗大、粒多。主要措施为：适时中耕、追肥和灌溉。套种玉米由于幼苗受欺，苗期生长瘦弱，麦收后抢时管理至关重要。追肥分苗肥、拔节肥、穗粒肥 3 次施用。施肥时应注意氮、磷、钾肥配合，并根据土壤水分状况及时灌溉。

5. 及时防治病虫

苗期应注意防治地下害虫，做到不缺苗断垄。大喇叭口期用辛硫磷颗粒剂灌心，防治玉米螟、要及时排出田间积水，为防病创造良好条件。玉米纹枯病发生时，应在发病初期及时剥除基部感病叶鞘，有条件的地方亦可用井冈霉素液喷洒，可使病情明显减轻。

6. 收获与贮藏

优质蛋白玉米成熟时，果穗籽粒含水量略高于普通玉米，且质地疏松，因此，要注意及时收获、晾晒，果穗基本晒干后，即可脱粒，脱粒后再晒，直至水分降到 13%左右时，才可入仓贮藏。在贮藏期间，由于优质蛋白玉米适口性好，易遭受虫、鼠为害，要经常检查、翻晒，做好防治工作。

七、高淀粉玉米

(一) 品质特性

高淀粉玉米是指籽粒淀粉含量达 70%以上的专用型玉米，而普通玉米只含有60%~69%的淀粉。玉米淀粉是各种作物中化学成分最佳的淀粉之一，有纯度高（99.5%）、提取率高（93%~96%）的特点，广泛用于食品、医药、造纸、化学、纺织等工业。高淀粉玉米提高了籽粒中的淀粉含量，其籽粒的物理性状和营养成分也发生了变化。高淀粉玉米籽粒的粒重、胚乳重比普通玉米和高油玉米高，而胚重较低。根据直链淀粉和支链淀粉的组成不同，可以将高淀粉玉米分为：高直链淀粉玉米、高支链淀粉玉米和混合型高淀粉玉米。

（二）栽培要点

1. 品种选择

通常在玉米高产栽培中，选用高产、优质、多抗、耐密的紧凑型品种是获得玉米高产的重要保证。目前生产上推广的品种长单26属平展型，其单株产量潜力较大，也可获得高产。

2. 合理密植

目前生产上推广的高淀粉玉米品种长单26，株型平展，所以种植密度不宜过大，在普通地力条件下，种植密度以3 000~3 300株/亩较为适宜，在高肥地力条件下，可种植到4 000株/亩。

3. 精细播种

高淀粉玉米对土壤的要求与普通玉米相同。但由于种植密度低，为了获得高产，应尽量种在土层深厚、有机质含量高、质地为轻壤或中壤的地块。另外，要确保每穴都能有一株壮苗，下种量要大些，通常每穴要求播3粒种子或经过催芽处理的两粒种子。

4. 田间管理

根据土壤肥力条件，每亩施纯氮6~10千克，五氧化二磷5~15千克，氧化钾5~10千克，作为底肥一次施入。有条件的地区可增施4 000千克有机肥，不但可以提高土壤肥力，而且保证玉米早发稳长，防止后期早衰和提高速效氮、磷、钾的利用效率。追肥分别在拔节、大喇叭口、吐丝时施入。播前有条件浇足底水，苗期要适当蹲苗，整个生育期保持地面湿润，尤其是大喇叭口期到吐丝后3周内不能缺水。雨水过多、田间积水的情况下，应及时排水。

5. 适当晚收

高淀粉玉米以收获籽粒为目的，所以，应在玉米完全成熟时收获，有利于提高籽粒产量和质量。

八、笋玉米

（一）品质特性

笋玉米是指以采摘刚抽花丝而未受精的幼嫩果穗为目的的一类玉米。笋玉米有三类：专用型笋玉米、粮笋兼用型笋玉米、甜笋兼用型笋玉米。笋玉米营养丰富，蛋白质含量较高，人体所需氨基酸比较平衡，是一种低热量、高纤维素、无胆固醇的优质高档蔬菜。据陕西省农产品质量监督检验站测定，采收适宜的玉米幼笋，可溶性糖含量8%~12%，赖氨酸0.45%，蛋白质2.3%，维生素C 0.014%，维生素B_1 0.087%，维生素B_5 0.04%，维生素E 0.3%。笋玉米目前主要用于腌制泡菜、鲜笋爆炒、制作罐头、调拌色拉生菜等。一般笋玉米包括3种基因型：*sh2sh2*，*sulsul*和普通多穗玉米类型。

(二) 栽培要点

1. 选用良种

要选用多穗、早熟、耐密植、笋形细长、色泽金黄、产量高的品种。同时应具有抗病、笋穗花丝少而集中、品质优良、持嫩期长、苞叶少、笋头匀等特点。这样才能保证其产品的品质标准。

2. 分期播种，合理密植

专用笋玉米品种一般籽粒较小，而甜笋兼用型胚乳营养物质少，苗势相对较弱，因此应精细整地，适时播种。一般来讲，当气温稳定在10℃时即可播种，要保证采笋时的温度不低于18℃。生产上可采用覆膜、育苗、品种搭配等手段提前、分期播种，以保证加工、生产的连续性。笋玉米种植密度因品种而异。一般为4 000~5 000株/亩，有的可达8 000株/亩。

3. 田间管理

出苗数以适宜种植密度的2倍为宜，5~6叶期要间苗、定苗，及时、彻底打杈，抽雄期要及早去雄。施肥要以基肥为主，追肥为辅；有机肥为主，化肥为辅。为提高笋玉米甜度，要注意增施磷肥。

4. 防治病虫

笋玉米一般对大、小斑病和病毒病有较强的抗性，其发病不影响产笋量和品质但低温阴雨的年份和地区，部分感病品种，仅要注意防治。同时出苗后要防治地下害虫，特别是在喇叭口期要防治玉米螟，避免出现虫笋。可用乐果粉加砂土撒于玉米心叶防治。

5. 及时采收

笋玉米与普通玉米相比要早收一个生育阶段。春播只需60~80天，夏播只需50~60天。笋玉米一般为多穗型，有效穗3~6个，因此必须分期采收。采收的适宜时期，以玉米果穗的花丝刚出苞叶1~2厘米为宜。从顶穗开始，每隔1~2天采一次笋，7~10天内采完。采笋必须及时，做到风雨无阻。玉米笋采收时，要注意将苞叶一齐采下，防止穗苞扭弯，致使笋条在苞叶内折断。

第十二节 玉米病虫草害防治技术

一、玉米粗缩病

玉米粗缩病是一种世界性的玉米病毒病，也是我国北方玉米产区流行的重要病害。

(一) 症状

玉米粗缩病在玉米整个生育期间均可感染发病，病株节间粗短，生长迟缓、矮化，顶叶簇生状如君子兰，故该病又叫“君子兰苗”。苗期受害最重，5~6片叶开始显症，发病初期在心叶基部及中脉两侧产生透明的虚线褪绿条点（脉明），逐渐扩及整个叶片，心叶不易抽出且变小，叶片宽短僵直，叶色浓绿。叶片背部叶脉上产生蜡白色隆起条纹，用手触摸有明显的粗糙感（脉突）。9~10叶期，病株矮化现象更为明显，上部节间短缩粗肿，顶部叶片簇生，病株高度不到健株一半，多数不能抽穗结实，个别雄穗虽能抽出，但分枝极少，没有花粉。果穗畸型，花丝极少，多不结实。病株根少而短，长度不足健株的1/2，易拔出。丛生状。根茎交界处变褐色，木质化。

（二）玉米粗缩病与灰飞虱的关系

玉米粗缩病的病原是玉米粗缩病毒。该病由灰飞虱以持久性方式传播，田间灰飞虱的种群数量、带毒率、发生时间对玉米粗缩病的发生影响很大。粗缩病毒在大麦、小麦和禾本科杂草看麦娘、狗尾草等植物上越冬，也可在传毒昆虫灰飞虱体内增殖和越冬。灰飞虱成虫和若虫主要在麦田、绿肥田和田埂地边杂草的根际越冬。

翌年玉米出土后，粗缩病毒借灰飞虱传染到玉米苗及杂草上，辗转传播为害。越冬代灰飞虱虫量、带毒率、麦田丛矮病株率等是造成玉米粗缩病猖獗流行的主要原因。气象因素主要是通过影响介体灰飞虱的发生繁衍而影响病害的发生和扩展。灰飞虱喜温暖潮湿，5月降雨对灰飞虱孵化、活动有利。

灰飞虱一旦得毒，终生带毒。病毒可进入虫卵，但带毒虫卵多不能孵化，因此，一般认为不经卵传毒。灰飞虱发育适温为15~28℃，夏季30℃以上高温不利于其发育繁殖。在北方以3~4龄（少数5龄）若虫在麦田、绿肥田、沟边、河边的禾本科杂草上越冬，尤以背风向阳处为多。气温高于5℃时，能爬上寄主取食；低于5℃时，潜伏在寄主根际和土壤缝隙中不食不动。当早春旬均温度10℃左右，越冬若虫开始羽化，12℃以上达羽化高峰。

（三）玉米粗缩病暴发的其他影响因素

1. 气温

暖冬有利于传毒介体越冬；春夏季降雨偏多、气温偏低有利于传毒介体发育、繁殖，而且玉米免疫力下降，所以，在冬暖夏凉时粗缩病常发生较重。

2. 叶龄

玉米五叶期以前易感病，十叶期以后抗性增强，即使受侵染发病也轻。玉米出苗至五叶期如果与灰飞虱迁飞高峰相遇，发病就严重，所以，玉米播期和发病关系密切。晚春播玉米和麦套夏玉米的苗期阶段（出苗至五叶期），正值田间灰飞虱从杂草、麦田迁移的盛期，此时处于苗期的玉米最易感病。

3. 品种

目前大面积推广种植的玉米品种大都不抗粗缩病，即使是有一些耐病性的品种，在灰飞虱种群数量大的情况下，也不能起到耐病作用，这样在遇到足量的毒源、介体情况下极易造成病害的流行。

4. 管理

玉米粗缩病毒可侵染50余种禾本科植物，因此，禾本科杂草不仅是传毒介体生存的适宜场所，而且也是病毒的繁殖寄主，因此，田间管理粗放、杂草丛生极易造成毒源积累。玉米和小麦套种，有利于带毒昆虫把病毒从小麦传播到玉米幼苗。

（四）玉米粗缩病和灰飞虱防治策略

1. 彻底切断毒源，大力推广铁茬直播种植模式

一是早播春玉米（4月至5月上旬播种）要及时拔除田间病株，并抓好麦田及玉米

田边的杂草防除。

二是夏玉米在播种前，灰飞虱转迁到沟边、地头等特殊环境，此时要集中喷药防治，效果显著。

三是避免麦田套种玉米，大力推广夏玉米铁茬直播。在河南一代灰飞虱的迁飞高峰在5月下旬至6月初。避开玉米苗期的罹病敏感期与传毒灰飞虱的迁飞高峰期相遇，推迟播期到6月8日以后，可显著降低粗缩病的发生。同时结合间苗定苗，及时拔除田间病株。

2. 推广内吸性杀虫剂拌种或包衣，及时喷药防治灰飞虱。

对玉米种子进行包衣和拌种，如采用70%吡虫啉按照种子量的0.6%拌种或包衣，或每100千克玉米种子用10%吡虫啉125~150克拌种，对苗期灰飞虱有一定的控制作用，对玉米粗缩病有一定的防治效果。出苗后，如果田间仍可见到灰飞虱，建议统一喷施吡虫啉、功夫、毒死蜱、扑虱灵等。同时，加施植病灵、病毒A等抗病毒药剂，以增强植株耐病性，尽量减少损失。

二、玉米褐斑病

(一) 症状

发生在玉米叶片、叶鞘及茎秆，先在顶部叶片的尖端发生，以叶和叶鞘交接处病斑最多，常密集成行，最初为黄褐或红褐色小斑点，病斑为圆形或椭圆形到线形，隆起附近的叶组织常呈红色，小病斑常汇集在一起，严重时叶片上出现几段甚至全部布满病斑，在叶鞘上和叶脉上出现较大的褐色斑点，发病后期病斑表皮破裂，叶细胞组织呈坏死状，散出褐色粉末，病叶局部散裂，叶脉和维管束残存如丝状。茎上病斑发生于节的附近。

(二) 发病规律

病菌以休眠孢子（囊）在土地或病残体中越冬，翌年病菌靠气流传播到玉米植株上，遇到合适条件萌发产生大量的游动孢子，游动孢子在叶片表面上水滴中游动，并形成侵染丝，侵害玉米的嫩组织。在7~8月如果温度高、湿度大，阴雨天较多时，有利于发病。在土壤瘠薄的地块，叶色发黄、病害发生严重，在土壤肥力较高的地块，玉米健壮，叶色深绿，病害较轻甚至不发病。一般在玉米8~10片叶时易发生病害，玉米12片叶以后一般不会再发生此病害。

(三) 发病原因

(1) 土壤中及病株残体组织中有褐斑病病原菌；首先，高感品种连作时，土壤中菌量每年增加5~10倍；其次，施肥方面，用有病株残体的秸秆还田，施用未腐熟的厩肥堆肥或带菌的农家肥使病菌随之传入田内，造成菌源数量相应的增加。

(2) 玉米5~8片叶期，土壤肥力不够，玉米叶色变黄，出现脱肥现象，玉米抗病性降低，是发生褐斑病的主要原因。

(3) 空气温度高、湿度大。夏玉米区一般6月中旬至7月上旬若阴雨天多，降雨量大易感病。

(四) 防治方法

在玉米4~5片叶时，每亩用50%多菌灵可湿性粉剂800倍液或用防治真菌类药剂叶面喷雾，预防玉米褐斑病的发生。为了提高防治效果可在药液中适当加些叶面肥、磷酸二氢钾、尿素等，结合追施速效肥料，即可控制病害的蔓延，且促进玉米健壮，提高玉米抗病能力。

三、玉米大、小斑病

(一) 玉米大、小斑病的症状

玉米大、小斑病主要为害叶片，严重时也为害叶鞘和苞叶，植株下部叶片先开始发病，向上扩展。

1. 玉米大斑病症状

玉米大斑病的病斑较大，在田间一般先从下部叶片开始发生，逐渐向上部叶片扩展，病斑长梭形，灰褐色和黄褐色，长5~10厘米，宽2厘米左右，有的病斑相互连接，严重时叶片枯焦。

2. 玉米小斑病症状

小斑病从苗期至成熟期均可发生，常和大斑病同时出现或混合侵染，因主要发生在叶部，在玉米抽雄期发病较重。此病除为害叶片、苞叶和叶鞘外，对雌穗和茎秆的致病力也比大斑病强，可造成果穗腐烂和茎秆断折。其发病时间，比大斑病稍早。发病初期，在叶片上出现半透明水渍状褐色小斑点，后扩大为（5~16）毫米×（2~4）毫米大小的椭圆形褐色病斑，边缘赤褐色，轮廓清楚，上有2~3层同心轮纹。

(二) 传播途径和发生规律

玉米大、小斑病菌丝和分生孢子随着玉米的病株残体在田间越冬，翌年随着气温升高，田间湿度增加，病菌萌发后侵染玉米导致发病，湿度大时病斑上长出灰黑色霉状菌丝体即分生孢子梗和分生孢子，经风雨传播造成再侵染。随着玉米植株的生殖生长，使不同品种大、小斑病迅速扩展蔓延，低洼地，密植阴蔽地，连作田发病较为严重。

1. 大斑病的发病规律

大斑病分生孢子萌发适宜温度为20~27℃，25℃温度以下，7~10天即可表现症状。在田间，一般在玉米抽雄后开始发病，温度潮湿，特别是多雨，多露或阴雨连绵天气有利于病害发生和流行。

2. 小斑病的发病规律

小斑病种子表面虽可带菌，但因带菌量少，而不是重要的初侵染源。病残体上越冬的菌丝体在玉米生长期遇到适宜的温湿度条件时，即产生大量的分生孢子，连同病株上越冬的分生孢子，借气流和雨水传播到玉米植株上，特别是叶片上，当有水膜条件时即可萌发，一般经5~7天即可出现典型病斑。春夏玉米混播的地区，春玉米收获后遗留在田间的病株残体上的分生孢子可继续向夏玉米传播，所以，夏玉米比春玉米发病早，而且严重。夏玉米2~3叶期即可发病，5~6叶期病斑密集，重者叶片枯焦。

小斑病发生和分布所需的温度与大斑病不同，小斑病发生所需要的适温较大斑病高，一般情况下，小斑病流行的时期是7~8月，发病适温为26~29℃，播期愈晚，发病愈重。一般抗病力弱的品种，生长期中露日多、露期长、露温高、田间闷热潮湿、地势低洼、施肥不足等情况下发病较重。

（三）防治措施

玉米抽雄后，田间病株率达 70%以上，病叶率 20%时喷药。防治较好的药剂种类有：50%多菌灵可湿性粉剂 500 倍液；20%粉锈宁可湿性粉剂 500 倍液；50%多菌灵可湿性粉剂 500 倍液；70%甲基硫菌灵 500 倍液或 65%代森锰锌可湿性粉剂 500 倍液等。每亩用药液 50~70 千克，隔 7~10 天喷药 1 次，共 2~3 次。

四、玉米细菌性茎腐病

（一）玉米茎腐病流行规律及其特点

1. 侵染途径及病状

玉米茎腐病是细菌引起的病害。它以土壤传播为主体，在玉米播种 35~40 天期间发病最快，传播速度最高，以玉米茎基部 1~2 片叶鞘上侵染，使叶鞘出现棱形水渍状，淡黄色病斑，病斑逐渐向茎基内部 1~2 节间侵染为害茎秆，使玉米茎基腐烂下陷倒折并释放出腐败臭味而死亡。

2. 流行规律及特点

在品种更新和自然生态不断变化的情况下，加上耕作粗放，氮肥过量的影响，玉米细菌性茎腐病由无到有，由轻到重。据观察发生流行规律及特点分别有如下 4 个方面。

一是地下水位高，常有积水的田块发生偏重，重发田病株率高达 20%左右。

二是施氮肥偏多发生较重，在排水不良条件下病田率达 40%以上。

三是以村边、河溪边，距水源近，地势低凹潮湿为重点发生区。以晚春播、早夏播玉米田发病几率为最高。现已逐步向灌区、密度大生长旺盛的低凹潮湿的玉米田扩展延伸为害，严重发病田病株率达 50%左右，并有毁种现象出现。

四是在雨后骤晴的天气条件下，发病迅速病状特别明显。但病菌只侵染玉米茎基，其他部分无任何症状表现，仍然保持青绿。

（二）发病与当地气象条件的关系

玉米茎腐病是土壤带菌引起的细菌性病害。在显微镜下镜检，病原菌为杆状病孢，菌落白色圆形不透明。观察证实温湿度是细菌萌发的必备条件，有了适宜温度和田间中充足持水量，细菌则会快速发育侵入株体。当 7 月气温在 26℃的气象条件下，田间病菌发展缓慢，当 7~8 月，月平均气温在 30℃时株菌落开始发育，相对湿度在 70%以上时感病株开始表现症状，当日平均气温在 32~34℃时，感病株 2~3 天即倒折而死，气温超过 40℃病菌发育即可终止。在 2007 年玉米田间出现特殊高温高湿情况下，茎腐病发生为害偏重，属中度发生年，产量损失达 20%以上。

（三）防治对策

玉米苗期、中期及时防治棉铃虫和其他杂谷类螟虫，以免造成伤口被细菌侵染。可用 50%辛硫磷乳油 1 500倍液，150 千克/亩药液全株喷施。玉米八叶时，喷洒 25%叶枯灵，或用叶枯净可湿性粉剂，60%~80%瑞毒霉或瑞毒铜，或用 50%甲霜灵锰锌可湿性粉剂 600 倍液早期预防喷施，防效达 92%左右。田间出现病株病斑后，用 5%菌毒青水剂600倍液或用农用链霉素400倍液喷洒，防效达90%以上。

五、玉米红蜘蛛

（一）玉米红蜘蛛为害的识别

从7月中下旬开始，要经常到玉米田里，从植株的下部开始，逐叶检查叶片的正面和背面，受到玉米红蜘蛛为害的叶子，其正面和背面都可以看到针尖大的小红点，仔细观察这些小红点，就可以看到它们很活泼，到处移动位置，这就是玉米红蜘蛛。当然一般情况下这时的玉米叶子上会有很多花粉，叶子正面会看不太清楚，不过叶子背面还是很清楚的，受到玉米红蜘蛛为害的叶片会逐渐失绿、变黄、干枯，上面还会聚集不同程度的网状、絮状物，严重影响光合作用。当大田中发现了黄叶、枯叶的玉米植株，就说明这块地受害已经很严重了，必须要进行防治，一刻都不能耽误。

（二）玉米红蜘蛛为害严重的原因

一是玉米红蜘蛛属杂食性害螨，取食范围广，对食物的适应能力强，特别是近几年玉米种植面积增加以及不同作物的间作为其发展提供了充足的食物链，如果遇到适宜的环境条件极易造成暴发流行，给玉米生产带来不可估量的损失。

二是红蜘蛛的繁殖能力特强，一年可以发生10~20代，且世代重叠现象特别严重，也造成了危害严重防治难。

三是农民朋友的防治意识差，对其为害程度认识不够，对它的发生发展规律不是很了解，认为这时玉米植株已经长成，一些病害、虫害对玉米不能造成大的伤害，往往错过最佳防治期，到已经泛滥成灾时才手忙脚乱进行防治。可此时防治又常常因为玉米植株高大，叶片浓密，田间郁闭，喷药困难，漏喷叶片多，导致防治效果差，增加了防治难度。

（三）防治玉米红蜘蛛的方法

（1）合理布局，充分保护天敌　玉米田要尽量躲开与豆类、棉花、瓜菜等为邻，同时要保护红蜘蛛的天敌，如食螨瓢虫、食螨蓟马、草青蛉等。

（2）压低虫源基数　深秋或初春深翻田地，彻底清除杂草，减少红蜘蛛的食物和繁殖场所，有效地压低虫源基数。

（3）培育壮苗，增强抗性　合理施肥浇水，培育壮苗，及时中耕除草，把杂草带出田外，改善玉米田的生态环境，降低虫源基数。

（4）药剂防治　一般说来，药剂防治红蜘蛛的最佳时期是点片发生期，药剂可以选用20%达螨灵、阿维菌素、5%尼索朗乳油、40%氧化乐果乳油以及他们的复配药剂。

六、玉米螟

（一）为害特点

玉米螟以幼虫为害，可造成玉米花叶、折雄、折秆、雌穗发育不良、籽粒霉烂而导致减产。初孵幼虫为害玉米嫩叶取食叶片表皮及叶肉后即潜入心叶内蛀食心叶，使被害叶呈半透明薄膜状或成排的小圆孔，称为花叶；玉米打包时幼虫集中在苞叶或雄穗包内咬食雄穗；雄穗抽出后，又蛀入茎秆，风吹易造成折雄；雌穗长出后，幼虫虫龄已大，大量幼虫到雌穗上为害籽粒或蛀入雌穗及其附近各节，食害髓部破坏组织，影响养分运输使雌穗发育不良，千粒重降低，在虫蛀处易被风吹折断，形成早枯和瘪粒，减产很大。

（二）生活史及习性

1. 生活史

玉米螟在河南省一年发生三代，是以最后一代的老熟幼虫在寄主的秸秆、穗轴、根茬及杂草里越冬，其中，75%以上幼虫在玉米秸秆内越冬。越冬幼虫春季化蛹、羽化、飞到田间产卵。

化蛹期：越冬代幼虫在4月末至5月上旬开始化蛹，越冬代成虫于5月上中开始陆续羽化，5月中下旬开始产卵，6月上中旬为产卵盛期。一代卵主要产在春玉米上，6月下旬至7月上旬幼虫老熟化蛹。第一代成虫在7月上中旬大量羽化，羽化后即飞向春玉米，夏播玉米田产卵。二代卵盛期在7月中下旬，二代幼虫为害盛期在7月下旬至8月上旬，8月上中旬为第二代成虫羽化盛期。三代卵盛期在8月中下旬，该代幼虫为害盛期在8月下旬至9月上旬，9月下旬之后，以这一代幼虫越冬。

2. 生活习性

（1）成虫习性　玉米螟成虫有昼伏夜出的习性，白天躲藏在杂草、茂密的作物间，夜晚飞出活动，飞翔力强、有趋光性。玉米螟雌蛾羽化后不久开始分泌性外激素，有强烈的性引诱现象，当天既能交尾，1~2天内即能达产卵高峰。

（2）产卵习性　玉米螟特别喜欢把卵产在生长旺盛、植株高大、叶色浓绿的玉米中部叶片背面中脉两侧。

（3）幼虫习性　幼虫多在上午孵化，幼虫孵化后先群集在卵壳上，有啃食卵壳的习性，经1小时左右开始爬行分散、活泼迅速、行动敏捷，被触动或被风吹即吐丝下垂，随风飘移而扩散到临近植株上。幼虫有趋糖、趋触（幼虫要求整个体壁尽量保持与植物组织接触的一种特性）、趋湿、背光4种习性。所以，4龄前表现潜藏，潜藏部位一般都在当时玉米植株上含糖量较高、潮湿而又隐蔽的心叶、叶腋、雄穗包、雌穗花丝、雌穗基部等，取食尚未展开的心叶叶肉，或将纵卷的心叶蛀穿，致使叶片展开后出现排列整齐的半透明斑点或孔洞，即俗称花叶。四龄后幼虫开始蛀茎，并多从穗下部蛀入，蛀孔处常有大量锯末状虫粪，是识别玉米螟的明显特征，也是寻找玉米螟幼虫的洞口。

（三）玉米螟的综合防治

1. 消灭越冬幼虫

在玉米螟冬后幼虫化蛹前期，处理秸秆（烧柴）机械灭茬、白僵菌封垛等方法来压低虫源，减少化蛹羽化的数量。

2. 消灭成虫

因为玉米螟成虫在夜间活动，有很强的趋光性，所以，设频振式杀虫灯、黑光灯、高压汞灯等诱杀玉米螟成虫。

3. 消灭虫卵

利用赤眼蜂卵寄生在玉米螟的卵内吸收其营养，致使玉米螟卵破坏死亡而孵化出赤眼蜂，以消灭玉米螟虫卵来达到防治玉米螟的目的。

4. 消灭田间幼虫

可用自制颗粒剂投撒玉米心叶内杀死玉米螟幼虫。

（1）玉米心叶中期　用白僵菌粉 0.5 千克拌过筛的细砂 5 千克制成颗粒剂，投撒玉米心叶内，白僵菌就寄生在为害心叶的玉米螟幼虫体内，来杀死田间幼虫。

（2）在心叶末期　用50%辛硫磷乳油 1 千克，拌 50~75 千克过筛的细砂制成颗粒剂，投撒玉米心叶内杀死幼虫，每亩 0.1~0.15 千克辛硫磷即可。

（3）用自制溴氰菊酯颗粒剂、杀灭菊酯颗粒剂　投放在玉米心叶内，每株 1~2 克。

（4）在玉米心叶期　用超低量电动喷雾器，把药液喷施在玉米植株上部叶片，杀死为害心叶的玉米螟幼虫。可用药剂为：40%氧化乐果加 4.5%高效氯氰菊酯（或 2.5%氟氯氰菊酯）。30%速克毙等菊酯类、有机磷类杀虫剂 30~50 倍液。

七、玉米田化学除草存在的问题及对策

随着农业科学技术的发展，玉米化学除草技术得到普及。实践证明，该技术是一项低投入，高效益除草技术，由于前几年天气干旱，小麦留茬高和农民对化除技术应用不当等原因，出现了大面积化学除草效果不好及药害现象，具体归纳如下。

（一）存在问题

1. 品种选择不当

不同除草剂品种对杂草防效不同。有些农民对化学除草剂不了解，误听一些随意传，认为只要是除草剂就能除草，结果玉米田苗死草活的现象时有发生。目前应用的玉米田除草剂，大部分都是利用植物对药剂传导差异进行选择性除草。若田间杂草种类不同，用同一种药剂防治，效果当然不同，农民恨草不死，盲目加大药量，结果招致玉米药害发生。例如，50%乙草胺乳油是一种应用广泛的除草剂，对玉米也安全，在杂草出土前使用对马唐、稗草等禾本科杂草效果很好，但对萹蓄、苋菜、苘麻等杂草防治效果却很差。

2. 使用时期不当

（1）造成药效差　杂草不同生育期对除草剂敏感度不同，大部分禾本科杂草和阔叶杂草一般表现为萌芽期对除草剂较为敏感，结合玉米安全性考虑，玉米田化学除草剂大部分为土壤处理剂，于玉米播后苗前杂草未出土至玉米三叶期前、杂草二叶期前使用，对杂草有理想防效，且对玉米苗安全，同样一种土壤处理剂，如果用在玉米五叶期、杂草四叶期以后，不仅对杂草的防效差，玉米将会受到药害。如 40%乙·莠悬浮剂（乙草胺·莠去津）是前几年推广普遍的玉米田除草剂，如按技术规则使用，杀草谱广，药效理想，有些农民却是不见杂草不施药，待草体大时再用，效果还是不好。

（2）造成药害严重　同一种除草剂，特别是土壤处理剂，一般须用于玉米苗前，玉米苗龄愈小，对除草剂抗性越强，如 40%异丙草·莠悬乳剂，是当前市场上比较安全的玉米除草剂，在玉米苗前至苗后三叶期，用于土壤处理，不仅对玉米安全性好，而且玉米幼苗健壮，叶片黑而肥厚，但如果至玉米 5~7 叶期以后使用，往往导致玉米叶片黄斑至黄枯，抑制生长。

（3）造成后茬残留 很多玉米除草剂，残效期长，如38%莠去津悬浮剂，在土壤中残效期长达3个月以上，尚若用药偏晚和药量偏大，将直接影响后茬（小麦等）作物。

3. 用药方法不当

除草剂施用方法比较复杂，技术要求严格，稍有疏忽，不仅影响除草效果，而且往往造成作物药害，如有些农民将20%百草枯水剂（克无踪）、41%农达AS（草甘膦）等灭生性除草剂用于玉米田除草时，不慎重保护玉米，草、苗一齐死掉，有的将土壤处理剂用作茎叶处理，玉米药害往往严重，对杂草却基本没有效果。反之，将茎叶处理剂用于土壤处理时，亦没有任何效果。

4. 用药量不当

不了解正常用量，每一种玉米田除草剂都有其在一定条件下的正确用量，主要是通过试验和应用得来的，如40%异丙草·莠悬乳剂，在轻壤土玉米田非旱天情况下，每亩180~220毫升，除草效果理想，低于180毫升时，往往效果很差，而高于250毫升，则往往出现药害。在目前小麦高留茬的玉米田，麦套玉米在收麦后使用除草剂一般应加大除草剂用量10%~20%。

不同土质用药量应不同砂土地对除草剂吸附能力差，易随水淋溶，黏土地对除草剂吸附能力强。土壤处理剂用量应以砂土、壤土、黏土顺序递增，土壤有机质对除草剂有吸附和分解作用，有机质含量高的地块应适当增加除草剂用量。

5. 喷布不均，用水不足

任何农药喷施均需雾化良好。均匀周到，才能有良好药效。使用土壤处理剂进行玉米田化学除草，只有雾滴细，水量足，喷布均匀，才能在土壤表面形成药膜，起到抑制杂草幼芽出土的效果。喷布不匀，杂草幼芽出土时遇不到药膜就没有效果。用水量不足，药液大部分落在麦茬上，也起不到应有的效果。

6. 雾滴飘移严重

由于目前土地户式经营，地块较小，作物各异，属于典型的小而全插花种植模式，在喷雾过程中，如操作不慎往往造成相邻地块敏感作物如棉、瓜、菜等药害。特别是使用机动弥雾机喷洒玉米除草剂，飘移现象更加严重，如遇有风天气，往往造成下风向敏感作物严重药害。

7. 玉米田杂草种类变化

大部分玉米田除草剂具有选择性，同时各类杂草对某种除草剂的耐药程度不同，如果长期使用一种除草剂，一些杂草被控制了，而另一些杂草会成为优势种，使玉米田内杂草种类发生变化，因而也加大了化学除草的难度。

（二）对策

1. 强化化学除草技术的培训和指导力度

农业部门应加大对农药经营者和使用者培训与指导力度，使他们更多的了解化学除草知识，避免因此而承担的各种风险。

2. 正确选用化学除草剂

化学除草剂有灭生性除草剂和选择性除草剂之分，选择性除草剂又有土壤处理剂和茎叶处理剂之别，并有接触型和输导型之分。不同成分，不同品种的除草剂，其杀草谱、适应性及对作物的敏感性都有不同，使用前应充分了解各类除草剂的性能，并掌握其适用药量、适用时期、适当方法、注意事项等，根据土质、气候、玉米生育期及杂草种类、草体大小等因素正确选择除草剂品种。

3. 掌握好用药适期

土壤处理剂应于玉米播后苗前至玉米三叶期以前杂草二叶期前施于土壤，充分利用玉米三叶期前对除草剂耐性强、杂草幼芽对除草剂最敏感时期施药。而茎叶处理剂则需在玉米五叶期以后，实行保护性喷雾，尽量避开玉米植株，才能达到最佳效果。

4. 选择适当药量

一是依据农技人员指导和农药说明书，确立该品种在当地玉米某个生育期的用量。二是用土壤处理剂时，砂质性土壤要比黏质性土壤适当降低用量，有机质含量大于3%时，应适当增量。

5. 掌握好用药方法

玉米田除草，可于玉米播后苗前，选用土壤处理剂进行地面喷雾。玉米五叶期后须选用茎叶处理剂直接喷于杂草茎叶，并一定注意利用行间定向喷雾技术，在喷雾器喷头处放置保护罩，压低喷头顺垄喷于草体，尽量不使药液飞溅在玉米植株上。喷施玉米除草剂用水要量足，一般每亩40~50千克以上，喷雾须安全周到，不重喷，不漏喷，不随意增加药量，用手动喷雾器喷洒，一般不提倡使用机动喷雾器。

6. 注意天气条件

玉米田化学除草剂多数为土壤处理剂，应选择阴雨天或浇水后，即土壤潮湿时喷施，有利于药膜形成，提高防效。为避免玉米田以外其他作物药害，须选择无风天气用药，并将喷头压低，以防雾滴远距离飘移。

第四章　高　　粱

高粱，别名：蜀黍、高粱米、芦粟、蜀秫等，脱壳后即为高粱米，籽粒呈椭圆形、倒卵形或圆形，大小不一，呈白、黄、红、褐、黑等颜色，一般随种皮中单宁含量的增加，粒色由浅变深。胚乳按结构分为粉质、角质、蜡质、爆粒等类形，按颜色又有红、白之分；红者又称为酒高粱，主要用于酿酒，白者用于食用，性温味甘涩。

中国高粱作为我国原产的栽培作物，不但有古籍记载和历史遗存，而且有野生高粱的分布。明代《救荒本草》中记录了400多种野生植物，其中许多种类与现有栽培作物起源有关。清代文献记载在山西有一种鬼秫秫，并把它当成“五谷病”，实际上鬼秫秫即是野生高粱。中国高粱栽培种是我国古老栽培作物之一，我国的高粱栽培历史最早可上溯到新石器时代，主要分布在黄河中下游；自商周至两汉时期，已在我国有较大范围的栽培。

高粱按性状及用途可分为食用高粱、糖用高粱、帚用高粱。高粱在我国、朝鲜、原苏联、印度及非洲等地皆为食粮，食用方法主要是为炊饭或磨制成粉后再做成其他各种食品，比如面条、面鱼、面卷、煎饼、蒸糕、粘糕等。高粱是酿酒、制醋、提取淀粉、加工饴糖制酒精的原料。

第一节　红高粱栽培技术

高粱是酿酒业的主要原料之一，酿制白酒需要大量高粱。为解决酿酒业原料问题，大力发展红高粱产业有着广阔的前景。

一、生育特性

春播出苗到抽穗77天，抽穗到成熟51天，全生育期128天，比本地红高粱生育期短6~10天。株高157.6厘米，总叶片数17~18片，穗长28~32厘米，穗型紧密，穗形塔状，单穗粒数2 450粒左右，单穗粒重80~88克，属单穗型。千粒重32~36克，比本地红高粱高4~6克，壳色红色，籽粒圆形，白色，品质较好。据田间调查，其大小病斑均在总叶面的5%以下；纹枯病发病率较轻，也未发现青枯病，且表现较好的耐蚜能力。有较强的抗病耐蚜性和抗旱耐瘠性，而成熟时单株仍保持有4~5片绿叶，表现活秆成熟。红高粱增产潜力较大，亩产在700千克以上。

二、高产栽培技术

（一）精细整地

播种前抽水浇地使土壤达易耕含水量。在耕翻前撒施腐熟有机肥3万~3.75万千克/公顷，复合肥1 200～1 500千克/公顷，耕翻后再撒施复合肥600～750千克/公顷。用甲胺磷1 000倍液喷雾，进行土壤消毒，防治地下害虫。同时用33%除草通乳油对水喷雾，防治草害。

（二）适期播种

春播一般于4月20日至5月5日播种，9月2～15日成熟。播种过早，易造成缺苗断垄，大小苗严重；播种过晚，会造成幼苗僵苗不发，严重时会造成幼苗枯死。整地后，近要求严格挖窝，然后按1.5万千克/公顷的清粪水用量浸窝。将种子用种衣剂拌种后，每穴播种4～5粒，再用渣肥1.5万千克/公顷盖种3～5厘米，并用地膜覆盖。

（三）合理密植

一般实行宽窄行种植，宽行67厘米，窄行33厘米，株距27厘米，每穴留苗2株。拔苗前后，用粉锈宁防治叶锈等病害，同时去除分蘖，并用清粪水7 500千克/公顷，外加尿素150千克/公顷对水提苗，然后培土。

（四）肥水管理

拔节至穗期要浇水追肥，以保证孕穗时对养分和水分的需要。一般在拔节至抽穗期增施尿素300～375千克/公顷，然后进行培土。在抽穗叶面喷施磷酸二氢钾，以提高体内物质的转移运输，增加粒重。抽穗前后除继续去除茎基分蘖外，还应将茎基2～3片老叶剔除，以利通风、透光，减少病虫害。

（五）适时收获

在籽粒变为白色，籽粒含水量14%～15%，株植中上部茎叶鲜绿时收获。此时正直高粱的完熟期，产量最高，品质最佳。

第二节　高粱栽培技术

高粱主要分布在年降水量500毫米以下的地区。中国北方春季少雨，蒸发量大，为了保证播种时土壤中有足够的水分，耕翻后应及时进行耙耱镇压，碎土整平，保蓄土壤水分，播种后进行镇压，使种子和土壤紧密接触，以利于出苗。中国东北西部半干旱地区，常实行原垄播种，即不耕翻土地，早春季节及时进行耙地并耥沟镇压，防止水分蒸发。通常5厘米土层温度稳定通过12℃时播种，出苗正常。

一、需肥规律

高粱每生产100千克籽粒需吸收2～4千克氮、1.5～2.0千克磷（P_2O_5）、3～4千克钾（K_2O）。即氮、磷、钾的比例大致为1：0.5：1。种子发芽到出苗所需的营养是靠种子本身贮藏的物质供给，出苗到拔节阶段对养分吸收比例较小，氮为5.9%，磷为2.6%，钾为7.9%；拔节到抽穗阶段，是需肥的高峰，吸收的氮占53.4%，钾43.5%；抽穗到成熟，又出现一次高峰，需磷量最大。此期吸收的氮41.7%，磷67.0%。基肥多以有机肥为主，种肥有高质量的农家肥和氮、磷化肥。追肥是高粱生育期间施用速效性含氮量高的有机肥和无机肥。要分次追肥。第一次在拔节期，第二次在孕穗期进行。

二、选用良种

种植高粱应选择产量高、品质好、适应性广、抗逆性强的优质高产品种。如青壳洋高粱、水耳红、泸糯3号、泸糯1号等。一般常规高粱（青壳洋高粱、水耳红）亩产250~300千克，生育期较长，适宜于浅丘河谷地带种植；杂交高粱（泸糯3号、泸糯1号）亩产400~500千克，早熟，适宜于深丘及高山区种植。

三、适时播种育苗

中国各地春播的适宜播种期，一般为4月上旬至5月中旬，于麦收前15~25天播种，麦收后及时灌水施肥，促进生长发育。播种深度一般为3厘米。当10厘米土层温度稳定通过12℃以上时即可播种。高粱最适宜的播种期是4月下旬，常规种植宜早播，杂交种宜迟播。播种期过早、土温低、出苗时间延长，易导致烂种烂芽严重，出苗率低，且不整齐；播期过迟。生育后期易受高温伏旱影响，穗部虫害也重。一般移栽油菜、小麦地的在4月中下旬播种。高粱育苗应选用土质偏沙，背风向阳，肥力中上等的菜园地作苗床。床土要深挖细软，开好厢沟，结合施肥整平、整碎，做到平整、细软，土肥融合，水分适中。播前要精选种子，筛选出无病虫害、大而饱满的种子，曝晒3~4天，用50℃的温水浸种6小时，晾干水汽后播种。一般栽一亩地需播种250~500克，一般常规种250克，杂交种500克。每亩苗床播种4~6千克，混泥撒播，播后盖细土1厘米或泼施浓猪粪盖种，再搭拱盖膜保温。出苗后及时揭膜，三叶时定苗，保持株间距3厘米，并追施清粪水2 000千克提苗。如有蚜虫，可用10%吡虫啉5 000倍液喷雾防治，雨后及时移栽。

四、合理密植

中国的种植品种大部分为高秆和中秆种，在一般的土壤肥力条件下，每公顷种植8万~12万株，土质肥沃管理水平高的土地，每公顷种植15万株左右。夏播高粱一般每公顷种植9万~12万株。当高粱苗有5~8片叶时抢雨带土移栽，其中，杂交种5~6叶，常规种6~8叶。过早移栽，苗嫩根少，对环境适应性差，返青成活慢；过迟移栽，苗老穗小，产量低。目前生产上种植密度偏稀，应适当增加苗数，一般小麦油菜地实行间套种植，按（93~40）厘米×（33~40）厘米的规格进行宽窄行栽培，田坎土台按50厘米×33厘米的规格进行宽行窄株栽培，每窝栽2株，保证亩有基本苗5 000~8 000株。移栽时，做到窝大底平，苗直根伸，盖土3厘米，可边栽边浇定根清粪水，以提高成活率。

五、科学配方施肥

高粱根系发达，吸肥力强。据分析，每生产100千克高粱籽粒，需要吸收纯氮2.6千克，五氧化二磷1.36千克，氧化钾3.06千克。高粱施肥，应提倡有机肥与无机肥配合，或氮、磷、钾配合，一般中等肥力的土块每亩施碳铵35~50千克，钙镁磷肥或过磷酸钙30~40千克，农家粪2 000~3 000千克，硫酸钾5千克，硫酸锌0.5千克。施肥方法以重底早追为宜，农家粪的70%和磷、钾、锌肥全作底肥，移栽成活后及时用碳铵加清粪水提苗，特别是杂交高粱宜早不宜迟；拔节前看苗酌情追肥，可施水粪30~40担，碳铵或硫铵5~7.5千克。

六、认真进行田管

田间管理的主要措施是间苗、蹲苗、中耕除草等。主要抓好以下5个关键环节。

（1）查苗补缺　当高粱移栽成活后应及时查苗补缺，减少缺窝缺株。

（2）中耕培土　高粱薅得嫩，等于上道粪。移栽成活后，结合施肥进行第一次中耕，并铲除杂草；拔节前再结合施拔节肥进行第二次中耕，并培土上行。

（3）施肥抗旱　如遇干旱，叶片发红，可用磷酸二氢钾喷施防治。

（4）病虫害　高粱的主要虫害有芒蝇、土蚕、玉米螟、大螟、蚜虫、粟穗螟、桃蛀螟等，主要病害有黑穗病、炭疽病、褐斑病等。

（5）防治方法　①土蚕：于苗期，每亩用20%速灭钉丁乳油12毫升和切碎鲜牛皮菜15千克，白糖0.2千克，食醋0.8千克，清水3千克配制成毒饵，于黄昏撒于田间防治；②玉米螟、大螟：于苗期和拔节孕穗期，亩用55%特杀螟可湿性粉剂50~100克对水喷雾或3.6%杀虫双大粒剂2千克点心叶防治；③蚜虫：可用10%吡虫啉5 000倍液喷雾防治；④粟穗螟等穗部害虫：于灌浆初期用5%来福灵乳油3 000倍液浸穗部防治；⑤炭疽病、纹枯病：于拔节前后，亩用5%井冈霉素水溶性粉剂100克对水喷雾防治；⑥褐斑病：亩用70%或80%代森锰锌600~800倍液预防；⑦黑穗病：每千克种子用2%立克锈拌种剂1~1.5克，先将药剂加水少量调成浆状液，然后与种子拌匀防治。忌用敌百虫、敌敌畏、杀螟松、杀虫双、波乐多液等对高粱有害的农药，以免造成药害。

七、及时收获

90%以上植株穗下部籽粒硬化后，应抢晴天收获，脱粒晒干后，妥善保管。尽量避免鲜穗子放在室内，以减少穗部害虫的越冬基数。

第五章 甘　　薯

第一节 概　　述

一、甘薯生产在国民经济中的意义

甘薯是我国主要粮食作物之一。栽培面积仅次于水稻、小麦、玉米和大豆，居第五位。甘薯具有高产稳产的特性，它的适应性广，抗逆力强，抗风、耐旱、耐瘠，遇到严重干旱时生长暂时受到抑制，但旱象解除后仍可恢复生长，这是禾谷类作物所不及的。甘薯的薯块中含淀粉约 20%、糖分 3%、蛋白质 2.3%、脂肪 0.2%。还含有钙、磷、铁等无机盐类，有丰富的胡萝卜素及维生素 C、维生素 B_2 等。甘薯块根中的 β-胡萝卜素、黏液蛋白质和脱氢去雄酮等具有提高人体免疫力、预防结肠癌等功效。

甘薯是重要的饲料作物。甘薯的薯根、茎叶或加工后的副产品（粉渣、糖渣、酒糟等），通过青贮或加工成混合饲料及发酵饲料，不但提高了营养价值，而且可以延长畜、禽饲料供应期。

二、甘薯的起源、传播与分布

（一）甘薯的起源和传播

甘薯属旋花科，甘薯属，甘薯种，又称白薯、山芋、地瓜等，原产于美洲的中部或南美洲的西北部的热带地区，于15 世纪传入欧洲，16 世纪传入亚洲与非洲。

（二）甘薯在我国的分布

我国甘薯主产区在黄河下游、长江中、下游和东南沿海各省，按其气候条件及栽培制度等特点，可分为 5 个产区：北方春薯区、黄淮海流域春夏薯区、长江流域夏薯区、南方夏秋薯区、华南秋冬薯区。

三、我国甘薯生产概况

我国是甘薯生产大国，仅次于日本、韩国居世界第三位。种植面积较大的省市有四川、重庆、河南、山东、广东、安徽等。山东省单产最高，平均每公顷达 5 000千克以上，其次是安徽、广东、河南、四川、重庆。

近年来，国内外科技工作者针对甘薯生产中存在的问题，在甘薯的产量生理、品质生理和栽培技术等方面进行了大量的研究工作，取得了许多研究成果。例如，甘薯的化控技术、施肥技术、脱毒苗生产技术以及品种、栽培环境与甘薯产量和品质形成的关系等。这些研究成果有力地促进了甘薯生产发展。

第二节 甘薯栽培的生物学基础

一、甘薯的形态特征

（一）根

由薯苗或茎蔓生长的根均称为不定根。根据不定根的发育情况可分为纤维根、柴根和块根3种类型。

1. 纤维根

纤维根又称吸收根，其主要功能是吸收水分和养分。纤维根主要分布在30厘米左右的土层内，入土深的可达1米以上，具有很强的吸水能力，保证甘薯具有抗旱的特性。

2. 柴根

柴根又称梗根或牛蒡根，形状细长，粗细均匀。甘薯的根先伸长后加粗，幼根发育初期还比较正常，有向块根方向发展的趋势。但当开始加粗时，如遇土壤干硬坚实，或者水分过多、土壤透气性差等条件，即阻碍块根膨大，加速幼根木质化进程而形成柴根。它徒耗养分和水分，无经济价值。它的形成反映了栽培条件的恶化，栽培上忌生柴根。

3. 块根

所处条件好、分化发育早的不定根，则可能膨大成块根。块根为贮藏根，所贮主要成分为碳水化合物和水分，此外，还有蛋白质、灰分和多种维生素。块根多生长在5~25厘米的土层内。块根形状因品种而异。同一品种因栽培条件不同形状也有差别。一般有圆形、圆筒形、纺锤形、球形和不规则形。块根上有纵沟和根眼（或称根痕）。块根皮色因品种而异。有紫、粉红、黄、黄白、白等。同一品种因不同土壤条件和栽培季节（春薯和夏薯）及不同生长阶段，皮色亦不尽相同。块根肉色有橘黄、橘红、黄白、白等形成彩色薯，是特色农业的体现。块根的皮色和肉色是鉴别品种的主要特征。

（二）茎

甘薯的茎是输导养料和水分的器官。茎节有不定根原基，利用茎蔓栽插，极易成活，所以，茎蔓也是供繁殖的器官。甘薯蔓的长度因品种而异。长蔓型品种，春薯蔓长在3米以上，夏薯在2米以上，如丰收白、南京92等；中蔓型品种，春薯蔓长为1.5~3米，夏薯为1~2米，如济薯1号、烟薯1号等；短蔓型品种，春薯蔓长在1.5米以下，夏薯在1米以下，如烟薯8号、济南红等。蔓的长度又因土壤肥力、栽植密度、栽植时期及环境条件不同而异。茎蔓细而长的品种类型，匍匐性较强，分枝较少，叶层较薄，叶片呈密集的配置型，为重叠型，下层叶透光性差，较不耐肥，结薯较晚，块根前期膨大较慢，生长后期膨大较快，较抗旱耐瘠薄，宜做春薯栽培而不宜做夏薯栽培。茎蔓短而粗的品种，植株呈半直立性，分枝多，成疏散型，叶层虽厚，但下层叶透光性较好，较耐肥，结薯早且前期膨大较快，宜做夏薯栽培。茎蔓粗的类型，内部输导组织比较发达，有利于同化作用所制造的养料向块根输送，对增产有利。茎色因品种而异。可分为绿、紫、褐或绿中带紫色等。光照强或生长速度缓慢时茎色较深；反之，则较浅。甘薯顶芽含植物生长激素较多，顶端生长优势强，所以，用蔓尖栽夏薯有利增产。

（三）叶

甘薯叶形可分为心脏、三角与掌状等。叶缘分全缘、带齿、浅单缺刻、浅复缺刻和深复缺刻。但有些品种在一株上有两种或两种以上的叶形。叶色有绿、浅绿和紫色等。顶叶色是识别品种的主要特征之一。叶片背面叶脉颜色，分淡红、红、紫、淡紫和绿色等。叶柄基部色分为紫、褐、绿色等，叶脉色和叶柄基色都是识别品种的标志。

（四）花、果实、种子

甘薯是异花授粉作物，花单生或若干朵集成聚伞花序，花型如漏斗状。果为蒴果，球形或扁球形，每果有种子1~4粒，种皮褐色。

二、甘薯的生长时期

（一）生长前期

从栽插到茎叶封垄为生长前期。生长前期也可称作发根、分枝和结薯期。春薯生长前期需经历60~70天，夏薯约需经历40天。

春薯生长前期，气温较低，雨水较少，茎叶生长缓慢，生长中心为根系；到分枝结薯阶段，茎叶生长加速，叶面积逐渐扩大，同化产物增多，外界条件如温度、光照、土壤透气性等均有利于块根膨大，出现生长前期膨大速度比较快的时期。夏薯栽后不久即进入高温多雨季节，根、茎、叶的生长及块根的形成和膨大速度都比较快。

（二）生长中期

从茎叶封垄到茎叶生长量达高峰为生长中期。生长中期是处在高温、多雨、光照不足、温差小、土壤透气性差的条件下，同化产物多分配于地上部，茎叶生长迅速，块根膨大较慢，是以生长茎叶为主的时期；但是如能改善环境条件，仍能使块根膨大较快，达到薯蔓并进，协调生长。此期末，茎、叶生长量达最大值。这个时期也称茎叶盛长块根相应膨大期。

（三）生长后期

从茎叶开始衰退到收获期为生长后期。甘薯生长后期，茎、叶重量逐渐减少，同化产物大量向块根转移，块根膨大加快，是以膨大块根为主的时期。10月以后，气温继续下降，块根膨大转慢。生长后期也称回秧期。

上述甘薯3个生长时期是相对划分的，因品种特性、土壤肥力、栽培管理水平、栽植时期及各年气候变化等而有差异。另外，3个生长时期相互交错，无严格界限。在管理上应根据不同生长中心加以促进或抑制，保证地上部和地下部协调生长，从而获得高产。

三、块根的形成与膨大

（一）初生形成层活动时期

甘薯栽秧后10~25天为初生形成层活动时期（即块根形成期）。栽秧后5天的幼根只有吸收的功能。大约在栽后10天，在原生木质部和初生韧皮部之间出现初生形成层，并进行细胞分裂。栽后20天左右，初生形成层分裂出薄壁细胞的数量增多，并在薄壁细胞内开始积累淀粉，同时出现次生形成层。薯皮内含有花青素呈红色或紫色。

（二）次生形成层活动时期

甘薯栽后20天左右出现次生形成层，之后为次生形成层活动时期（即块根膨大期）。次生形成层活动力的强弱和分布范围大小是决定块根膨大的动力。甘薯的块根、梗根或纤维根都是由幼根发育而成的。薯苗壮、不定根原基形成的早且粗壮，温度适宜（22~24℃），水分适宜，通气良好，光照充足，土壤中富含钾，幼根容易形成块根；反之，薯苗弱、不定根原基形成的晚或细。潮湿、缺氧、多氮，光照不足，幼根容易形成纤维根；土壤干旱、板结等，则幼根容易形成梗根。

四、茎叶生长与块根膨大的关系

甘薯茎叶生长与块根膨大之间的关系，是研究甘薯高产栽培的核心问题。块根膨大和养料的积累所需要的养分90%以上来自叶片的光合产物。在生长正常情况下，茎叶产量越高块根产量也越高；但是在大田生长过程中，茎叶生长与块根膨大存在着争夺养料的矛盾。施氮肥过多，土壤水分饱和，土壤透气不良，茎叶徒长，会导致块根产量降低。

五、甘薯对环境条件的要求

（一）温度

甘薯原产热带地区，喜温暖而对低温反应敏感，最怕霜冻。在15~30℃，温度愈高生长愈快，以25℃为最适温度，超过35℃生长缓慢，低于15℃生长停滞，10℃以下植株因受冷害而死亡。

栽插时，5~10厘米地温稳定在15℃以上或气温在18℃时，即可栽植甘薯。

在22~24℃的地温条件下，幼根初生形成层活动加快，中柱细胞木质化程度也少，有利于块根的形成。块根膨大的适宜地温是20~25℃，块根膨大时期，较大的日夜温差有利于块根膨大。因为白天温度较高，光合作用较强，制造的光合产物较多，而夜间温度较低时，呼吸强度较低，消耗的光合产物较少。

（二）水分

甘薯是耐旱作物，其蒸腾系数在300~500，低于一般旱田作物。但是，因甘薯的茎叶繁茂、营养体较大、单产较高、生长期较长，栽培过程中田间耗水量的绝对数量却高于一般旱田作物。

生长前期，薯苗小，生长中心在于根系的发展，气温低，耗水少，土壤水分以土壤最大持水量的60%~70%为宜，此时受旱易造成发根延迟和茎叶萎蔫，影响生长，增加小株率或缺苗。

生长中期，茎叶迅速增长，叶面积增加，气温升高，蒸腾旺盛，是蔓薯并长期，也是甘薯耗水最多的时期。供水不足会影响光合作用和养料的制造；但是土壤水分过多，加之高温多肥，又易引起茎叶徒长和养分分配失调，降低块根产量，这个时期以保持土壤最大持水量的70%~80%为宜。

生长后期，茎叶生长缓慢乃至停止，而块根迅速膨大。气温逐渐降低，耗水量较前期减少，保持土壤最大持水量的60%即可。适当供水可以保证茎叶生理机能不早衰，加速光合产物向块根运转。

（三）土壤

甘薯耐瘠薄，对土壤要求不严格。但以土层深厚、疏松、排水良好、含有机质较多、具有一定肥力的壤土或砂壤土为宜。这类土壤疏松，透气性好，块根形状粗短、整齐，皮色鲜艳，食味好，出干率高，耐贮藏性好。但是，砂壤土缺乏养料，保水性差，易受干旱，必须经过施肥、改土，才能获得高产。黏重板结的土壤，保水力虽好，但通气性差，易受涝害，块根形状细长，皮薄色淡，块根含水多，出干率低，食味差，不耐贮藏。创造土壤疏松的环境条件，是甘薯高产栽培的重要途径。

甘薯高产对土壤物理性状的要求：土壤孔隙度在50%以上，气温在18℃时，即可栽植甘薯。

（四）养分

甘薯产量高，根系发达，吸肥力强。平均每生产1 000千克甘薯，需从土壤中吸收纯氮3.72千克，五氧化二磷1.72千克，氧化钾7.48千克。其中，以钾最多，氮次之，磷较少。氮、磷、钾比例约为2∶1∶4。甘薯在不同生育阶段吸收氮、磷、钾的速度和数量有明显差异。从单株和单位面积的吸收积累量来看，氮素吸收积累最快的时期是随生长期的延长，地上部重量增加最快的时期，即甘薯生长中期。钾素吸收积累最快的时期在块根膨大最快的时期，即甘薯生长后期。磷素积累速度较缓，而以单株重量增加最快的时期增长速度较快，即甘薯生长中后期。甘薯对氮、磷、钾的吸收既有各自的特点，又相互依赖。不同生育阶段吸收氮、磷、钾状况主要取决于不同时期的生长特点。另外，土壤养分、土质条件、不同品种等对养分的吸收也有一定影响。

（五）光照

甘薯是喜光作物，在生长过程中，如果光照充足，则光合作用强，光合产物多，有利于茎叶生长和块根膨大。相反，如果光照弱，则叶色发黄、叶龄短，茎蔓细长，茎的输导组织不发达，同化产物少，向块根输送亦少，产量降低。甘薯块根膨大不但和光照强度有关，而且与每天受光时间长短有关。每天受光12.5~13小时，比较适宜块根膨大。而每天受光照8~9小时，对现蕾、开花有利，而不利于块根的膨大。

第三节　甘薯的产量形成与品质

一、甘薯的产量形成

鲜甘薯的产量由单位面积的株数、单株薯块数和单薯重3个因素构成，即：

产量（千克/公顷）= 每公顷株数×单株薯块数×单薯重（千克）

单位面积的株数主要取决于栽秧密度。栽秧密度在影响单位面积株数的同时，也会影响单株结薯数和单薯重，对单薯重的影响最显著。密度增大，降低单薯重；密度减小，增加单薯重。因此，为了获得甘薯高产必须协调好单位面积的株数和单薯重的关系，做到合理密植。

单株结薯数主要取决于甘薯生长前期植株的生长状况。单株结薯数与甘薯幼根初生形成层的活动能力和中柱鞘细胞的水质化程度密切相关。幼根初生形成层的活动能力强、中柱鞘细胞的水质化程度低，有利于块根的形成，增加单株结薯数。甘薯单株的结薯数与品种特性和环境条件都有关系，其中，环境条件对单株结薯数的影响较大。首先是温度，地温在21~29℃，地温越高，块根形成越快、数量越多。例如，在华北地区，同一个品种做夏薯栽培时单株结薯数比做春薯栽培多。其次是营养状况，据日本学者研究，施氮肥可使甘薯根系中的含氮量增加，降低根系中醇溶性碳水化合物的含量，因而推迟块根的形成，减少了块根的数量。另外，钾营养状况、土壤通气性和光照等也影响结薯数量。

薯块的大小即单薯重主要取决于甘薯生长中、后期单株的生长状况。薯块的大小与甘薯幼根次生形成层的活动能力和分布范围有关。幼根次生形成层的活动能力强、分布范围广，有利于块根膨大，形成的薯块较大。单薯重与品种特性和环境条件有关。在砂土地中，甘薯块根的次生形成层出现早，而且薄壁细胞数量多，细胞内淀粉粒多、淀粉粒直径大，薯块大，产量高。

二、甘薯的品质

甘薯的品质特点因品种类型而异。根据甘薯的品质特点和用途，将甘薯品种分为3个类型：高淀粉型；高糖、高维生素型；高淀粉、高饲料转化率型。

第四节　甘薯育苗

一、甘薯的繁殖特点

甘薯为异花授粉作物，自交不孕，用种子繁殖的后代性状很不一致，产量低。因此，除杂交育种外，在生产上都很少采用有性繁殖。由于甘薯块根、茎蔓等营养器官的再生能力较强，并能保持良种性状，故在生产上采用块根、茎蔓等无性繁殖。中国北方，早春气温较低，应用苗床加温育苗，能延长甘薯生长期，提高产量。

二、块根萌芽和长苗特性

甘薯块根无明显的休眠期，收获时，在薯块的“根眼”两旁已分化形成不定芽原基，在适当的温度下，不定芽即能萌发。

块根萌芽与长苗受内在因素的影响，包括品种、薯块的来源、薯块的大小及部位等。薯皮薄的品种，薯块易进水分与空气，萌芽、长苗较快。“根眼”多的品种萌芽、长苗较多。如徐薯18、商薯16、济薯1号、南京92、郑红3号等；反之，则较少，如烟薯1号、丰薯1号等。

夏薯的薯块生命力较强，染病较轻，薯皮薄，出苗快而多；春薯的薯块则反之。经高温处理贮藏的种薯出苗快而多，在常温下贮藏的种薯出苗慢而少。受冷害、病害、水淹和破皮受伤的种薯出苗慢而少；大薯块含养分较多，出苗粗壮，但大薯的单位重量出苗数较少；小薯则相反。一般以150~200克的薯块做种薯比较适宜；薯块顶部萌芽、长苗快而多，中部慢而少，尾部最慢最少。

三、甘薯育苗技术

（一）甘薯壮苗特征

壮苗的特征是叶片肥厚、叶色较深、顶叶齐平、节间粗短、剪口多白浆、秧苗不老化又不过嫩、根原基粗大而多、不带病菌、苗长约20厘米，百株重约500克。

（二）苗床的建造

苗床要选择背风向阳、排水良好、靠近水源、无薯病的土壤和管理方便的地方。

（三）种薯处理和排放种薯

1. 种薯处理

选择具有本品种特征，大小适中，无病害，不受冷害和破伤的薯块做种，并用50%多菌灵可湿性粉剂对水800倍液，浸种10分钟，防治黑斑病。

2. 适时育苗

当气温稳定在7~8℃时，可开始育苗，种薯上床后经30天左右即可开始采苗栽插。

3. 床土配合

床土用无甘薯病害的肥沃砂质壤土2份与腐熟马粪1份混合均匀后过筛，填入苗床，厚度以8~10厘米为宜，填入床土后，撒施尿素50克/平方米以促使秧苗生长。

4. 排种方法

种薯用斜排法，种薯头尾相压不超过1/4，分清头尾，切勿倒排，密度一般排种20~25千克/平方米。排种后，盖细砂约5厘米厚，然后喷水湿透床土。

（四）苗床管理

1. 从排种到出苗

在排种薯前烧火或加盖薄膜，使床土温度上升到32℃左右时排种。保持32℃的床温，经4天后，种薯开始萌芽，再使床土温度上升到35~36℃，最高不宜超过38℃，保持3~4天，目的是使种薯产生抗病物质（甘薯酮），抑制黑斑病病菌的侵染。然后，把床温降到31℃左右，直至出苗。种薯上床时浇足水，一般在幼芽拱土前不要浇水，如床土干旱，可浇小水。在种薯出苗前一般气温较低，要封严薄膜，并在16:00时后盖上草帘保温，在7:00~8:00时揭去草帘晒床提温。刚拱土的幼芽易受烈日灼伤，可利用早晨和傍晚的弱光晒床，当叶片发绿时，才可全日晒苗。

2. 出苗后的管理

种薯出苗后，把床温降到28℃左右。当苗高约10厘米时，根系比较发达，叶片开始增大，秧苗生长加快，把床温降到25℃左右，并结合揭开草帘晒苗，促使秧苗生长粗壮。出苗以后，在9:00时，膜内气温可能超过35℃，要注意通风降温，防止烈日烤苗。此时夜间气温仍较低，应加盖草帘保温。随着秧苗生长，叶片增多，蒸发量提高，一般每天要浇一次水，以保持床土湿润。

3. 采苗前管理

为了锻炼秧苗，采苗前2~3天把床温降到20℃左右，停止浇水，进行蹲苗，并注意逐渐揭膜炼苗，防止引起嫩叶枯干。

4. 采苗和采苗后的管理

当苗高达20厘米以上时，要及时采苗，以免影响下一茬的采苗数量。采苗当天不要浇水，以利种薯伤口愈合。为了防止小苗萎蔫，采苗后可少量喷水。在采苗后1天浇水时结合施尿素50克/平方米催苗。再盖上薄膜，夜间加盖草帘，使床温升到32~35℃，促使秧苗生长，经过3~4天后，又转入低温炼苗阶段。

(五) 采苗圃

采苗圃是利用茎叶繁殖培育夏薯苗的主要措施。采苗圃应选择水浇肥地，在冬前施足基肥后深耕细耙。春季复耕耙地做畦。畦宽120厘米，畦长依地形而定，畦面要整平。

第五节　甘薯大田栽培技术

一、整地

深耕是甘薯取得高产的基础。耕翻深度以25~30厘米为宜。结合耕地施足有机肥料，还要注意耙耢保墒。

甘薯宜垄栽，其优点是加厚松土层，加大昼夜温差；有利于排水，改善土壤通气性，促使块根膨大。夏薯茎蔓较短，垄宽65厘米左右，垄高23厘米左右为宜；春薯茎蔓较长，垄宽75厘米左右，垄高30厘米左右为宜。但在排水不良的田地，可采用大垄栽双行的方法，垄宽120厘米、垄高50厘米，垄顶宽40厘米，以利排水防涝。

二、施肥

甘薯不同生长时期，地上部与地下部的养分分配与干物质的积累动态基本一致。在生长前期，地上部的生长量大于地下部，而氮、磷、钾的分配比率也高于地下部。随着生长中心的推移，进入生长中期，地下部的生长量高于地上部，地下部氮、磷、钾的分配比率也逐步提高。至生长后期，地下部生长量的比率明显高于地上部，氮、磷、钾分配比率也占显著优势。氮素促进茎叶生长，磷、钾促进块根膨大。施肥中速效氮肥不宜过多，以免发生徒长，并注意三要素肥料配合施用。

三、栽秧

(一) 栽期

甘薯适期早栽可加长生长期，块根膨大早，薯块大，出干率高，质量好，产量高。

春薯栽期过早，由于气温较低或遭受霜害而造成缺苗减产。春薯一般在谷雨开始栽秧，南部稍早些，北部宜晚些，最晚不晚于立夏。夏暑的生长期短，要力争早栽。高产夏薯要求大田生长期120天，积温在2 700℃以上。夏薯晚栽不但减产，而且小薯的比率增多，晒干率降低。

（二）合理密植

甘薯产量构成的3个因素：单位面积株数、每株薯数和单薯重量。栽秧过密，群体虽大，单位面积结薯较多，但个体发育不良，单株结薯少，薯块小，出干率低；反之，栽秧过稀，个体发育虽较好，单株结薯较多，薯块大，但群体发展不良，封垄过晚，不能充分利用光能和土地等，产量不高。

甘薯栽秧密度，华北地区春薯公顷栽52 500～67 500株，夏薯公顷栽60 000～75 000株为宜。甘薯合理密植要因地制宜，肥地、早栽或长蔓的品种可稍稀些；反之，则稍密些。甘薯行株距的确定既要使植株分布合理，又便于田间管理。春薯的行距一般为70～80厘米，夏薯为60～70厘米。行距过小管理不便，且费工，垄沟太浅，不易排水。株距一般以20～25厘米为宜。

（三）栽秧方法

栽插的薯苗要剔去病苗、弱苗，并用50%多菌灵可湿性粉剂对水1 000倍液浸秧苗基部10分钟，防治黑斑病。薯苗较短时用斜栽法，苗较长用船底形栽法，栽深以5～7厘米为宜。防治茎线虫病每公顷用5%克线磷颗粒剂22.5～30千克，在栽秧时穴施后浇水。

夏薯从采苗圃剪下带顶芽的秧苗栽插，生长势强，结薯多。栽插时顶芽要露出地面3～4厘米，并在地面留三片叶，把其余的叶片埋入土中。

四、田间管理

（一）前期

春薯在生长前期，气温较低，雨水较少，茎叶生长较慢，田间管理的主攻方向是保全苗，促茎叶早发、早结薯，即以促为主，但不能肥水猛促，否则造成中期茎叶徒长而影响块根膨大。夏薯由于生育期短，也是以促为主。管理措施：

1. 中耕除草

在秧苗返青后即可开始中耕，以利茎叶早发、早结薯。中耕2～3次。雨后或灌水后及时中耕，在最后一次中耕时，要结合修沟培垄。喷洒除草剂，可在栽苗前或在栽苗成活后，每公顷用25%除草醚粉剂7.5千克或50%杀草丹乳剂3.75千克对水600～750千克，于晴天上午露水干后喷洒垄面，喷时尽量勿使药液与茎叶接触，以防药害。

2. 追肥灌水

在土壤贫瘠或施肥不足的田地要及早追施速效肥料，一般每公顷施尿素150～225千克。甘薯生长前期土壤湿度以田间持水量70%为宜，持水量在60%以下时，需进行灌水。

3. 防治害虫

防治地老虎，每公顷用豆饼粉或棉籽粉37.5～45千克焙炒后和40%乐果乳剂1.5

千克拌匀，于傍晚顺垄撒施做毒饵。

（二）中期

甘薯生长中期是处于高温、多雨，日照少的时期，茎叶生长较快，薯块膨大较慢，田间管理的主攻方向是调控茎叶平稳生长，促使块根膨大。管理措施：

1. 排水防涝

当土壤湿度在田间持水量的80%以上时对薯块膨大不利，应及时排水。

2. 保护茎叶不要翻蔓

根据多年来的大量试验证明，甘薯翻蔓一般减产10%~20%。减产的主要原因是翻蔓后由于叶片翻转、重叠、密集，搞乱了叶片的正常分布，且叶片受到损伤，致使光合强度下降。翻蔓常使茎蔓顶梢折断，促使腋芽滋生，消耗了大量养料，减少了养料向块根转移。

3. 喷药控秧

喷洒乙烯利（250毫克/千克）、多效唑（150毫克/千克）溶液750千克/公顷有抑制甘薯茎叶徒长的作用，抑制时间10~15天。

4. 防治害虫

如有斜纹夜蛾、卷叶虫、造桥虫、黏虫等发生时，可用50%辛硫磷乳剂1千克或25%杀虫双1.5千克加水750~900千克喷雾。

（三）后期

该期的甘薯茎叶生长逐渐衰退，而块根增重加快。田间管理的主攻方向是保持适当的绿叶面积，防止茎叶早衰，提高光合效能，增加干物质积累，促进块根迅速膨大。管理措施：

1. 及时追肥

生长后期的叶色落黄较快时，每公顷施尿素75~120千克以防止茎叶早衰，促进块根膨大。甘薯在收获前45~50天，根系吸收养分的能力转弱，进行根外追肥，每公顷喷洒0.2%磷酸二氢钾或2%硫酸钾溶液1 500千克，有增产效果。

2. 灌溉和排水

生长后期雨水较少，常有旱情。当土壤湿度在田间持水量的55%时，灌水能防止茎叶早衰，增产显著。如遇涝害，会影响块根膨大，晒干率降低，不耐贮藏，应迅速排涝。

五、地膜覆盖栽培

20世纪80年代以来，山东、山西、河北等省的生产实践和试验证明，春薯盖膜比不盖膜的增产50%以上，有的达到70%，晒干率提高1%~2%。增产原因：据观察，甘薯全生育期的10厘米地温增加积温294℃，栽后1个月内10厘米地温平均每天增加4℃左右；土壤含水量增加2%~3%。盖膜还能促进甘薯茎叶早发，早结薯。

六、收获

甘薯块根在适宜的温度条件下，能持续膨大。所以，收获越晚产量越高。过晚收获，块根常受冷害，不耐贮藏，而且因淀粉转化为糖，晒干率降低。当5~10厘米地温在18℃左右时，块根增重很少，地温在15℃时薯块停止膨大。因此，要在地温18℃时开始收获，地温在12℃时收获完毕。

薯皮能防止病菌侵入，敲皮受伤的薯块贮藏时容易发生烂窖。收获时，要轻刨、轻装、轻运、轻放，尽量减少搬运次数，严防破皮受伤。

第六节 甘薯贮藏

薯块含水多，皮薄，组织柔嫩，容易破皮受伤，贮藏时易发生冷害和病害造成烂窖。因此，要创造适宜的贮藏条件，方能达到安全贮藏。

一、贮藏生理

（一）呼吸作用

薯块贮藏在氧气充足的条件下，进行有氧呼吸，氧气不足时为缺氧呼吸，产生酒精、二氧化碳和较少的热量。当酒精和二氧化碳过多时会使薯块中毒，引起腐烂。当窖温高于18℃时，块根呼吸强度较大，容易发芽；低于10℃时，呼吸强度弱，甚至失去活力。贮藏的适温为11~14℃，最适温度为12.5℃。窖内相对湿度低于70%和温度较高时，呼吸强度随之提高，薯块容易失水“糠心”。适于贮藏的相对湿度为85%~90%。此外，受冷害、染病和破伤的薯块，也会提高呼吸强度，对贮藏不利。

（二）块根愈伤组织的形成

薯皮由木栓细胞组成，能防止病菌侵入和减少水分散失，并使薯块呼吸平稳，增加耐藏力。当薯块碰伤后，伤口表面薄壁组织的数层细胞内，淀粉粒消失，细胞壁加厚，呈木栓化，形成新的薯皮，但不具色素，亦有保护功能。在高温、高湿条件下，形成愈伤组织较快；反之则较慢。在32℃、相对湿度93%和空气充足时，只要两天即能形成愈伤组织。

（三）化学成分的变化

薯块在贮藏期间由于淀粉转化为糖、糊精和水，因而降低了淀粉含量。贮藏5个月的薯块，淀粉含量减少4.62%，水分、可溶性糖和糊精分别增加0.99%、3.65%和0.21%。薯块中含有原果胶质能巩固细胞壁，提高抗病力。在贮藏过程中，薯块中的部分原果胶质转变为可溶性果胶质，组织变软，致使病菌容易侵入。

生长素的变化，在收获时每千克薯块含吲哚乙酸分别为1.3微克和5.5微克。贮藏6个月后分别增加到18.1微克和40.0微克。薯块含吲哚乙酸高的品种，薯块发芽较快。

二、烂窖的原因

（一）冷害

有的品种在10℃以下时，薯块的细胞原生质活动停滞，影响生机，发生冷害。在

-2℃时。薯块的细胞间隙结冰，组织破坏，发生冻害。薯块受冷害或冻害表现的特征是改变了细胞膜的透性，细胞内钾、钙、磷等离子大量漏失，致使氧化酶和磷酸化酶的作用削弱，影响薯块的新陈代谢，抗病性与耐藏性降低；薯块吸水力减弱，绿原酸增多，薯块切口与氧气接触后，变为褐色，味道发苦，用手挤压薯块发软，切口流出清水，缺少白浆，煮熟时出现硬心。薯块受冷害的温度越低，发生腐烂越快。薯块腐烂时由于发酵生热而常被误认为热害。

（二）病害

薯块在窖内发病的原因是薯块带病、破皮受伤或窖内病菌传染。黑斑病发生于贮藏初期气温较高的时期，软腐病多发生在受冷害后的贮藏后期。

（三）湿害或干害

甘薯入窖后十多天，因气温较高，出现呼吸高峰，薯堆温度升高，薯堆内水汽上升到堆表时，因温度较低凝结为水，俗称“发汗”，会引起堆表薯块造成湿害。盖草可防止“发汗”，对贮藏有利。当窖内湿度过低时，薯块细胞原生质失水过多，酶的活动失常，增加有机物的分解，发生皱皮“糠心”，组织容易腐烂。窖内以保持85%~90%的相对湿度为宜。

（四）缺氧

甘薯贮藏初期，气温较高，呼吸强度大，如果封窖过早，致使窖内氧气减少，二氧化碳增多，造成缺氧呼吸，薯块发生硬心，生机减弱，甚至发生腐烂。

三、贮藏技术

甘薯的窖址要选择避风向阳、排水良好和运输方便的地方。入窖前，窖内要打扫清洁，发病的旧窖可用50%多苗灵可湿性粉剂对水100倍液喷洒杀菌，还要严格精选健全的薯块贮藏。贮藏量约占窖容积的70%，每立方米体积可贮藏500千克的薯块。

（一）窖型

中国北方的主要窖型如下。

1. 高温大屋窖

薯块在窖内经高温处理后能消灭黑斑病和使伤口愈合，育苗时，发病率较低，出苗较早。

2. 深井窖

建窖要求建在土质坚硬，地下水位深的地方。这种窖型在中国北方应用较广，保温、保湿好，但通气较差，运输不便。窖的井筒深约5米，井筒上口直径约0.8米，下口直径约1米，在井筒底部的两边挖洞，洞高约1.8米，宽1.5米，长约3米。

3. 棚窖

多建在地下水位高或土质疏松的地方。建窖较为简便，但要年年拆建。窖挖深约2米，宽约1.5米，长度随贮藏量而定，窖顶铺玉米秸秆厚约20厘米，上面盖土厚约0.5厘米，每隔1.5米左右设置通气孔1个，在窖的南面留一窗口，以便进窖检查甘薯。

（二）贮藏期间的管理

1. 贮藏初期

甘薯入窖约 25 天，窖温可能达到 19℃以下，薯块容易发芽，应打开窖口、气孔或天窗，通气降湿。如遇寒流要注意保温防寒。

高温大屋窖在装好薯块后立即关闭门窗，烧火加温，力争在 18~24 小时内使温度上升到 35~37℃，保持 3~4 天后，打开门窗，要求在 17 小时内把窖温下降到 15℃左右。如果升温或降温缓慢，薯块容易发芽。加温时，窖内相对湿度可能低于 70%，可在火道上泼水调湿。

2. 贮藏中期

从甘薯入窖约 25 天后到翌年 2 月上旬的气温较低，应注意保温防寒，窖温控制在 12~14℃。当窖温下降到 13℃时，应关闭窖口和通气孔，并在薯堆上盖草约 20 厘米厚，以减少甘薯呼吸热的散失。

3. 贮藏后期

2 月中旬以后，气温回升，如果窖内温度偏高时，要通气降温，遇寒流时，要注意保温。

四、薯类病虫害

（一）甘薯黑斑病

甘薯黑斑病是甘薯生产上的一种重要病害。甘薯在幼苗期、生长期和贮藏期均能发病，主要为害块根及幼苗茎基部，不侵染地上的茎蔓。育苗期染病，多因种薯带菌引起，种薯变黑腐烂，造成烂床，严重时，幼苗呈黑脚状，枯死或未出土即烂于土中。病苗移栽大田后，生长弱，叶色淡，茎基部长出黑褐色椭圆形或菱形病斑、稍凹陷、初期病斑上有灰色霉层，后逐渐产生黑色刺毛状物和粉状物，茎基部叶片变黄脱落，地下部分变黑腐烂，严重时幼苗枯死，造成缺苗断垄。块根以收获前后发病为多，病斑为褐色至黑色，中央稍凹陷，上生有黑色霉状物或刺毛状物，病薯变苦，不能食用。

1. 发病特点

黑斑病主要靠带病种薯传病，其次为病苗，带病土壤、肥料也能传病。在收获、贮藏过程中，操作粗放，造成大量伤口，均为病菌入侵创造有利条件。窖藏期如不注意调节温湿度，特别是入窖初期，由于薯块呼吸强度大，散发水分多，薯块堆积窖温高，在有病源和大量伤口情况下，很易发生烂窖。育苗时，主要病源为病薯，其次带菌土壤和带病粪肥，也能引起发病。高湿多雨有利发病，地势低洼、土壤黏重的地块发病重；土壤含水量在 14%~60%，病害随温度增高而加重。

2. 发病规律

甘薯黑斑病是由甘薯长喙壳菌侵染引起，病菌以厚垣孢子和子囊孢子在贮藏窖或苗床及大田的土壤内越冬，或以菌丝体附在种薯上越冬，成为次年初侵染的来源。病菌主要从伤口侵入，地势低洼、阴湿、土质黏重利于发病。

3. 防治措施

一是做好收获和储藏工作。储藏期菌源主要来自田间的带病薯块，病菌通过运输造成的伤口侵入薯块，储藏初期，高温高湿能促使病害发展，在15℃以上病菌发展较快，10℃以下薯块易受冻。所以，储藏适温应控制在10~14℃，相对湿度在80%~90%，是安全储藏防治黑斑病的关键。

二是培育无病种苗。

(1) 温汤浸种　用51~54℃温水浸10~12分钟，在种薯下种后要大量吸热降温，所以，在下水前水温应调节在58~60℃，从种薯下水时计算浸种时间，然后维持51~54℃，浸够规定时间后立即取出。浸种时将精选的种薯装在漏水的筐里，浸种过程中，应上下提动薯筐，使水温均匀。

(2) 药液浸种　用50%代森铵200~300倍液浸种10分钟或用50%甲基硫菌灵500倍液浸种5分钟或10%多菌灵可湿性粉剂300~500倍液浸种10分钟。

为了抑制黑斑病在苗床内扩展蔓延，应采取高温育苗，即在种薯入床后3天内把床温保持在38℃左右，出苗前床温保持在28~32℃，出苗后可将床温降到25~28℃，有利于种薯伤口愈合和抑制黑斑病菌侵入。由于土壤和粪肥也能染病，因此，育苗所用土壤及粪肥应清洁无菌。

三是杜绝秧苗向大田侵染。

(1) 高剪苗　根据黑斑病菌在苗期侵害薯苗靠近地面的白色部分，而很少侵染绿色部分的特点，实行高剪苗可减少大田病菌来源。1次高剪苗在离地面5厘米以上剪苗；2次高剪苗在离地面2厘米以上剪苗，将剪下的苗插在苗圃中，待栽甘薯时，再在苗圃中离地面5厘米以上处剪苗。

(2) 药剂处理秧苗　将薯苗基部2厘米左右，用50%代森铵或50%甲基硫菌灵500~800倍液或多菌灵800~1 000倍液浸苗基部3~5分钟，随即栽插，防病效果显著。

4. 建立无病留种基地

在黑斑病严重的地区，应建无病留种地，要求做到净地、净苗、净肥、净水，防治地下害虫。一般要在3年以上未种过甘薯的地块用作留种基地。

5. 轮作

对发病重的地块，实行2年以上轮作，防病效果好。

(二) 甘薯储藏期病害

鲜薯体积大，含水量高，组织幼嫩，皮薄易破损、易受冷害和感染病害而发生腐烂。甘薯性喜温怕寒冷潮湿，贮藏期间甘薯病害主要有黑斑病、软腐病、线虫病和湿害、干害等。现将甘薯贮藏期容易发生的病害介绍如下。

1. 冷害

冷害是甘薯贮藏期腐烂的主要原因之一。薯块入窖前或贮藏期间较长时间处在低温(9℃以下)条件下，新陈代谢活动受到破坏，这就是冷害。受冷害后，15~20天轻者点片腐烂，重者全窖腐烂。受冷害的原因，一般是由于收获晚，或收后不及时运回，放在地里过夜而受害。另一个原因是薯窖保温差或保管。受冷害的薯块，往往形成硬心、硬皮或发苦。受冷害薯块如果用来育苗，则育苗后12周即开始腐烂。由冷害所引起的贮藏期腐烂，往往从薯堆表层开始。薯块受冷后，易招致弱寄生菌寄生，造成腐烂。所以，贮藏期间生理性冻害与寄生性病害，二者密切相关。

2. 侵染性病害

（1）黑斑病

症状：伤口处先出现灰白色霉斑，后变褐，薯块表面变黑，继而病斑凹陷、扩大，出现刺毛状物，窖内有中药味，形成典型黑斑病症状。

原因：贮藏初期，高温高湿，窖内温度较高（20℃以上）、持续时间长，薯堆过大、装窖过满、没有留出空隙或薯块带病，病菌通过运输造成伤口侵入薯块。发病时间一般在入窖后1个月以内及立春以后。如遇黑斑病发生可立即降温，使窖温降至10~12℃。

（2）软腐病

症状：俗称水烂，是采收及贮藏期重要病害。薯块发病后，开始外部症状不明显，仅薯块变软，呈水渍状，不久在薯块表面长出茂盛的绵毛状菌丝体，上有黑色的小颗粒，即病菌的孢子囊。破皮后流出黄色汁液，带有酒香味；如果被后入的病菌侵入，则发出恶臭味，以后干缩成硬块。

原因：主要发生于贮藏期的薯块，贮藏不当，则会导致此病的迅速蔓延。薯块有伤口或受冻易发病。发病适温15~25℃，相对湿度76%~86%。假如相对湿度高于95%不利于孢子形成及萌发，但利于薯块愈伤组织形成，则发病轻。

（3）灰霉病

症状：病薯受害初期，与软腐病症状相似，但水烂现象较轻。当窖温升至17℃以上，病部表面长出灰霉，后期病薯失水干缩而成坚硬的僵薯。

原因：灰霉病由灰葡萄孢引起。灰霉菌腐生性强，寄主范围极广，薯块有冻害造成的伤口时极易受侵染。发病适温7.5~13.9℃，20℃以上发病缓慢。

3. 预防办法

（1）薯块挑选　入窖薯块宜为纺锤形或卵圆形的短薯块，并达到“七无”，即无病、无虫、无沟、无伤、无露头青、无冻、无水浸。块重以200~800克重为好。过大和过小的薯块应另处保存，留作它用。

（2）薯块消毒　贮藏期间较常见的病害主要有黑斑病和软腐病。一般采用70%甲基硫菌灵800倍稀释液或50%多菌灵胶悬剂500~800倍液泼浇薯块消毒处理。

（3）分类入窖　入窖时要做到春、夏薯分开；不同类型分开；中、大型薯分开。如散放入窖，薯堆四周应离窖壁20厘米以上。薯堆底层放一层秸秆，中间放置秸秆以利散湿通气。

（4）贮藏量　鲜薯的贮藏量一般应占整个薯窖容积的70%左右。

（三）甘薯天蛾

1. 为害特点

主要以幼虫取食甘薯叶。除为害甘薯外，还能取食棉花、大豆、瓜类、韭菜等多种作物的花蜜。

2. 发生规律

成虫有趋光性，昼伏夜出，白天躲在草堆和田内荫蔽处，傍晚飞出活动，取食多种作物的花蜜。飞翔力强，能作较远距离低飞转移：卵散产于甘薯及其他旋花科植物的叶背，也有产在甘薯根、茎和靠近地面的叶柄上。卵经过4~5天孵化，之后初龄幼虫即吃掉卵壳，随后躲在叶背剥食叶肉，三龄前食量较少，三龄后食量大增，沿叶缘取食，造成缺刻，四五龄进入暴食期，食尽全叶后又迁移它处继续为害，一头幼虫一生可食薯叶三四叶片。幼虫白天不大活动，栖息在叶背或叶柄上，以晚间取食为主，老熟后潜入根部约一寸深处化蛹。

一年发生二代，第一代成虫发生于5月，第二代发生于8~9月。以蛹在土内越冬，一般在松软的土壤里化蛹较多，化蛹处的地面常凸起，易于识别。害虫发生期雨水偏少，呈轻微旱象时有利于害虫的发生为害，若过于干旱，成虫又多迁移至低洼地方繁殖。

3. 防治方法

对此虫害可采取人工捕杀幼虫，灯光、糖蜜诱杀成虫，冬耕时随犁捕拾越冬虫蛹，在幼虫发生初期，虫龄在三龄以前喷撒粘虫散，2.5%敌百虫粉剂或80%敌敌畏乳剂1 500倍液，青虫菌、杀螟杆菌300倍液均可。

（四）甘薯二十八星瓢虫

1. 为害与识别

此虫主要为害茄子、马铃薯，其次是番茄、大豆、黄瓜等。成虫与幼虫均能为害，严重影响产量和品质。雌成虫6.5毫米左右，红褐色，前胸背板有黑斑6个，两鞘翅各有14个黑斑，表面密生黄褐色短毛。卵，长0.7~1毫米，淡黄至黄褐色，卵块产排列较松散。幼虫，长7毫米左右，黄白色，纺锤形，中部膨大而背面隆起，体背各有黑色枝刺。蛹，长约5毫米，淡黄色，背面有稀疏的细毛。

2. 生活习性

每年发生2代，成虫在背风沟洞，树皮缝隙、墙缝等处越冬。翌年5月，成虫开始活动，有假死性。幼虫4龄，初孵幼虫群集叶背，仅留表皮，形成许多平行、半透明的细凸纹，稍大后分散为害。幼虫老熟后，即在叶背或茎基部化蛹。

3. 防治方法

要抓住幼虫分散前的有利时机，可用灭杀毙（21%增效氰·马乳油）3 000倍液、20%氰戊菊酯或2.5%溴氰菊酯3 000倍液、10%溴·马乳油1 500倍液、10%赛波凯乳油1 000倍液、50%辛硫磷乳剂1 000倍液、2.5%功夫乳油3 000倍液等。

第六章　花　　生

花生是我国四大食用油料作物之一（大豆、油菜、花生、芝麻），花生又名落花生、地果、唐人豆，民间又称“长生果”，和黄豆一样被誉为“植物肉”、“素中之荤”。花生的营养价值比粮食类高，可与鸡蛋、牛奶、肉类等一些动物性食物相媲美。它含有大量的蛋白质和脂肪，特别是不饱和脂肪酸的含量很高，很适宜制造各种营养食品。花生含有水分、蛋白质、脂肪、醣类，维生素 A、维生素 B_6、维生素 E、维生素 K、及矿物质钙、磷、铁等营养成分，可提供 8 种人体所需的氨基酸及不饱和脂肪酸、卵磷脂、胆碱、胡萝卜素、粗纤维等有利人体健康的物质，营养价值绝不少于牛奶、鸡蛋或瘦肉。

第一节　概　　述

花生油品质良好，营养丰富，气味清香，富含不饱和脂肪酸，是我国和世界上主要的优质食用植物油。花生油除供食用外，工业上还可作乳化剂、油漆、润滑油（机）和甘油原料。医药上具有降低胆固醇、降低血压、治疗小儿单纯性消化不良等。

花生榨油后的饼粕，蛋白质含量高达 50%左右，还含有 7%左右的脂肪和 24%左右的碳水化合物，具有相当高的营养价值，可加工成食品或饲养牲畜的精饲料。同时，花生饼粕还是一种良好的有机肥，含有机质 85.6%，含氮 7.56%，含 P_2O_5 1.37%，含 K_2O 1.5%，作有机肥使用，100 千克的花生麸相当于 16.4 千克的尿素，9.7 千克的过磷酸钙和 3 千克的硫酸钾。

花生茎叶干物质中含蛋白质 12%～14%，脂肪 2%，含氮约 4.5%，含 P_2O_5 约 0.8%，含 K_2O 约 0.23%，还含有丰富的胡萝卜素，所以，花生茎叶不但是优质的饲料，而且也是优质的绿肥。

花生根系有根瘤菌与其共生，能固定空气中分子态氮，变为植物可利用的氨态氮。

根瘤菌固定的氮素，除少部分供自身利用外，大部分（约占 2/3）供花生植株吸收利用。此外，根瘤菌固定的氮素还有 1/3 左右残留在土壤里，具有培肥地力的作用。在农业生产中，花生是一种良好的养地作物。

综上所述，发展花生生产和开发花生的综合加工利用，对改善和丰富我国人民的食物结构，提高人民的生活水平，增加出口创汇，加强农业生产后劲都具有十分重要意义。

第二节　花生栽培的生物学基础

一、花生的类型

根据花生品种的荚果形状、开花型及其他综合性状，我国将花生分为：普通型、龙生型、多粒型和珍珠豆型4种类型。

1. 普通型

本类型的主要特征是交替开花，荚果为普通形，果较大。果壳较厚，网纹平滑，含种子2粒。花期较长，主茎不着生花。分枝性强，能生第三次分枝。生长期较长，春播145~180天。种子休眠期长，一般50天以上。普通型又分有直生型、半蔓生型和蔓生型3种株型。

2. 龙生型

本类型的主要特征是交替开花，荚果为曲棍形，有明显的果嘴和龙骨状突起，网纹深，含种子3~4粒。主茎不着生花。分枝性很强，有3次以上分枝。生长期长，春播150天以上。种子休眠期长。抗逆性强。蔓生型株型。

3. 多粒型

本类型的主要特征是连续开花，荚果为串珠形，果壳薄，含种子3~4粒。主茎着生花。分枝性弱，没有第三次分枝。生长期短，春播120天左右。种子休眠期短。直立型株型。

4. 珍珠豆型

本类型的主要特征是连续开花，荚果为茧形或长葫芦形，果较小。果壳薄，含种子2粒。花期短而集中，主茎可着生花。分枝性弱，很少有第三次分枝。生长期短，春播120~130天。种子休眠期短或无。直立型株型。

根据花生的株型、收获方式、荚果大小和生育期长短等特性，将花生栽培种分为：直生型、半蔓生型和蔓生型3个类型。其特点是比较接近生产实际，通俗易记。

栽培上通常还将以上类型，根据其生育期长短再细分为：晚熟种、中熟种和早熟种。

按种子的大小又可分为大粒种、中粒种和小粒种。

大粒种：百仁重80克以上；

中粒种：百仁重50~80克；

小粒种：百仁重50克以下。

二、花生器官的形态特征与生长特点

（一）根系

1. 根的构成与形态

花生根系属直根系的圆锥根系，由主根、侧根和次生侧根组成。主根由胚根发育形成，初生侧根从主根上发生，呈四列十字形排列。花生根系发达，主根入土深度可达2米左右，但一般主要分布在土表以下40~50厘米的土层中；侧根的分布范围直径可达1.5米。花生的根由于有次生生长和根颈部易发生不定根，故抗旱力较强。

2. 根瘤的形成与固氮作用

花生的主根和侧根上长有瘤状结构，称为根瘤。花生根瘤上的根瘤菌能固定空气中的游离态氮，合成植物可利用的铵态氮，供植物利用。一般每亩花生能固定氮素2.5~5千克，其中2/3左右供给花生生长需要，1/3左右残留在土中，起到培肥土壤的作用。

一般花生主茎出现4~5片真叶时形成根瘤，但开花以前根瘤数很少，瘤体也较小，固氮能力弱。开花以后根瘤菌除了从花生植株中吸收必要的营养和水分以外，已能给花生植株提供一定的氮素养分。盛花期至结荚初期，根瘤菌的固氮能力最强，此时提供给花生植株的氮素养分最多。到花生的饱果期根瘤菌的固氮能力很快衰退，最后丧失固氮能力，瘤体破裂，根瘤菌又回到土壤中重新过腐生生活。

（二）茎和分枝

1. 茎和胚轴的形态结构

花生的主茎直立，位于植株中间，通常有15~20个节和节间，基部的节间较短，高度一般为30~50厘米。

2. 分枝的发生规律

按分枝与主茎所形成的夹角不同，可将花生的株型分为蔓生型、半蔓生型和直生型3种。半蔓生型和直生型通常合称丛生型。

花生的第一条和第二条一次分枝从子叶节上的两个侧芽发育而来，对生，称为第一对侧枝，约在出苗后3~5天，主茎3片真叶展开时出现。第三条和第四条一次分枝由主茎上第一片真叶和第二真叶叶腋间的侧芽发育而成，互生，但由于主茎第一节和第二节之间的节间很短，紧靠在一起，看上去近似对生，所以，习惯上称第三条和第四条一次分枝为第二对侧枝，在出苗后15~20天，主茎第5~6片真叶展开时出现。当第二对侧枝出现时，主茎上有4条分枝，呈十字状，此时花生植株的高度和宽度几乎相等，近似圆形，习惯上称为“团棵”；主茎第5~6片真叶展开时称为“团棵期”。

花生的第一对和第二对侧枝生势很强，这两对侧枝及在它们基部发生的第二次分枝构成花生植株的主体，并且是着生荚果的主要部位，一般占单株结荚数的80%~90%，其中第一对和第二对侧枝占结荚总数的60%以上。因此，栽培上促进第一对和第二对侧枝的健壮发育对夺取花生高产十分重要。

（三）叶

花生的叶可分为不完全叶和完全叶（真叶）两种。不完全叶包括子叶和鳞叶。花生的两片肥厚子叶和每一枝条的第一节或第1~3节上着生的鳞叶，它们均属不完全叶。

花生的真叶（完全叶）由叶片、叶柄和托叶组成。叶片互生，为4片小叶的羽状复叶。

叶片的感夜运动：花生真叶的4片小叶具有昼开夜闭的特性，称为“感夜运动”或“睡眠运动”。引起小叶发生睡眠运动的原因是小叶叶枕上下半部薄壁细胞的细胞膜透性随光线强弱而发生变化所致。成熟期的花生叶片再不发生感夜运动，可根据这一特性判断花生是否可以收获。

(四) 花序和花

1. 花生的花序

花生的花序是一个着生花的变态枝，亦称生殖枝或花枝。花序着生在叶腋间。花生的花序是总状花序，在花序轴每一节上着生一片苞叶，其叶腋内着生一朵花，每一花序有2~7朵花。

2. 花生的开花型

所谓开花型，是指花序和分枝在植株上的着生部位和方式。根据花序在植株上着生的部位和方式不同，花生的开花型分成连续开花型（或称连续分枝型）和交替开花型（或称交替分枝型）两种。

连续开花型的品种，主茎和侧枝的每一个节上均可着生花序，这类品种除主茎上着生花序外，在第一次侧枝的基部第一节或第1~2节可着生营养枝，也可着生花序，以后各节连续着生花序。第二次侧枝的第一节和第二节及以后各节均可着生花序。

交替开花型的品种，主茎上不着生花序，侧枝基部的第1~2节或第1~3节只长营养枝，不着生花序，其后几节只生花序不着生营养枝；然后又有几节只生营养枝不着生花序；如此交替发生。

3. 花的结构

花生的花有地上花和地下花之分，二者又各有正常花（可孕花）和不孕花之分。正常花的花器结构，自外而内由苞片、花萼、花冠、雄蕊、雌蕊组成。

(1) 苞片　2片，位于花萼管基部外侧，绿色，其中1片端部成锐三角形的分叉，称为内苞片；另1片较短，长桃形，包围在花萼管基部最外层，称为外苞片。在花蕾期中，苞片具有保护花蕾和进行光合作用的功能。

(2) 花萼　即萼片，5枚，其中4枚联合，1枚分离，其基部联合成一花萼管。

(3) 花冠　为蝶形花冠，黄色，着生在花萼之内。由1片旗瓣，2片翼瓣和2片龙骨瓣组成。2枚龙骨瓣联合在一起成鸟喙状向上弯曲，包着雌雄蕊，花开放后仍是紧闭。因此，花生是典型的自花授粉作物，昆虫传粉的机会很少。

(4) 雄蕊　10枚，其中，2枚退化成花丝，8枚发育成花药。8枚花药中，4枚发育健全呈椭圆形，4枚发育不健全呈圆形。花丝联合成一雄蕊管，着生在花萼管上。

(5) 雌蕊　着生于雄蕊管内，由柱头、花柱和子房组成。细长的花柱从花萼管及雄蕊管中伸出；柱头稍庞大弯曲，在其下部约3毫米处有细毛；子房位于花萼管基部。

4. 花生的果针

花生开花受精后，子房基部分生组织细胞迅速分裂，在开花后3~6天，形成绿色或暗绿色的子房柄，子房柄连同位于其尖端的子房合称果针。

果针有向地性生长，当果针入土3~5厘米后，子房柄停止生长，子房在土壤中逐渐发育成为荚果。

(五) 荚果和种子

花生荚果顶端突出部分称果喙或果嘴；荚果各室缩缢部位称果腰；荚果表面凸起的条纹称为网纹。

花生荚果的形状有：普通型、斧头型、葫芦型、蜂腰型、茧型、曲棍型和串珠型等7种。前5种果型有2粒种子；后两种果型有3粒以上种子。

花生的种子也称花生仁、花生米，着生在荚果的腹线上。种子由种皮和胚两部分组成。种皮也称花生衣；种皮颜色常见有：深红、粉红、紫红、花皮等颜色。胚由子叶、胚芽、胚根和胚轴等组成。子叶两片，肥厚，重量和体积占种子的90%以上；胚芽由一个主芽和两个侧芽组成，位于两片子叶内侧；胚根位于两片子叶之下，胚的末端；胚轴为连接胚芽和胚根的部分。

三、花生的生育特性

花生具有无限生长的习性，其开花期和结荚期很长，而且在开花以后很长一段时间里，开花、下针、结荚是连续不断地交错进行，因此，花生的生育期较难准确划分。但花生各器官的发生及其生育高峰的出现仍具有一定的顺序性和规律性，这些变化特点可作为花生生育期划分的重要依据。目前，国内从栽培角度出发，一般将花生一生分为种子发芽出苗期、幼苗期、开花下针期、结荚期和饱果成熟期5个时期。

（一）种子发芽出苗期

划分标准：从播种到50%的幼苗出土、第一片真叶展开为种子发芽出苗期。

1. 种子发芽出土过程

完成了休眠并有发芽能力的种子，在适宜的外界条件下即能发芽。花生种子发芽时，胚根最先突破种皮向下生长成为主根，并很快长出侧根；在胚根生长的同时，下胚轴变得粗壮多汁并向上伸长，将子叶及胚芽推向土表。当子叶顶破土面见光后，下胚轴即停止伸长，而胚芽迅速生长，种皮破裂，子叶张开，当第一片真叶伸出地面并展开时，称为出苗。

花生种子出苗时，因有粗壮的胚轴，顶土能力较强，但花生子叶并不完全出土，具有半出土特性，如果播种过深、土壤板结或播种时种子倒放，胚轴就不能将子叶推至土表，形成子叶留土，由子叶节上生出的第一对侧枝的生长便受到阻碍，直接影响产量。

2. 影响种子发芽出苗的因素

影响种子发芽出苗的因素，内因受种子活力强弱和种子休眠期的制约；外因受温度、水分和氧气的影响。

（1）种子活力　是指种子发芽的潜在能力或种胚所具有的生活力。活力强的种子不仅发芽率高、整齐，而且幼苗健壮，特别是在逆境条件下具有良好的发芽能力。

种子的成熟度、贮藏条件和贮藏时间等与种子活力都有密切关系。完全成熟的饱满的种子，含有丰富的营养物质，活力强，发芽率高，幼苗健壮；贮藏时间短、在低温干燥条件下贮藏的种子，内部物质消耗少，不易发生自热和酸化现象，种子活力强。

（2）种子休眠期　花生种子休眠期的长短与品种类型有关。珍珠豆型、多粒型的种子休眠期很短或无休眠期，收获前遇到土壤温度和湿度较高时也会发芽；普通型和龙生型的种子休眠期较长，收获后需要一定的休眠时间播种后才能发芽。产生休眠的原因有：种皮过厚透气性差；种子的后熟作用；种子内含有抑制发芽的物质如脱落酸（ABA）、羟基脯氨酸等。采取晒种、加温处理、或用乙烯利、激动素等物质处理可以打破休眠，促进发芽。

（3）温度　种子萌发要求一定的温度，不同类型品种萌发、出苗所需温度有一定差异。种子萌发的最适温度是25～30℃，当温度高于40℃时，胚根发育受阻；当温度升至46℃时，有些品种不能发芽。

花生种子一旦吸水萌动后，在－1～0℃条件下，经6～24小时，受冻率达40%～70%。

（4）水分　从发芽到出苗需吸收相当于种子重量4倍的水分；所以，播种时土壤水分相当于最大田间持水量的60%～70%为适宜，在此水分条件下，种子吸水和发芽快，出苗齐而壮。当土壤水分降至相当于最大田间持水量的40%时，种子虽能发芽，但种子吸水、发芽及发芽后根的生长、胚轴的伸长等明显变慢，并时常出现发芽后又落干的现状。但若土壤湿度过大（相当于最大田间持水量的70%以上），因氧气不足，种子呼吸困难，发芽率降低，甚至烂种。

（5）氧气　种子萌发时，呼吸作用加强，需要大量的氧气，以促使脂肪转化为糖类，蛋白质转化为氨基酸，保证幼苗正常生长。当土壤水分过多，或土壤板结，或播种过深，造成土壤缺氧时，幼苗长势弱，出土慢，甚至烂种。

（二）幼苗期

划分标准：从50%的种子出苗到50%植株第一朵花开放，这段时间为幼苗期，或称苗期。

1. 幼苗期生长特点

花生幼苗期是侧枝分生、根系生长、根瘤形成和花芽分化的主要时期。苗期的绝对生长量不大，除根系增重量较大外，其余如主茎高、叶面积、干物质积累仅达到全生育期积累量的10%左右（始花时主茎高只有4～8厘米）。

（1）根系的生长　幼苗期根系生长较快，除主根迅速伸长外，1～4次侧根相继发生；至始花时主根深度可达60厘米以上，侧根条数达100～150条，根系干重可达最大干重的26%～45%。

在根系生长的同时，根瘤亦开始大量形成。但幼苗期根瘤的固氮能力很弱，根瘤菌与花生的营养关系属寄生关系。

（2）叶的生长　幼苗期主茎长出的叶片数一般有7～9片，最多达11片。花生的第一片和第二片真叶生长的速度极快，几乎同时出现；第三片和第四片真叶每隔2天左右长出1片；第四叶真叶以后由于根瘤的形成和花芽分化需要大量养分供应，叶片生长速度变慢，每周长出1.0～1.5片叶。

（3）侧枝的形成　当主茎第三片真叶展开时，第一对侧枝开始伸出；第五片和第六片真叶展开时，第三条和第四条侧枝相继生出；当第五、第六片真叶展开时主茎上有4条分枝，呈十字状，花生的高度和宽度几乎相等，近似圆形，习惯上称为“团棵”。所以，主茎第五、第六片真叶展开时生产上称为“团棵期”。至始花时健壮的植株一般看到有6条以上的分枝（包括二次分枝）。花生幼苗期形成的侧枝为主要结果枝，这些分枝所结荚果占结果总数的80%以上。所以，花生高产栽培要求分枝早，分枝健壮，幼苗期至少要形成第一、第二对侧枝，并且要求侧枝长度不宜超过主茎。

（4）花芽分化　花生的花芽分化早而旺，同时分化期也很长。据资料报道，连续开花型的早熟品种，出苗前花芽便已开始分化；交替开花型的中熟品种，长出1~2片真叶时，也进入花芽分化期。当主茎第五、第六片真叶展开时（团棵期），第一朵花的花芽已进入减数分裂的四分体期。到第一朵花开放时，一株花生已形成60~100个花芽。

幼苗期分化的花芽特别是“团棵期”分化的花芽，多数在第一对和第二对侧枝近主茎的节位上，通常在盛花期前开放（珍珠豆型和多粒型品种始花后15~20天，普通型和龙生型品种始花后20~30天），基本上都是有效花，饱果率高。始花后分化的花芽，多为无效花。

2. 幼苗期对环境条件的要求

（1）温度　花生的幼苗期具有一定的耐寒能力，短期内能忍受4~8℃的低温，在此温度下6天仍可成活，但植株停止生长，也不利于花芽分化。适宜幼苗生长和花芽分化的温度条件为20℃左右。适当的低温能延长幼苗期，花芽分化数量多；温度高幼苗生长快，苗期短，开花期提早，但花芽分化总量减少，不利于夺取高产（春花生要求适时早播原因亦在于此）。

（2）水分　幼苗期土壤的含水量相当于最大田间持水量的50%~60%为宜。花生团棵以前（主茎五片真叶展开前）比较耐旱，土壤水分降至最大田间持水量的35%，只要花芽分化到减数分裂（主茎第六片真叶展开前）时正常供水，对产量仍无影响。“团棵期”以后，土壤含水量下降至相当于最大田间持水量的50%以下，花芽分化便受到影响，产量下降。整个苗期土壤含水量大于最大田间持水量的70%，就会造成根系发育不良，地上部生长瘦弱，影响开花结果。

（3）光照　花生是短日照作物，短日处理有促进花芽分化和提早开花的作用。因此，幼苗期应给予充足的光照和适当的短日条件，枝条生长才健壮，节间短，花芽分化多。相反，若阳光不足或田间荫蔽，植株分枝少，枝条节间长，花芽分化少，开花迟缓。

（4）矿质营养　花生幼苗期对氮、磷、钾三要素的需求量不多，分别只占总量的氮：4.7%~7.1%；五氧化二磷6.3%~8.3%；氧化钾7.4%~12.3%。但养分不可缺少，尤其是氮素养分。适施氮肥对促进分枝发生、根瘤菌的繁殖和根瘤的形成以及花芽的分化都有积极的作用。因此，高产花生栽培要求幼苗肥追施氮肥。

（5）氧气　幼苗期根瘤的形成和根系的生长都要求土壤有良好的通气条件，水分过多（土壤含水量大于最大田间持水量的70%）或土壤板结，土壤的供氧量不足，花生根系纤弱，根瘤数量少。

（三）开花下针期

划分标准：从50%植株开始开花至50%植株出现鸡头状幼果（即盛花期）这段时间称为开花下针期，简称花针期。珍珠豆型花生主茎长至8~9片真叶，普通型和龙生型花生主茎长至9~10片真叶时开始开花。

1. 开花下针期的生长特点

花针期是花生营养生长和生殖生长都比较快的时期（仅次于结荚期）。此时期，花生一方面大量开花、下针，而另一方面营养体迅速生长，干物质大量积累。

（1）花针期的营养生长　花针期是花生的营养生长比较旺盛（仅次于结荚期）的时期。

根系的生长：主根长达60厘米以上，第一次侧根达160条以上，同时发生第五次侧根，侧根的条数接近最大值。主根上形成大量有效根瘤，根瘤菌固氮能力不断增强（但仍不是最强时期），根瘤菌与花生植株的营养关系为共生关系。

茎的生长：主茎和侧枝的生长都很迅速，各个侧枝的生长先后超过主茎，分枝长度达总长度的70%~80%。

叶的生长：叶片数不断增加，出叶数达到总叶片数的50%~60%，全田开始封行（约在十叶期）

干物质积累量：达到最大干物质重的40%左右。

（2）花针期的生殖生长　花针期的生殖生长主要表现为大量开花和形成果针。开花数通常占总花量的50%~60%，形成果针数占总果针数的30%~50%，并有相当多的果针入土。花针期所开的花和所形成的果针有效率高，饱果率也高，是将来产量的主要组成部分。

开花顺序：为自下而上，由内向外依次开放。同一侧枝基部节位上同一花序的两朵花开放时间相隔1~2天；同一侧枝相邻节位上两花开放时间相隔3~4天至7~8天；愈晚开的花彼此相隔时间愈长。

开花特性："花期长 花量大，不孕花多，有效花少"是花生开花的主要特性之一。花生的花期长，花量多，花期中出现几次开花高峰，但一般只有在始花后15~20天内第一次开花高峰开放的花才有效，以后的几次开花高峰开放的花多为无效花。这是因为第一次开花高峰开放的花多集中在第一对和第二对侧枝基部4~5节以内以及第一对侧枝的第二次分枝基部几节上，这些节位的花开花早，节位低，果针容易入土，多数能形成饱果。而后期开放的花，开花迟，节位高，果针不能入土，或勉强能入土，也因时间太迟或子房生活力减弱，只能形成秕果，不能形成饱果，因此，生产上经常出现"花多果少，秕多实少"的现象。

花生下针特性：花生的果针有向地性生长把子房送入土中结果的特性。果针向地性伸长并把果针送入土中的过程称下针。花生开花受精后，花即凋谢，一般开花后3~5天就可以看见果针；开花后5~10天，低节位的果针就可以入土；果针入土后子房柄停止伸长子房开始膨大，当子房膨大形成鸡头状幼果时开花下针期结束。

2. 开花下针对环境条件的要求

开花下针期花生对环境条件的反应最敏感，需要适当的高温，湿润的空气，充足的阳光和适宜的肥水条件。

（1）温度　开花的适宜温度为日平均23~28℃，在此温度范围内，温度越高，开花量越多。当日平均温度降至21℃时，开花数量显著减少；若低于19℃时，则受精过程受阻；但日平均温度超过30℃时，开花数量也减少，受精过程受到严重影响，成针率显著降低。

（2）水分　开花下针期是花生一生中需水最多的时期，需水量占全期需水总量的

50%以上。这一时期土壤含水量相当于最大田间持水量的 60%~75%为宜，若低于 50%，开花数量显著减少，甚至开花中断，但超过 80%，也会造成茎叶徒长，开花减少。

花生果针入土除要求适宜的土壤含水量外，还要求有适当的空气湿度，湿润的空气有利于果针伸长和入土。

（3）日照　花针期适当的短日（8~9 小时日照）条件不但能提早开花，还可提高花生的花量。

花针期日照的强弱对花生的开花和植株生长也有显著的影响。光照充足，植株正常生长，节间紧凑，分枝多而健壮，花芽分化良好，花量增加，花期相对集中，有效荚果数增多，容易取得高产稳产；而光照不足，主茎增长，分枝少，易徒长，甚至倒伏，开花延迟，花期不集中，花势弱，有效荚果少，秕果多。因此，花生高产栽培，要求封行不宜过早（主茎十片真叶时封行比较适宜），花针期的叶面积也不宜过大。

（4）矿质养分　花针期营养体迅速生长，同时大量进行花芽分化和开花、下针，对矿质养分供应要求较高。植株对三要素的吸收量分别占吸收总量：N 17.0%~58.4%，P_2O_5 20.8%~58.0%，K_2O 22.25%~74.7%，早熟品种吸肥已达高峰。但此期根瘤菌固氮能力逐步加强，提供的氮素养分越来越多。因此，此期适当追施 P、K、Ca 肥，能提高根瘤菌的固氮能力，增加花生有效花数。

（四）结荚期

划分标准：果针入土后，子房膨大，发育成为荚果，这个过程叫结荚。花生从 50%植株出现鸡头状幼果（即盛花）至50%植株上出现饱果为结荚期。

结荚期的生育特性

结荚期是花生营养生长和生殖生长最旺盛的时期。

1. 结荚期的营养生长

（1）根系的生长　结荚期根系继续伸长、加粗，并不断产生新侧根。至结荚期末，主根长度和粗度基本定型，直立型品种侧根数达到一生最大值。此期，根瘤菌的固氮能力达到最强的时期。

（2）茎的生长　在结荚初期生长速度最快，约在结荚末期或稍后达高峰。

（3）叶的生长　叶面积系数在结荚初期达 3 左右，约在结荚中期达最大值，南方珍珠豆型品种叶面积系数在 5.0 左右，北方普通型大花生 4.5~5.5，并维持到结荚末期；以后由于下部叶片衰老脱落而迅速下降。

（4）干物质积累量　达到一生中的最高值，干物质积累量占总量的 50%~70%。

2. 结荚期的生殖生长

结荚期是荚果形成的重要时期。在正常情况下，开花量逐渐减少，大批果针入土发育成幼果和秕果，荚果也开始显著增重。此时期所形成的荚果数，一般占总果数的 60%~70%，有的甚至达 90%以上；荚果的增重量可达最后果重的 30%~40%，有的可达 50%以上。

花生的结荚具有明显的不一致性。具体表现在：①结荚时间不一致，有早有迟，早入土的果针早结荚，迟入土的果针迟结荚，因此，收获时，成熟荚果和非成熟荚果共存，成熟度很不一致。②荚果的质量不一致，收获时荚果中有饱果、秕果、幼果；有双仁果、单仁果、多仁果；有大果、中果、小果，因此，果与果间的含油率、蛋白质含量、果重等相差很大。

3. 花生结荚对环境条件的要求

花生是地上开花地下结荚的作物，荚果发育对环境条件有特殊的要求。花生荚果发育需要的条件主要有：黑暗、机械刺激、水分、温度、氧气、结荚层的矿质营养以及有机营养供应等。

（1）黑暗　黑暗是花生结荚的首要条件，受精子房必须在黑暗的条件下才能膨大。在大田条件下，果针必须入土才能膨大，悬空的果针因缺少黑暗条件始终不能膨大形成荚果。即使入土的果针子房已开始膨大，但因人为措施使子房已膨大的果针露出土面后，子房便停止进一步发育，不能形成荚果。生产上通常见到在培土前进行除草时，不慎把早入土的果针或幼果露出土面，以后即使培土再将它们埋入土中，这些果针或幼果再不能继续发育。

（2）机械刺激　也是荚果正常发育的必要条件。没有机械刺激，即使其他条件均满足，子房能膨大，但荚果发育不正常。试验指出，将花生果针伸入一暗室中，并定时喷洒水分和营养液，使果针处于黑暗、湿润、有空气和矿质营养等条件下，子房虽能膨大，但发育不正常。说明土壤机械刺激是荚果发育的条件之一。

（3）水分　结荚区的土壤含水量对荚果的形成和发育有重要的影响。结荚期结荚区干燥时，即使根系能吸收足够的水分，荚果也不能正常发育，荚果小或出现畸形果，产量明显下降。结荚期结荚层的土壤含水量相当于最大田间持水量的60%~70%为宜；>70%，水分过多，容易烂果；<40%荚果膨大受影响。

（4）氧气　荚果发育需要充足的氧气，如果土壤水分过多，荚果发育缓慢，甚至出现烂果烂柄。结荚期结荚层的土壤含水量为田间持水量的60%~70%为宜；此外，土壤过于板结，也不利于荚果发育。

（5）温度　荚果发育所需时间长短以及发育的好坏，与温度高低有密切关系。一般认为，荚果发育的最适宜温度为25~30℃，低于20℃发育缓慢，低于15℃停止发育，但温度高于37~39℃荚果的发育也受影响。

（6）矿质营养　结荚期是花生对矿质营养吸收最旺盛的时期。其中吸收的N占全生育期的23.7%~53.8%；P_2O_5占全生育期的15.5%~64.7%；K_2O占全生育期的12.4%~66.3%。吸收的养分集中供应荚果发育的需要。

除了根系能吸收养分外，果针和荚果也具有吸收矿质营养的能力，现已证明，N、P、K等大量元素可由根、茎等运向荚果，但结荚区缺乏N或P，对荚果发育仍有较大的影响。因此，结荚区土壤矿质养分供应状况与荚果发育有密切关系，结荚区缺Ca，不但秕果增多，而且会产生空果。

（7）有机营养供应状况　保持后期绿叶不早衰和植株不徒长，是提高花生饱果率、提高花生产量的重要条件之一。

（五）饱果期

划分标准：饱果期又称饱果成熟期，从50%植株出现饱果至荚果饱满成熟收获这段时间为饱果成熟期。

1. 饱果成熟期的生育特性

饱果期茎叶的增重接近停止，绿叶面积迅速减少，叶面积指数迅速下降；根瘤停止固氮，茎叶中的营养元素大量向荚果运转。荚果迅速增重，这段时间所增加的果重一般占总果重的50%~70%，是花生荚果产量形成的主要时期。

荚果的发育过程：花生荚果的发育过程可分为两个阶段，即荚果膨大阶段和荚果充实阶段。

（1）荚果膨大阶段 从形成鸡头状幼果至荚果大小基本定型这段时间为荚果膨大阶段。主要表现为荚果体积急剧增大，荚果基本定型，但荚果的含水量多，内含物多为可溶性糖，油分很少，果壳木质化程度低，前室网纹化不明显，荚壳光滑，白色，籽仁尚无经济价值。

（2）荚果充实阶段 从荚果大小基本定型至干重增长基本停止增长这段时间为荚果充实阶段。主要表现为荚果干重（主要是种子干重）迅速增加，糖分减少，含油量显著提高，外观上果壳亦逐渐变厚变硬，网纹明显，种皮逐渐变薄，显现出品种本色。

2. 饱果成熟期对环境条件的要求与结荚期相同

四、花生产量的形成

花生产量一般指单位面积内荚果的重量。

花生产量（千克/亩）=（每亩株数×单株荚果数×百果重）$\times 10^{-5}$

单位面积株数是决定产量的主导因数，主要受播种量、出苗率和成株率影响。

单株荚果数是一个最不稳定的因素，变幅很大，少者只有3~5个，一般10~20个，多者几十个。主要受第一、第二对侧枝发育状况，花芽分化状况以及受精结实率的影响。

果重主要决定于荚果内种子的粒数和粒重。其中，粒重与果针入土迟早和结荚期、饱果期营养的供应有关。

第三节 花生的科学施肥技术

根据花生需肥的特点进行科学施肥，能充分满足花生对养分的需求，最大限度地发挥肥料效应，可提高花生产量和品质。

一、花生需肥的特点

1. 氮素营养

氮素主要是参与复杂的蛋白质、叶绿素、磷脂等含氮物质的合成，促进枝多叶茂、多开花，多结果，以及荚果饱满。若氮素缺乏，花生叶色淡黄或白色，茎色发红，根瘤减少，植株生长不良，产量降低。但氮素过多，又会出现徒长倒伏现象，也会降低花生的产量及其品质。

2. 磷素营养

磷素主要参与脂肪和蛋白质的合成，促使种子萌发生长，促进根和根瘤的生长发育，同时能增强花生的幼苗耐低温和抗旱能力，以及促进开花受精和荚果的饱满。缺磷就会造成氮素代谢失调，植株生长缓慢，根系、根瘤发育不良，叶片呈红褐色，晚熟且不饱满，出米率低。

3. 钾素营养

钾素参与有机体各种生理代谢，提高光合作用强度，加速光合产物向各器官运转，并能抑制茎叶的徒长，延长叶片寿命，增强植株的抗病耐旱能力，同时也能促进花生与根瘤的共生关系。缺钾会使花生体内代谢机能失调，呈暗绿色，边缘干枯，妨碍光合作用的进行，影响有机物的积累和运转。

4. 钙素营养

钙素能促进花生根系和根瘤的发育，促进荚果的形成和饱满，减少空壳，提高饱果率。同时钙素能调节土壤酸度，改善花生的营养环境，促进土壤微生物的活动。缺钙则植株生长缓慢，空壳率高，产量低。

此外，花生对各种微量元素虽然需要量不大，但也很重要。钼有利于蛋白质的合成，并在根瘤菌固氮过程中起催化剂作用，是根瘤菌发育不可缺少的元素，缺钼则根瘤菌失去固氮能力。铁能参与作物体内的氧化还原反应。并参与叶绿体蛋白质的合成，花生缺铁叶绿素不能形成，新生叶片成白色，茎叶生长都受到抑制。锰对氧化作用有影响，能促进茎叶健壮，增加植株的抗寒力。硼能促进对钙素的吸收，并对输导系统和受精结果有重要作用，缺硼可使输导作用失调，同化作用、根系发育、根瘤形成也会受到影响。硫也是参与蛋白质合成的元素之一，缺硫则叶片色泽暗淡，甚至变白，影响蛋白质的合成。

二、花生的施肥技术

根据花生需肥特点。合理选用各种肥料配合施用，可提高花生产量和改善品质。花生施肥应掌握以有机肥料为主，化肥为辅；基肥为主，追肥为辅；花生基肥施用量一般应占施肥总量的70%~80%，以腐熟的有机质肥料为主，配合过磷酸钙、氯化钾、石灰等无机肥料。基肥的氮、磷、钾可按1∶1∶2的比例施用。过磷酸钙要提早15~20天以上与腐熟土杂肥堆沤，以利于提高磷肥的肥效，追肥以苗肥为主，苗期3~5叶期施用速效性氮肥，对促进分枝早发壮旺和增加花、荚数等方面有良好的效果。一般每亩用尿素5~6千克，或用人畜粪水1 500~2 000千克。如果基肥充足，幼苗生长健康，苗肥可考虑不施或少施，迟施。施肥时期可推迟至主茎有5~6片复叶（团棵期）进行。花针肥可在开花盛期，大量果针入土前（始花后20天左右），每亩用100~150千克腐熟有机肥，拌石灰15~25千克，过磷酸钙5~10千克，草木灰50~100千克，撒施于花生垄上，然后培土使P、K、Ca肥掩埋入结果层内，以满足花生果针入土对上述养分的需要，也可以在花针期每亩用2%~3%的过磷酸钙液加15克钼酸铵对水60千克喷雾，喷1~2次，提高结实率。

第四节　花生播种与种植技术

一、轮作与土壤条件

花生不耐连作。重茬花生表现棵小叶黄，早落叶、病虫多、果少果小。合理轮作对防治花生枯萎病（包括青枯病、冠腐病）具有良好的效果。花生地上开花地下结荚，良好的花生田应耕作层深厚、结荚层疏松、肥力较高等基本条件。

二、品种选用与种子准备

播前晒种，适时剥壳播种前带壳晒种1~2天，最好在土晒场上晒，以免高温损伤种子。在剥壳前应进行发芽试验，以测定种子的发芽势和发芽率。应在播种前1~2天剥壳，随剥随播，避免过早剥壳使种子吸水受潮、病菌感染或机械损伤。剥壳后应把杂种、秕粒、小粒、破种粒、感染病虫害和有霉变特征的种子拣出，特别要拣出种皮有局部脱落或子叶轻度受损伤的种子。

药剂拌种，播种时，用0.3%多菌灵和0.5%菲酮等杀菌剂拌种，可以防止或减轻病害；用2%~3%氯丹乳油等药剂拌种，对防治地下害虫和鸟兽为害有良好效果。用根瘤菌剂和钼肥拌种能加速根瘤形成，增强花生的固氮作用。

三、适时播种

应根据品种特性和当地气候变化规律来确定适宜的播期。在适期播种范围内早播，对充分利用有效积温条件提高成果率，具有重要意义。秋花生主要考虑后期低温干旱时对荚果成熟的不利影响，应尽量使秋花生在18℃以上的温度条件下成熟，以利荚果充实饱满。

河南春花生在清明至谷雨之间播种，麦套花生在谷雨至立夏之间播种。花生播种的质量应满足苗全、苗齐、苗壮的要求。苗全即出苗率在90%以上；苗齐即能发芽的种子在始苗3~4天全出齐；苗壮即出苗时子叶露土或半露土，第一片展开叶的叶柄长，叶片大，叶色鲜绿。为保证全苗，提高单产，当花生出苗后3~4天，宜及时查苗补苗，补种的种子宜先浸种催芽，以尽可能赶上早播的大苗生长速度。

四、种植密度与方式

花生合理密植的密度范围掌握在结果期封行为宜，合理密植的花生长相总的要求是“肥地不倒秧，薄地能封行”。在生育期长，植株高大，分枝性强、蔓生型品种，以及高温多雨、土壤肥沃、管理水平高的条件下应适当稀植。反之则密一些。

确定花生行、穴距的原则是既要充分利用地力光能，又要便于行间、株间通风透光。为便于田间中耕，一般行距不应小于25~35厘米；在肥力高的田块，中后期通风透光的矛盾较大，在缩小密度的同时，应适当放宽行距（或宽窄行），但穴距一般不小于 16.5 厘米。目前花生行距一般 33～53 厘米。

花生的播种方式有双粒条播、单粒条播、小丛穴播、宽窄行、宽行窄株等。一般每穴播种 2～3 粒，播种深度以 5 厘米为宜。

五、水分及管理

花生有较强的耐旱能力，不同生育阶段需水总趋势是两头少，中间多，即幼苗和饱果期需水较少，开花结果期需水多。花生需水临界期为盛花期，需水最多的时期为结荚期。即盛花期是花生一生对水分最敏感时期，一旦缺水，对花生产量造成的损失最大，而结荚期为花生一生需水最多时期，缺水干旱造成的产量损失很大。这两个生育期要保证水分供应，不能缺水。

不同生育期水分管理的要求不同。可概括为“燥苗、湿花、润荚”。就是苗期宜少，土壤适当干燥，促进根系深扎和幼苗矮壮；花针期宜多水，土壤宜较湿，促进开花下针；结荚期土壤润，既满足荚果发育需要，又防止水分过多引起茎叶徒长和烂果烂吊。据此，苗期土壤水分控制在田间最大持水量的 50%左右，花针期 70%左右，结荚期 60%左右，饱果期 50%左右较为适宜。

六、田间管理

1. 蹲苗

蹲苗也叫炼苗，是指幼苗期控制水分，抑制地上部分生长，促进根系下扎，以利形成矮壮苗的技术。当恢复供水后，第二对侧枝较易赶上第一对侧枝的生长，植抹更为整齐一致，并发挥这两对侧枝的增产作用，也有利于防止后期倒伏。蹲苗一般在幼苗 4 片真叶时进行，以干旱不影响正常生理活动为度，生长瘦弱的幼苗不宜进行。

2. 清棵

清棵是为解决花生深播全苗及第一对侧枝被埋在土内而影响结荚所采取的技术措施，清棵比不清棵可增产 10%以上。清棵的时间应在基本齐苗时进行，结合第一次中耕除草，用小锄头将花生幼苗周围的土扒开，让两片子叶和侧芽露土见光抑制节间的伸长，使第一对侧枝发育健壮，减少基部几节及其上的二次分枝的果针入土距离。15～20 天以后将扒开的泥土埋窝，培土迎针。

3. 中耕除草

中耕并进行小培土，可缩短果针与地面的距离，为下针和结荚创造松软的土壤条件，提高结荚率和饱果率。中耕培土一般进行 2～3 次，在封行前完成。第一次中耕应在基本齐苗后清棵前进行，要求深锄。第二次中耕宜在清棵后 15～20 天进行，要求浅锄，此时是灭草的关键。第三次中耕在群体接近封行，大批果针入土之前进行，要求深锄、细锄，不要松动入土果针和碰伤结果枝，紧接着进行培土，以利于果针顺利入土结荚。

花生使用化学除草剂除草，正日益普遍。花生地的杂草主要有马唐、稗草、马齿苋、野苋菜、罗汉草、莎草、白头翁、辣蓼、蟋蟀草和香附子等。在这些杂草中，靠种子传代的其种子量相当大，靠根茎传代的其繁殖力特别强。采用化学除草剂，比人工除草更节省劳力，效果较好。花生地的化学除草剂主要有：丁草胺、五氯酚钠、敌草隆、除草醚、除草剂1号、甲草胺（拉索）、恶草灵、扑草净、草甘膦等。一般在播种后至发芽前将除草剂均匀喷洒在土壤表面。

七、收获与贮藏

1. 适时收获

植株停止生长，下部叶片由绿变黄并开始脱落，多数荚果网纹明显，种仁饱满，种皮具有该品种的色泽时，即为成熟的标志，此时可进行收获。

2. 及时晒干

花生成熟以后如不及时收获，种子会在地里萌动发芽。应选择晴天进行抢收，并边脱粒边晾晒，及时把荚果晒干入库，以免掉粒发芽、霉坏变质而降低产量。

3. 安全贮藏

花生安全贮藏的荚果含水量为7%~9%；直接鉴定的方法是：手摇荚果响声坚脆，咬食种仁感到硬脆，手搓种仁种衣即脱。花生贮藏过程中，为防止霉变、虫蛀、鼠咬，要定期检查。如发现种子水分、温度超过安全界限时，必须在晴天或空气干燥时打开门窗通气或晾晒。种用花生以存放荚果为好，果壳可以起到防湿保暖的作用，留种花生剥壳时间距播种越近越好。

第七章　大　豆

第一节　概　述

一、大豆生产在国民经济中的意义

（一）大豆的营养价值

大豆既是蛋白质作物，又是油料作物。大豆籽粒约含蛋白质40%、脂肪20%、碳水化合物30%。大豆可加工成多种多样的副食品。大豆营养价值很高，每千克大豆产热量17 207.7千焦耳。大豆蛋白是我国人民所需蛋白质的主要来源之一，含有人体必需的8种氨基酸，尤其是赖氨酸含量居多，大豆蛋白质是“全价蛋白”。近代医学研究表明，豆油不含胆固醇，吃豆油可预防血管动脉硬化。大豆含丰富的维生素 B_1、维生素 B_2、烟酸，可预防由于缺乏维生素、烟酸引起的癞皮病、糙皮病、舌炎、唇炎、口角炎等。大豆的碳水化合物主要是乳糖、蔗糖和纤维素，淀粉含量极小，是糖尿病患者的理想食品。大豆还富含多种人体所需的矿物质。

（二）大豆的工业利用

大豆是重要的食品工业原料，可加工成大豆粉、组织蛋白、浓缩蛋白、分离蛋白。大豆蛋白已广泛应用于面食品、烘烤食品、儿童食品、保健食品、调味食品、冷饮食品、快餐食品、肉灌食品等的生产。大豆还是制作油漆、印刷油墨、甘油、人造羊毛、人造纤维、电木、胶合板、胶卷、脂肪酸、卵磷脂等工业产品的原料。

（三）大豆的其他用途

1. 大豆是重要的饲料作物

豆饼是牲畜和家禽的理想饲料。大豆蛋白质消化率一般比玉米、高粱、燕麦高26%~28%，易被牲畜吸收利用。以大豆或豆饼作饲料，特别适宜猪、家禽等不能大量利用纤维素的单胃动物。大豆秸秆的营养成分高于麦秆、稻草、谷糠等，是牛、羊的好粗饲料。豆秸、豆秕磨碎可以喂猪，嫩植株可作青饲料。

2. 大豆在作物轮作制中占有重要的地位

大豆根瘤菌能固定空气中游离氮素，在作物轮作制中适当安排种植大豆，可以把用地养地结合起来，维持地力，使连年各季均衡增产。用根瘤菌固定空气中的氮素，既可节约生产化肥的能源消耗，又可减少化肥对环境的污染。

二、大豆的起源和分布

（一）大豆的起源

大豆起源于我国，已为世界所公认。我国商代甲骨文中已有“大豆”。汉代司马迁（公元前145年至前93年）在其编撰的《史记》中即提及轩辕黄帝时“艺五种”（黍稷菽麦稻），菽就是大豆。成书于春秋时代的《诗经》中有“中原有菽，庶民采之”，“五月烹葵及菽”等描述。在考古发掘中也发现了古代的大豆。1959年山西省侯马县发掘出多颗大豆粒，经碳14测定，距今已有2 300年，系战国时代的遗物。栽培大豆究竟起源于我国何地呢？对此，学者们有不同的看法。吕世霖（1963）指出，古代劳动人民的生产活动是形成栽培大豆的关键，并提出栽培大豆起源于我国的几个地区。王金陵等（1973）也认为，大豆在我国的起源中心不止一个，而是多源的。徐豹等（1986）比较研究了野生大豆和栽培大豆对昼夜变温和光周期的反应，证实N35°的野生大豆与栽培大豆之间的差别最小；品质化学分析结果也表明，我国N34°~35°地带野生大豆与栽培大豆的蛋白质含量最为接近；种子蛋白质的电泳分析又证明，胰蛋白酶抑制剂Tai等位基因的频率，栽培大豆为100%，而野生大豆中只有来源于N32°~37°才是100%，与栽培大豆相同。基于以上三点，说明大豆应起源于黄河流域。

（二）我国大豆的分布和种植区划

大豆品种经我国劳动人民长期的驯化培育，目前，除在高寒地区>10℃年活动积温在1 900℃以下或降水量在250毫米以下无灌溉条件地区不能种植外，凡有农耕的地方几乎都有大豆的种植，尤以黄淮海平原和松辽平原最为集中，东北的黑、吉、辽三省和华北及豫、鲁、皖、苏、冀等地，长期以来是我国大豆的生产中心。生产较集中的还有陕、晋两省，甘肃省河套灌区、长江流域下游地区、钱塘江下游地区、江汉平原、鄱阳湖和洞庭湖平原、闽粤沿海、台湾西南平原等。

我国大豆分布很广，从黑龙江边到海南岛，从山东半岛到新疆伊犁盆地均有大豆栽培。根据自然条件、耕作栽培制度，我国大豆产区可划分为5个栽培区。

1. 北方一年一熟春大豆区

本区包括东北各省，内蒙古（自治区）及陕西、山西、河北三省的北部，甘肃大部，青海东北和新疆部分地区。该区可进一步划分为如下4个副区。

（1）东北春大豆区　是我国最主要的大豆产区，集中分布在松花江和辽河流域的平原地带。东北大豆，产量高、品质好，在国际上享有很高的声誉。

（2）华北春大豆区　包括河北中北部，山西中部和东南部，以及陕西渭北等地区。华北春大豆区的范围大体上与晚熟冬麦区相吻合，当地以二年三熟制为主。

（3）西北黄土高原春大豆区　包括河北、山西、陕西三省北部以及内蒙古、宁夏、甘肃、青海。这一地区气候寒冷，土质瘠薄，大豆品种类型为中、小粒，椭圆形黑豆或黄豆。

（4）西北春大豆灌溉区　包括新疆和甘肃部分地区。年降水量少，土壤蒸发量大，种植大豆必须灌溉。由于日光充足又有人工灌溉条件，单位面积产量较高，百粒重也高。

2. 黄淮流域夏大豆区

本区包括山东、河南两省，河北南部、江苏北部、安徽北部、关中平原、甘肃南部和山西南部、北临春大豆区，南以淮河、秦岭为界。黄淮夏大豆区又可划分为两个副区：

（1）黄淮平原夏大豆区　包括河北南部、山东全部，江苏、安徽北部，河南东部。当地实行两年三熟或一年两熟。夏大豆一般于6月中旬播种，9月下旬至10月初收获。生长期短，需采用中熟或早熟品种。

（2）黄河中游夏大豆区　包括河南西部、山西南部、关中和陇东地区。本地区气候条件与黄淮平原相似，只是年降水量较少。小粒椭圆品种居多，另有部分黑豆。

3. 长江流域夏大豆区

本区包括河南南部，汉中南部，江苏南部，安徽南部，浙江西北部，江西北部，湖南，湖北，四川大部，广西、云南北部。当地生长期长，一年两熟，品种类型繁多。以夏大豆为主，但也有春大豆和秋大豆。

4. 长江以南秋大豆区

本区包括湖南、广东东部，江西中部和福建大部。当地生长期长，日照短，气温高。大豆一般在8月早中稻收后播种，11月收获。

5. 南方大豆两熟区

包括广东、广西、云南南部。气温高，终年无霜，日照短。在当地栽培制度中，大豆有时春播，有时夏播，个别地区冬季仍能种植。11月播种，翌年3~4月收获。

三、世界和我国大豆生产概况

（一）世界大豆生产概况

大豆是近几十年来种植面积增加最快、产量增长最多的作物。1986年与1949年相比，全世界小麦面积增加37.2%，水稻增加60.1%，而大豆增加3倍有余。同期，小麦总产量增长207.1%，水稻增长203.6%，而大豆增长579.0%。据统计，1998年全世界大豆种植面积为7 441.2万公顷其中美国2 850.7万公顷，占38.3%；巴西1 300万公顷，占17.5%；阿根廷860万公顷，占11.6%；中国850万公顷，占11.4%。同年，世界4个大豆主产国的单产为：美国2 617千克/公顷，巴西2 500千克/公顷，阿根廷2 465千克/公顷，中国1 782千克/公顷。1998年世界大豆总产量为15 983万吨，美国大豆的总产量为7 503万吨，占世界总产量的46.9%。相应地，巴西3 450万吨，占21.6%；阿根廷2 120万吨，占13.3%；中国1 515万吨，占9.5%。世界大豆生产发展迅速的根本原因在于，各国对植物蛋白的需求增长，大豆深加工日益加强，综合利用日益扩大。许多国家对大豆及其产品的生产和出口采取鼓励政策，加强大豆育种、栽培、加工的科学研究，增加大豆生产的物资投入等也都推动了大豆产业的发展。

（二）我国大豆生产概况

20世纪90年代中后期以来，尽管我国的大豆种植面积时有波动，但由于单产的提高，使大豆总产维持相对稳定。与发达国家相比，我国大豆的单位面积产量不高，其主要原因并不在于品种的产量潜力低，而在于生产条件较差，栽培技术推广不够。在生产实践中，只要品种选用适宜，栽培技术措施运用得当，大豆大面积平均产量是可以达到3 000千克/公顷或更高的。例如，黑龙江省1990～1991年在地处北纬46°58’～49°12’的高寒地区推广大豆配套高产技术，两年内在1.6万公顷试验田上获得了平均3 151.5千克/公顷的高额产量。1991年山东省菏泽地区0.23万公顷夏大豆开发试验，平均产量达3 163.5千克/公顷。安徽省阜阳市邵营乡0.13万公顷夏大豆平均产量3 048千克/公顷。1992年江苏省灌云县国兴镇83.3公顷连片种植的夏大豆平均产量3 402千克/公顷。

2000年在辽宁省农业科学院和沈阳农业大学大豆超高产课题组的指导下，海城市南台镇树林子村孙永富的0.3公顷辽21051大豆高产田，除去边行，选择长势较好的地块，经国家攻关验收专家组当场收割、脱粒、清选、称重，折水13%，单产达4 923千克/公顷，达到了国家“九五”攻关4 875千克/公顷的指标。展现出大豆的高产前景。

第二节　大豆栽培的生物学基础

一、大豆的形态特征

（一）根和根瘤

1. 根

大豆根系由主根、支根、根毛组成。初生根由胚根发育而成，并进一步发育成主根。支根在发芽后3～7天出现，根的生长一直延续到地上部分不再增长为止。在耕层深厚的土壤条件下，大豆根系发达，根量的80%集中在5～20厘米土层内，主根在地表下10厘米以内比较粗壮，愈向下愈细，几乎与支根很难分辨，入土深度可达60～80厘米。支根是从主根中柱鞘分生出来的。一次支根先向四周水平伸展，远达30～40厘米，然后向下垂直生长。一次支根还再分生二三次支根。根毛是幼根表皮细胞外壁向外突出而形成的。根毛寿命短暂，大约几天更新一次。根毛密生使根具有巨大的吸收表面（一株约100平方米）。

2. 根瘤

在大豆根生长过程中，土壤中原有的根瘤菌沿根毛或表皮细胞侵入，在被侵入的细胞内形成感染线，根瘤菌进入感染线中，感染线逐渐伸长，直达内皮层，根瘤菌也随之进入内皮层。在内皮层根菌瘤的后产物诱发细胞进行分裂，形成根瘤的原基。大约在侵入后1周，根瘤向表皮方向隆起，侵入后2周左右，皮层的最外层形成了根瘤的表皮，皮层的第二层成为根瘤的形成层，接着根瘤的周皮、厚壁组织层及维管束也相继分化出来。根瘤菌在根瘤中变成类菌体。根瘤细胞内形成豆血红蛋白，根瘤内部呈红色，此时根瘤开始具固氮能力。

3. 固氮

类菌体具有固氮酶。固氮过程的第一步是由钼铁蛋白及铁蛋白组成的固氮酶系统吸收分子氮。氮（N_2）被吸收后，两个氮原子之间的三价键被破坏，然后被氢化合成

NH_3。NH_3 与 α-酮戊二酸结合成谷氨酸，并以这种形态参与代谢过程。大豆植株与根瘤菌之间是共生关系。大豆供给根瘤糖类，根瘤菌供给寄主氨基酸。有人估计，大豆光合产物的12%左右被根瘤菌所消耗。对于大豆根瘤固氮数量的估计差异很大。张宏等根据结瘤、不结瘤等位基因系的比较，用 15N 同位素等手段测得，一季大豆根瘤菌共生固氮数量为 96.75 千克/公顷。这一数量为一季大豆需氮量的 59.64%。一般地说，根瘤菌所固定的氮可供大豆一生需氮量的 1/2~3/4。这说明，共生固氮是大豆的重要氮源，然而单靠根瘤菌固氮不能满足其需要。据研究，当幼苗第一对真叶时，已可能结根瘤，2 周以后开始固氮。植物生长早期固氮较少，自开花后迅速增长，开花至籽粒形成阶段固氮最多，约占总固氮量的 80%，在接近成熟时固氮量下降。关于有效固氮作用能维持多久，目前尚无定论。大豆鼓粒期以后，大量养分向繁殖器官输送，因而使根瘤菌的活动受到抑制。

（二）茎

大豆的茎包括主茎和分枝。茎发源于种子中的胚轴。下胚轴末端与极小的根原始体相连；上胚轴很短，带有两片胚芽、第一片三出复叶原基和茎尖。在营养生长期间，茎尖形成叶原始体和腋芽，一些腋芽后来长成主茎上的第一级分枝。第二级分枝比较少见。大豆栽培品种有明显的主茎。主茎高度在 50~100 厘米，矮者只有 30 厘米，高者可达 150 厘米。茎粗变化较大，直径在 6~15 毫米。主茎一般有 12~20 节，但有的晚熟品种多达 30 节，有的早熟品种仅有 8~9 节。

大豆幼茎有绿色与紫色两种。绿茎开白花，紫茎开紫花。茎上生茸毛，灰白或棕色，茸毛多少和长短因品种而异。

大豆茎的形态特点与产量高低有很大的关系。据吉林省农业科学院研究，株高与产量的相关系数 $r=0.8304$，茎粗与产量的相关系数 $r=0.5161$。对亚有限品种来说，株高与茎粗的比值在 80~120 的产量稳定。主茎节数与产量相关也颇显著。有资料表明，单株平均节间长度达 5 厘米，是倒伏的临界长度。

按主茎生长形态，大豆可概分为蔓生型、半直立型、直立型。栽培品种均属于直立型。大豆主茎基部节的腋芽常分化为分枝，多者可达 10 个以上，少者 1~2 个或不分枝。分枝与主茎所成角度的大小、分枝的多少及强弱决定着大豆栽培品种的株型，按分枝与主茎所成角度大小，可分为张开、半张开和收敛三种类型。按分枝的多少、强弱，又可将株型分为主茎型、中间型、分枝型 3 种。

（三）叶

大豆叶有子叶、单叶、复叶之分。子叶（豆瓣）出土后，展开，经阳光照射即出现叶绿素，可进行光合作用。在出苗后 10~15 天内，子叶所贮藏的营养物质和自身的光合产物对幼苗的生长是很重要的。子叶展开后约 3 天，随着上胚轴伸长，第二节上先出现 2 片单叶，第三节上生出一片三出复叶。

大豆复叶由托叶、叶柄和小叶三部分组成。托叶一对，小而狭，位于叶柄和茎相连处两侧，有保护腋芽的作用。大豆植株不同节位上的叶柄长度不等，这对于复叶镶嵌和合理利用光能有利。大豆复叶的各个小叶以及幼嫩的叶柄能够随日照而转向。大豆小叶的形状、大小因品种而异。叶形可分为椭圆形、卵圆形、披针形和心脏形等。有的品种的叶片形状、大小不一，属变叶型。叶片寿命30~70天，下部叶变黄脱落较早，寿命最短；上部叶寿命也比较短，因出现晚却又随植株成熟而枯死；中部叶寿命最长。

除前面提及的子叶、复叶外，在分枝基部两侧和花序基部两侧各有一对极小的尖叶，称为前叶，已失去叶的功能。

（四）花和花序

大豆的花序着生在叶腋间或茎顶端，为总状花序。一个花序上的花朵通常是簇生的，俗称花簇。每朵花由苞片、花萼、花冠、雄蕊和雌蕊构成。苞片有两个，很小，呈管形。苞片上有茸毛，有保护花芽的作用。花萼位于苞片的上方，下部联合呈杯状，上部开裂为5片，色绿，着生茸毛。花冠为蝴蝶形，位于花萼内部，由5个花瓣组成。5个花瓣中上面一个大的叫旗瓣，旗瓣两侧有两个形状和大小相同的翼瓣；最下面的两瓣基部相连，弯曲，形似小舟，叫龙骨瓣。花冠的颜色分白色、紫色两种。雄蕊共10枚，其中，9枚的花丝连呈管状，1枚分离，花药着生在花丝的顶端，开花时，花丝伸长向前弯曲，花药裂开，花粉散出。一朵花的花粉约有5 000粒。雌蕊包括柱头、花柱和子房三部分。柱头为球形，在花柱顶端，花柱下方为子房，内含胚珠1~4个，个别的有5个，以2~3个居多。

大豆是自花授粉作物，花朵开放前即完成授粉。花序的主轴称花轴。大豆花轴的长短、花轴上花朵的多少因品种而异，也受气候和栽培条件的影响。花轴短者不足3厘米，长者在10厘米以上。现有品种中花序有的长达30厘米（如凤交66-12）。

（五）荚和种子

大豆荚由子房发育而成。荚的表皮被茸毛，个别品种无茸毛。荚色有黄、灰褐、褐、深褐以及黑等色。豆荚形状分直形、弯镰形和弯曲程度不同的中间形。有的品种在成熟时沿荚果的背腹缝自行开裂（炸裂）。

大豆荚粒数各品种有一定的稳定性。栽培品种每荚多含2~3粒种子。荚粒数与叶形有一定的相关性。有的披针形叶大豆，四粒荚的比例很大，也有少数五粒荚；卵圆形叶、长卵圆形叶品种以2~3粒荚为多。

成熟的豆荚中常有发育不全的籽粒，或者只有一个小薄片，通称秕粒。秕粒率常在15%~40%。秕粒发生的原因是，受精后结合子未得到足够的营养。一般先受精的先发育，粒饱满；后受精的后发育，常成秕粒。在同一个荚内，先豆由于先受精，养分供应好于中豆、基豆，故先豆饱满，而基豆则常常瘦秕。开花结荚期间，阴雨连绵，天气干旱均会造成秕粒。鼓粒期间改善水分、养分和光照条件有助于克服秕粒。

种子形状可分为圆形、卵圆形、长卵圆形、扁圆形等。种子大小通常以百粒重表示。百粒重5克以下为极小粒种，5~9.9克为小粒种，10~14.9克为中小粒种，15~19.9克为中粒种，20~24，9克为中大粒种，25~29.9克为大粒种，30克以上为特大粒种。籽粒大小与品种和环境条件有关。东北大豆引到新疆种植，其百粒重可增加2克左右。种皮颜色与种皮栅栏组织细胞所含色素有关。可分为黄色、青色、褐色、黑色及双色5种，以黄色居多。种脐是种子脱离珠柄后在种皮上留下的疤痕。在种脐的靠近下胚轴的一端有珠孔，当发芽时，胚根由此出生；另一端是合点，是珠柄维管束与种脉连接处的痕迹。脐色的变化可由无色、淡褐、褐、深褐到黑色。圆粒、种皮金黄色、有光泽、脐无色或淡褐色的大豆最受市场欢迎：但脐色与含油量无关。

种皮共分三层：表皮、下表皮和内薄壁细胞层。由于角质化的栅栏细胞实际上是不透空气的，种脐区（脐间裂缝和珠孔）成为胚和外界之间空气交换的主要通道。

胚由两片子叶、胚芽和胚轴组成。子叶肥厚，富含蛋白质和油分，是幼苗生长初期的养分来源。胚芽具有一对已发育成的初生单叶。胚芽的下部为胚轴。胚轴末端为胚根。有的大豆品种种皮不健全，有裂缝，甚至裂成网状，致使种子部分外露。气候干旱或成熟后期遇雨也常造成种皮破裂。有的籽粒不易吸水膨胀，变成“硬粒”，是由于种皮栅栏组织外面的透明带含有蜡质或栅栏组织细胞壁硬化。土壤中钙质多，种子成熟期间天气干燥往往使硬粒增多。

二、大豆的类型

（一）大豆的结荚习性

大豆的结荚习性一般可分为无限、有限和亚有限三种类型。基本上是前两种类型。

1. 无限结荚习性

具有这种结荚习性的大豆茎秆尖削，始花期早，开花期长。主茎中、下部的腋芽首先分化开花，然后向上依次陆续分化开花。始花后，茎继续伸长，叶继续产生。如环境条件适宜，茎可生长很高。主茎与分枝顶部叶小，着荚分散，基部荚不多，顶端只有1~2个小荚，多数荚在植株的中部、中下部，每节一般着生2~5个荚。这种类型的大豆，营养生长和生殖生长并进的时间较长。

2. 有限结荚习性

这种结荚习性的大豆一般始花期较晚，当主茎生长不久，才在茎的中上部开始开花，然后向上、向下逐步开花，花期集中。当主茎顶端出现一簇花后，茎的生长终结。茎秆不那么尖削。顶部叶大，不利于透光。由于茎生长停止，顶端花簇能够得到较多的营养物质，常形成数个荚聚集的荚簇，或成串簇。这种类型的大豆，营养生长和生殖生长并进的时间较短。

3. 亚有限结荚习性

这种结荚习性介乎以上两种习性之间而偏于无限习性。主茎较发达。开花顺序由下而上。主茎结荚较多，顶端有几个荚。

大豆结荚习性不同的主要原因在于大豆茎秆顶端花芽分化时个体发育的株龄不同。顶芽分化时若值植株旺盛生长时期，即形成有限结荚习性，顶端叶大、花多、荚多。否则，当顶芽分化时植株已处于老龄阶段，则形成无限结荚习性，顶端叶小、花稀、荚也少。

大豆的结荚习性是重要的生态性状，在地理分布上有着明显的规律性和地域性。从全国范围看，南方雨水多，生长季节长，有限品种多；北方雨水少，生长季节短，无限性品种多。从一个地区看，雨量充沛、土壤肥沃，宜种有限性品种；干旱少雨、土质瘠薄，宜种无限性品种。雨量较多、肥力中等，可选用亚有限性品种。当然，这也并不是绝对的。

（二）大豆的栽培类型

栽培大豆除了按结荚习性进行分类外，还有如下几种分类法。

大豆种皮颜色有黄、青（绿）、黑、褐色及双色等。子叶有黄色和绿色之分。粒形有圆、椭圆、长椭圆、扁椭圆、肾状等。成熟荚的颜色由极淡的褐色至黑色。茸毛有灰色、棕黄两种，少数荚皮是无色的。大豆籽粒按大小可分为7级。

若以播种期进行分类，我国大豆可分作春大豆型、黄淮海夏大豆型、南方夏大豆型和秋大豆型。

1. 春大豆型

北方春大豆型于4~5月播种，约9月成熟，黄淮海春大豆型在4月下旬至5月初播种，8月末至9月初成熟；长江春大豆型在3月底至4月初播种，7月间成熟；南方春大豆型在2月至3月上旬播种，多于6月中旬成熟。春大豆短日照性较弱。

2. 黄淮海夏大豆型

于麦收后6月间播种，9月至10月初成熟。短日照性中等。

3. 南方夏大豆型

一般在5月至6月初麦收或其他冬播作物收获后播种，9月底至10月成熟。短日照性强。

4. 秋大豆型

7月底至8月初播种，11月上、中旬成熟。短日照极强。

美国大豆专家将北起加拿大，南至圭亚那的广大地区划分为12个大豆生育期地带。即:00组，极早熟；0组，早熟；I至X组。X组为极迟熟。

三、大豆的生长发育

（一）大豆的一生

大豆的生育期通常是指从出苗到成熟所经历的天数。实际上，大豆的一生指的是从种子萌发开始，经历出苗、幼苗生长、花芽分化、开花结荚、鼓粒，直至新种子成熟的全过程。

1. 种子的萌发和出苗

大豆种子在土壤水分和通风条件适宜，播种层温度稳定在10℃时，种子即可发芽。大豆种子发芽需要吸收相当于本身重量120%~140%的水分。种子发芽时，胚高度接近成株高度前根先伸入土中，子叶出土之前，幼茎顶端生长锥已形成3~4个复叶、节和节间的原始体。随着下胚轴伸长，子叶带着幼芽拱出地面。子叶出土即为出苗。

2. 幼苗生长

子叶出土展开后，幼茎继续伸长，经过4~5天，一对原始真叶展开，这时幼苗已具有两个节，并形成了第一个节间。

从原始真叶展开到第一复叶展平大约需10天。此后，每隔3~4天出现一片复叶，腋芽也跟着分化。主茎下部节位的腋芽多为枝芽，条件适合即形成分枝。中、上部腋芽一般都是花芽，长成花簇。出苗到分枝出现，叫做幼苗期。幼苗期根系比地上部分生长快。

3. 花芽分化

大豆花芽分化的迟早，因品种而异。早熟品种较早，晚熟品种较迟；无限性品种较早，有限性品种较迟。据原哈尔滨师范学院在当地对无限性品种黑农 11 的观察。5 月 8 日播种，26 日出苗，出苗后 18 天，当第一复叶展开、第二复叶未完全展开、第三片复叶尚小时，在第二、第三复叶的腋部已见到花芽原始体。另据原山西农学院对有限品种太谷黄豆的观察，5 月 4 日播种，12 日出苗，出苗后 45 天，当第七复叶出现时，花芽开始分化。大豆花芽分化可分花芽原基形成期、花萼分化期、花瓣分化期、雄蕊分化期、雌蕊分化期以及胚珠花药、柱头形成期。最初，出现半球状花芽原始体，接着在原始体的前面发生萼片，继而在两旁和后面也出现萼片，形成萼筒。花萼原基出现是大豆植株由营养生长进入生殖生长的形态学标志。然后，相继分化出极小的龙骨瓣、翼瓣、旗瓣原始体。跟着雄蕊原始体呈环状顺次分化，同时心皮也开始分化。在 10 枚雄蕊中央，雌蕊分化，胚珠原始体出现，花药原始体也同时分化。花器官逐渐长大，形成花蕾。随后，雄、雌蕊的生殖细胞连续分裂，花粉及胚囊形成。最后，花开放。

从花芽开始分化到花开放，称为花芽分化期，一般为 25～30 天。因此，在开花前一个月内环境条件的好坏与花芽分化的多少及正常与否有密切的关系。从这时起，营养生长和生殖生长并进，根系发育旺盛，茎叶生长加快，花芽相继分化。花朵陆续开放。

4. 开花结荚

从大豆花蕾膨大到花朵开放需 3～4 天。每天开花时刻，一般从 6:00 开始开花，8:00～10:00 最盛，下午开花甚少。在同一地点，开花时间又因气候情况而错前错后。

花朵开放前，雄蕊的花药已裂开，花粉粒在柱头上发芽。花粉管在向花柱组织内部伸长的过程中，雄核一分为二，变成两个精核，从授粉到双受精只需 8～10 小时。授粉后约 1 天，受精卵开始分裂。最初二次分裂形成的上位细胞将来发育成胚，下位细胞发育成胚根原和胚柄。受精后第一周左右胚乳细胞开始分化，接着，子叶分化。第二周，子叶继续生长，胚轴、胚根开始发育，胚乳开始被吸收，2 片初生叶原基分化形成。第三周，种子内部为子叶所充满，胚乳只剩下一层糊粉层、2～3 层胚乳细胞层。子叶的细胞内出现线粒体、脂质颗粒、蛋白质颗粒。第四周，子叶长到最大，此后，复叶叶原基分化形成。

花冠在花粉粒发育后开放，约两天后凋萎。随后，子房逐渐膨大，幼荚形成（拉板）开始。头几天，荚发育缓慢，从第五天起迅速伸长，大约经过 10 天，长度达到最大值。荚达到最大宽度和厚度的时间较迟。嫩荚长度日增长约 4 毫米，最多达 8 毫米。

从始花到终花为开花期。有限性品种单株自始花到终花约 20 天；无限性品种花期长达 30～40 天或更长。从幼荚出现到拉板（形容豆荚伸长、加宽的过程）完成为结荚期。由于大豆开花和结荚是交错的，所以，又将这两个时期称开花结荚期。在这个时期内，营养器官和生殖器官之间对光合产物竞争比较激烈，无限性品种尤其如此。开花结荚期是大豆一生中需要养分、水分最多的时期。

5. 鼓粒成熟

大豆从开花结荚到鼓粒阶段，无明显的界限。在田间调查记载时，把豆荚中籽粒显著突起的植株达一半以上的日期称为鼓粒期。在荚皮发育的同时，其中种皮已形成；荚皮近长成后，豆粒才鼓起。种子的干物质积累，大约在开花后一周内增加缓慢，以后的一周增加很快，大部分干物质是在这以后的大约3个星期内积累的。每粒种子平均每天可增重6~7毫克，多者达8毫克以上。荚的重量大约在第7周达到最大值。当种子变圆，完全变硬，最终呈现本品种的固有形状和色泽，即为成熟。

（二）大豆生育期和生育时期

1. 我国大豆的生育时期划分

大豆品种的生育期是指从出苗到成熟所经历的天数。而大豆的生育时期是指大豆一生中其外部形态特征出现显著变化的若干时期，在我国一般划分为6个生育时期：播种期、出苗期、开花期、结荚期、鼓粒期、成熟期。

2. 国际上比较通用的大豆生育时期划分

关于大豆生育时期，国际上比较通用的是费尔（Water R. Fehr）等的划分方法，这种方法根据大豆的植株形态表现记载生育时期。

费尔等将大豆的一生分为营养生长时期和生殖生长时期。在营养生长阶段，V_E表示出苗期，即子叶露出土面；Vc——子叶期一真叶叶片未展开，但叶缘已分离；V_1——真叶全展期；V_2——第一复叶展开期；……；V_n——第n-1个复叶展开期。

在生殖生长阶段，R_1——开花始期，主茎任一节上开一朵花；R_2——开花盛期；R_1——结荚始期，主茎上最上部4个全展复叶节中任一节上一个荚长5毫米；R_4——结荚盛期；R_5——鼓粒始期，主茎上最上部4个全展复叶节中任一节上一个荚中的子实长达3毫米；R_4——鼓粒盛期；R_7——成熟始期，主茎上有一个荚达到成熟颜色；R_8——成熟期，全株95%的荚达到成熟颜色，在干燥天气下，在R_9时期后5~10天籽粒含水量可降至15%以下。

第三节 大豆对环境条件的要求

一、大豆对气象因子的要求

（一）光照

1. 光照强度

大豆是喜光作物，光饱和点一般在30 000~40 000勒克斯。有的测定结果达到60 000勒克斯）（杨文杰，1983）。大豆的光饱和点是随着通风状况而变化的。当叶片通气量为1~1.5L/（立方厘米·小时），光饱和点为25 000~34 000勒克斯，而通气量为1.92~2.83L/（立方厘米·小时）时，则光饱和点升为31 000~44 700勒克斯。大豆的光补偿点为2 540~3 690勒克斯（张荣贵等，1980）。光补偿点也受通气量的影响。在低通气量下，光补偿点测定值偏高；在高通气量下，光补偿点测定值偏低。需要指出的是，上述这些测定数据都是在单株叶上测得的，不能据此而得出“大豆植株是耐阴的”的结论。在田间条件下，大豆群体冠层所接受的光强是不均匀。据沈阳农业大学1981年8月11日的测定结果，晴天的中午，大豆群体冠层顶部的光强为126 000勒克斯，株高2/3处为2 200~9 000勒克斯，株高1/3处为800~1 600勒克斯。由此可见，大豆群体中、下层光照不足。这里的叶片主要依靠散射光进行光合作用。

2. 日照长度

大豆属于对日照长度反应极度敏感的作物。据报道，即使极微弱的月光（约相当于日光的1/465 000）对大豆开花也有影响。不接受月光照射的植株比经照射的植株早开花2~3天。大豆开花结实要求较长的黑夜和较短的白天。严格说来，每个大豆品种都有对生长发育适宜的日照长度。只要日照长度比适宜的日照长度长，大豆植株即延迟开花；反之，则开花提早。

应当指出，大豆对短日照要求是有限度的，绝非愈短愈好。一般品种每日12小时的光照即可促进开花抑制生长；9小时光照对部分品种仍有促进开花的作用。当每日光照缩短为6小时，则营养生长和生殖生长均受到抑制。大豆结实器官发生和形成，要求短日照条件，不过早熟品种的短日照性弱，晚熟品种的短日照性强。在大豆生长发育过程中，对短日照的要求有转折时期：一个是花萼原基出现期；另一个是雌雄性配子细胞分化期。前者决定能不能从营养生长转向生殖生长，后者决定结实器官能不能正常形成。

短日照只是从营养生长向生殖生长转化的条件，并非一生生长发育所必需。认识了大豆的光周期特性，对于种植大豆是有意义的。同纬度地区之间引种大豆品种容易成功，低纬度地区大豆品种向高纬度地区引种，生育期延迟，秋霜前一般不能成熟。反之，高纬度地区大豆品种向低纬度地区引种，生育期缩短，只适于作为夏播品种利用。例如，黑龙江省的春大豆，在辽宁省可夏播。

（二）温度

大豆是喜温作物。不同品种在全生育期内所需要的≥10℃的活动积温相差很大。晚熟品种要求3 200℃以上，而夏播早熟品种要求1 600℃左右。同一品种，随着播种期的延迟，所要求的活动积温也随之减少。春季，当播种层的地温稳定在10℃以上时，大豆种子开始萌芽。夏季，气温平均在24~26℃，对大豆植株的生长发育最为适宜。当温度低于14℃时，生长停滞。秋季，白天温暖，晚间凉爽，但不寒冷，有利于同化产物的积累和鼓粒。

大豆不耐高温，温度超过40℃，着荚率减少57%~71%。北方春播大豆在苗期常受低温危害，温度不低于-4℃，大豆幼苗受害轻微，温度在-5℃以下，幼苗可能被冻死。大豆幼苗的补偿能力较强，霜冻过后，只要子叶未死，子叶节还会出现分枝，继续生长。大豆开花期抗寒力最弱，温度短时间降至-0.5℃，花朵开始受害，-1℃时死亡；温度在-2℃，植株即死亡，未成熟的荚在-2.5℃时受害。成熟期植株死亡的临界温度是-3℃。秋季，短时间的初霜虽能将叶片冻死，但随着气温的回升，籽粒重仍继续增加。

（三）降水

大豆产量高低与降水量多少有密切的关系。东北春大豆区，大豆生育期间（5~9月）的降水量在600毫米左右，大豆产量最高，500毫米次之，降水量超过700毫米或低于400毫米，均造成减产。据潘铁夫等（1963）对吉林省公主岭地区降水状况及大豆需水状况的统计，在温度正常的条件下，5月、6月、7月、8月、9月的降水量（毫米）分别为65、125、190、105、60，对大豆来说是“理想降水量”。偏离了这一数量，不论是多或是少，均对大豆生长发育不利，导致减产。

黄淮海流域夏大豆区，6~9月的降水量若在435毫米以上，可以满足夏大豆的要求。据多点多年的统计资料，播种期（6月上中旬）降水量少于30毫米常是限制适时播种的主要因素。夏大豆鼓粒最快的9月上中旬降水量多在30毫米以下，即水分保证率不高是影响产量的重要原因。在以上两个时期若能遇旱灌水，则可保证大豆需水，提高产量。

二、大豆对土壤条件的要求

（一）土壤有机质、质地和酸碱度

大豆对土壤条件的要求不很严格。土层深厚、有机质含量丰富的土壤，最适于大豆生长。黑龙江省的黑钙土带种植大豆能获得很高的产量就是这个道理。大豆比较耐瘠薄，但是在瘠薄地种植大豆或者在不施有机肥的条件下种植大豆，从经营上说是不经济的。大豆对土壤质地的适应性较强。砂质土、砂壤土、壤土、黏壤土乃至黏土，均可种植大豆，当然以壤土最为适宜。大豆要求中性土壤，pH值宜在6.5~7.5。pH值低于6.0的酸性土往往缺钼，也不利于根瘤菌的繁殖和发育。pH值高于7.5的土壤往往缺铁、锰。大豆不耐盐碱，总盐量$<0.18\%$，$NaCl<0.03\%$，植株生育正常，总盐量$>0.60\%$，$NaCl>0.06\%$，植株死亡。

（二）土壤的矿质营养

大豆需要矿质营养的种类全，且数量多。大豆根系从土壤中吸收氮、磷、钾、钙、镁、硫、氯、铁、锰、锌、铜、硼、钼、钴等10余种营养元素。

氮素是蛋白质的主要组成元素。长成的大豆植株的平均含氮量2%左右。苗期，当子叶所含的氮素已经耗尽而根瘤菌的固氮作用尚未充分发挥的时间里，会暂时出现幼苗的“氮素饥饿”。因此，播种时施用一定数量的氮肥如硫酸铵或尿素，或氮磷复合肥如磷酸二铵，可起到补充氮素的作用。大豆鼓粒期间，根瘤菌的固氮能力已经衰弱，也会出现缺氮现象，进行花期追施或叶面喷施氮肥，可满足植株对氮素的需求。

磷素被用来形成核蛋白和其他磷化合物在能量传递和利用过程中，也有磷酸参与。长成植株地上部分的平均含磷量为0.25%~0.45%。大豆吸磷的动态与干物质积累动态基本相符，吸磷高峰期正值开花结荚期。磷肥一般在播种前或播种时施入。只要大豆植株前期吸收了较充足的磷，即使盛花期之后不再供应，也不致严重影响产量。因为磷在大豆植株内能够移动或再度被利用。

钾在活跃生长的芽、幼叶、根尖中居多。钾和磷配合可加速物质转化，可促进糖、蛋白质、脂肪的合成和贮存。大豆植株的适宜含钾范围很大，在1.0%~4.0%。大豆生育前期吸收钾的速度比氮、磷快，比钙、镁也快。结荚期之后，钾的吸收速度减慢。

大豆长成植株的含钙量为2.23%。从大豆生长发育的早期开始，对钙的吸收量不断增长，在生育中期达到最高值，后来又逐渐下降。

大豆植株对微量元素的需要量极少。各种微量元素在大豆植株中的百分含量为：镁

0.97、硫 0.69、氯 0.28、铁 0.05、锰 0.02、锌 0.006、铜 0.003、硼 0.003、钼 0.0003、钴 0.0014（Ohlrogge，1966）。由于多数微量元素的需要量极少，加之多数土壤尚可满足大豆的需要，常被忽视。近些年来，有关试验已证明，为大豆补充微量元素收到了良好的增产效果。

（三）土壤水分

大豆需水较多。据许多学者的研究，形成 1 克大豆干物质需水 580～744 克。大豆不同生育时期对土壤水分的要求是不同的。发芽时，要求水分充足，土壤含水量20%～24%较适宜。幼苗期比较耐旱，此时土壤水分略少一些，有利于根系深扎。开花期，植株生长旺盛，需水量大，要求土壤相当湿润。结荚鼓粒期，干物质积累加快，此时要求充足的土壤水分。如果墒情不好，会造成幼荚脱落，或导致荚粒干瘪。

土壤水分过多对大豆的生长发育也是不利的。据原华东农业科学研究所（1958）调查，大豆植株浸水 2～3 个昼夜，水温无变化，水退之后尚能继续生长。如渍水的同时又遇高温，则植株会大量死亡。

不同大豆品种的耐旱、耐涝程度不同。例如，秣食豆，小粒黑豆、棕毛小粒黄豆等类型有较强的耐旱性；农家品种“水里站”则比较耐涝。

第四节　大豆的产量形成和品质

一、大豆的产量形成

（一）大豆产量构成因素

大豆的籽粒产量是单位面积的株数、每株荚数、每荚粒数、每粒重的乘积，即籽粒产量（千克/公顷）=［每公顷株数×每株荚数×每荚粒数×每粒重（克）］/1 000产量构成因素中任何一个因素发生变化都会引起产量的增减。理想的产量构成是 4 个产量构成因素同时增长。这 4 个产量构成因素相互制约，在同一品种中，将荚多、每荚粒数多、粒大等优点结合在一起比较困难。尽管如此，许多大面积高产典型都证明，大豆要高产，必须产量构成因素协调发展，只顾某一个或两个产量构成因素发展的措施，都不会获得预期高额籽粒产量。

大豆品种间的株型不同，对营养面积的要求各异，因此，适宜种植密度也不一致。单株生长繁茂、叶片圆而大、分枝多且角度大的品种，一般不适于密植，主要靠增加每株荚数来增产。株型收敛、叶片窄而小、分枝少且角度小的品种，一般适于密植，通常靠株数多来提高产量。

对同一个大豆品种来说，在籽粒产量的 4 个构成因素中，单位面积株数在一定肥力和栽培条件下有其适宜的幅度，伸缩性不大。每荚粒数和百粒重在遗传上是比较稳定的。惟有每株荚数是变异较大的因素。国内外研究结果证实，单株荚数与产量相关显著。单株荚数受有效节数、分枝数等的制约，因此，大豆要获得高产，必须增加有效节数，协调好主茎与分枝的关系。

总之，要根据不同大豆品种产量构成因素的特点，发挥主导因素的增产作用，克服次要因素对增产的限制，在一定的肥力、栽培水平上，协调各产量因素的关系，做到合理密植、结荚多、秕粒少、籽粒饱满，才能发挥大豆品种的生产潜力，提高籽粒产量。

（二）光合产物的积累与分配

1. 大豆的光合作用

（1）光合速率。大豆作为典型的 C_3 作物，光合速率比较低。不同品种之间，在光合速率上有较大的区别。杜维广等（1982）对24个品种的光合速率（CO_2）进行了测定，最低者为11毫克/（平方分米·小时），最高者为40毫克/（平方分米·小时），平均为24.4毫克/（平方分米·小时）。邹冬生等（1990）测定了25个大豆品种鼓粒期叶片的光合速率（CO_2），其变异幅度在25.5~38.18毫克/（平方分米·小时）。满为群等（2002）以高产大豆品种黑农37为对照，观察了高光效品种黑农40和黑农41的光合作用，结果发现，在饱和光强、适宜温度条件下，高光效大豆品种和高产品种的光合速率存在明显差异。高光效品种的光合速率大于高产品种。冯春生等（1989）和傅永彩（1993）的研究结果证明，大豆的光合速率高峰出现在结荚鼓粒期。就一个单叶而言，从小叶展平后，随着叶面积扩大，光合速率增大，叶面积达到最大以后一周内，同化能力达到最大值，以后又逐渐下降。在1天之中，早晨和傍晚光合速率低，中午最高，并持续几个小时。国内外的许多研究者都指出，在作物叶片的光合速率和作物产量之间不存在稳定的和恒定的相关性。

（2）光呼吸 大豆的光呼吸速率比较高。由光合作用固定下来的二氧化碳有25%~50%又被光呼吸作用所消耗。张荣贵（1980）、郝廼斌等（1981）的测定结果表明，大豆光呼吸速率（CO_2）在4.57~7.03毫克/（平方分米·小时），即占饱和光下净光合速率的1/3左右。

2. 大豆的吸收作用

（1）水分吸收 大豆靠根尖附近的根毛和根的幼嫩部分吸收水分。大豆根主要是从30厘米以内的土层中吸收水分的。在根系强大时，也能从30~50厘米土层中吸收水分。大豆的根压大为0.05~0.25兆帕斯卡，由于有根压，大豆根能够主动从土壤中吸收水分。为保障叶片的正常生理活动，其水势应维持在-1兆帕斯卡以上。当水势大于-0.4兆帕斯卡时，叶片生长速度快；小于-0.4兆帕斯卡时，叶片生长速度很快下降，当水势在-1.2兆帕斯卡左右时，叶片生长接近于零。据王琳等（1991）测定表明，一株大豆的总耗水量为35 090毫升。单株大豆耗水量的差异与供试品种的生长量大小有关。王琳等（1991）的测定还表明，春播大豆各生育时期的单株平均日耗水量分别为：分枝末期之前66毫升，初花期317毫升，花荚期600毫升，荚粒期678毫升，鼓粒期450毫升，成熟期175毫升。由此可见，结荚至鼓粒期间是春播大豆耗水的关键时期。在山东省的气候条件下，夏大豆各生育阶段的适宜供水量分别为：苗期3 406.5毫米，花期1 767毫米，鼓粒1 732.5毫米，成熟364.5毫米（李永孝等，1986）。

（2）养分吸收 大豆植株生育早期阶段养分浓度较高。这是由于养分吸收速率比干物质积累速率快的缘故。后来，随着干物质积累速率加快，养分浓度普遍下降。董钻和谢甫绨（1996）以春大豆辽豆10号为试材，自出苗后21天起，每隔14天取样一次，测定了植株各个器官养分的百分含量变化动态。结果表明，大豆自幼苗至成熟期间，叶片、叶柄、茎秆和荚皮中的全氮、五氧化二磷和氧化钾百分含量基本呈递降趋势。籽粒中氮的百分含量则是渐升趋势，成熟之前2周达到最高值，成熟时则有所下降。籽粒中的五氧化二磷百分含量变化幅度不大，氧化钾百分含量略呈下降趋势。

大豆植株对氮、五氧化二磷和氧化钾吸收积累的动态符合 Logistic 曲线，即前期慢，中期快，后期又慢。大豆植株吸收各种养分最快的时间不同。氮在出苗后第9~10周，五氧化二磷在第10周前后，而氧化钾则偏早，在8~9周。不同品种吸收养分最快的时间并不一样。从养分吸收的最大速率上看，不同品种也不相同，这与品种的株型、各器官的比例以及土壤肥力、施肥状况有很大关系。

3. 大豆干物质的积累动态

(1) 叶面积指数　适当地增大叶面积指数是现阶段提高大豆产量的主要途径。大豆出苗到成，叶面积指数有一个发展过程，一般在开花末至结荚初达到高峰，大致呈一抛物线。叶面积指数过小，即光合面积小，不能截获足够的光能；叶面积指数过大，中下部叶片阳光被遮，光合效率低或变黄脱落。适宜的叶面积指数动态：苗期0.2~0.3、分枝期1.1~1.5、开花末至结荚初期5.5~6.0、鼓粒期3.0~3.4。叶面积指数在3.0~6.0范围内，叶面积指数与生物产量、经济产量的相关性极显著。较大的叶面积指数维持较长时间对产量形成有利。

(2) 生物产量的形成　大豆生物产量形成的过程大体可分为3个时期：指数增长期、直线增长期和稳定期。大豆植株生长初期，叶片接受阳光充分，光合产物与叶面积成正比，增长速度缓慢，此时，生物产量的积累曲线如指数曲线。从分枝期起，叶面积增长迅速，光合产物积累速度大为提高。从分枝期至结荚期，生物产量增加最快，基本上呈直线增长。结荚期之后，叶片光合速率降低，生物产量趋于稳定，在鼓粒中期前后达到最大值。生物产量是经济产量的基础。要获得高额的籽粒产量，首先必须提高生物产量；其次，应注意光合产物多向籽粒转移。

(3) 籽粒产量的形成　大豆生长发育的重要特点是生殖生长开始早，营养生长和生殖生长并进的时间长。一个生育期为125天的有限结荚习性品种，出苗后60天始花，此时生物产量占总生物产量的20%~25%。由此可见，大豆的大部分干物质是在营养生长和生殖生长并进的时期内积累起来的。大豆早熟品种在出苗后50天左右、晚熟品种在出苗后75天左右，荚中籽粒即已开始形成。整个籽粒形成期为45~50天，最初10天左右增重较慢，中期增重较快，后期又较慢。若以每日每平方米土地籽粒平均增重9.9克计算，每公顷籽粒平均日增重达105千克左右。

大豆籽粒含蛋白质约40%，脂肪20%，碳水化合物30%，形成单位重量的蛋白质和脂肪所需要的能量显著高于碳水化合物，所以，大豆的经济产量高低不能与以碳水化合物为主要产量构成成分的小麦、水稻作物相比较。

4. 大豆干物质的分配

大豆干物质分配是指地上部分各个器官在生物产量中所占的比率。干物质的分配取决于许多因素：光合作用、库的强度、库与源的间距、环境条件等。在正常条件下，禾谷类作物的旗叶及其下方一张叶片是穗部同化物的主要供应者。大豆的腋生花和花序主要由同节位叶片供应同化物。库的数量、大小、位置是支配同化物运转和分配的主导因素。作物收获器官的构成成分产生于初级光合产物，如葡萄糖。1 个单位葡萄糖可以生产的淀粉、蛋白质和脂肪分别为 0.84、0.38、0.31 个单位。由于光合产物的转化效率不同，与禾谷类作物相比，以蛋白质和脂肪为主要成分的大豆，其经济系数往往稍低一些。有关研究结果表明，大豆晚熟品种的叶片、叶柄、茎秆、荚皮和籽粒在生物产量中的最优比例应为 24%、9%、20%、12%和 35%，即经济系数为 35%。早熟品种的茎秆比例应更小些（春播 15%，夏播 10%），籽粒比例则应更大些，在 42%~45%或更高。

大豆干物质分配反映了光合产物的转移和“源—库”关系。从大豆栽培角度看，应当选择在高肥水条件下生物产量高、干物质分配合理、经济系数高的品种，加之采用各种栽培措施，以较小的叶片、叶柄、茎秆和荚皮比率，取得较多的籽粒产量。大豆的经济系数相对较稳定。同一品种，夏播的经济系数高于春播；同一品种，在中肥条件下的经济系数往往又比在高肥条件下为高。不同品种同期播种，只要能够正常成熟，一般早熟品种的经济系数比晚熟品种高。不同品种同期播种，只要能够正常成熟，一般早熟品种的经济系数比晚熟品种高。

二、大豆的品质

（一）大豆籽粒蛋白质的积累与品质

大豆籽粒的蛋白质含量十分丰富，含量为 40%左右。大豆蛋白质所含氨基酸有赖氨酸、组氨酸、精氨酸、天门冬氨酸、甘氨酸、谷氨酸、苏氨酸、酪氨酸、缬氨酸、苯丙氨酸、亮氨酸、异亮氨酸、色氨酸、胱氨酸、脯氨酸、蛋氨酸、丙氨酸和丝氨酸。其中，谷氨酸占 19%，精氨酸、亮氨酸和天门冬氨酸各占 8%左右。人体必需氨基酸赖氨酸占 6%；可是色氨酸及含硫氨基酸、胱氨酸、蛋氨酸含量偏低，均在 2%以下。

在大豆开花后 10~30 天，氨基酸增加最快，此后，氨基酸的增加迅速下降。这标志着后期氨基酸向蛋白质转化过程大为加快。大豆种子中蛋白质的合成和积累，通常在整个种子形成过程中都可以进行。开始是脂肪和蛋白质同时积累，后来转入以蛋白质合成为主。后期蛋白质的增长量占成熟种子蛋白质含量的一半以上。

（二）大豆籽粒油分的积累与品质

大豆油是一种主要的食用植物油，通常籽粒的油分含量在 20%左右。大豆油中含有肉豆蔻酸、棕榈酸（软脂酸）、硬脂酸等三种饱和脂肪酸和油酸、亚油酸、亚麻酸等三种不饱和脂肪酸。大豆油中的饱和酸约占 15%，不饱和酸约占 85%。在不饱和酸中，以亚油酸居多，占 54%左右。亚油酸和油酸被认为是人体营养中最重要的必需脂肪酸，它们有降低血液中胆固醇含量和软化动脉血管的作用。亚麻酸的性质不稳定，易氧化，使油质变劣。因此，大豆育种家们正试图提高大豆籽粒中的亚油酸含量、降低亚麻酸含量，以改善大豆的油脂品质。

有人对大豆开花后 52 天内甘油三酯的脂肪酸成分的变化进行了研究。结果证明，软脂酸由 13.9%降为 10.6%，硬脂酸稳定在 3.8%左右，油酸由 11.4%增至 25.5%，亚油酸由 37.7%增至 52.4%，而亚麻酸由 34.2%降为 7.6%。总的来说，大豆种子发育初期，首先形成游离脂肪酸，而且饱和脂肪酸形成较早，不饱和脂肪酸形成较迟，随着种子成熟，这些脂肪酸逐步与甘油化合。大豆子叶中的油分呈亚微小滴状态，四周被有含蛋白质、脂肪、磷脂和核酸的膜。

（三）影响大豆籽粒蛋白质和油分积累的因素

大豆籽粒蛋白质与油分之和约为60%，这两种物质在形成过程中呈负相关关系。凡环境条件利于蛋白质的形成，籽粒蛋白质含量即增加，油分含量则下降；反之，若环境条件利于油分形成，则油分含量会增加，蛋白质含量则下降。

1. 大豆籽粒的品质与气候条件的关系

据胡明祥等（1990）对不同生态区域大豆籽粒品质的测定结果，大豆蛋白质含量与大豆生育期间的气温、降水量呈正相关，与日照和气温的日较差呈负相关。祖世亨（1983）对我国18个省大豆籽粒含油量与气候条件关系的研究结果表明，大豆籽粒含油量与生育期间的气温高低和降水多少呈负相关，与日照长短和气温的日较差大小呈正相关。总的来说，气候凉爽、雨水较少、光照充足、昼夜温差大的气候条件有利于大豆含油量的提高。

2. 大豆籽粒品质与地理纬度的关系

我国大豆籽粒的蛋白质和油分含量与地理纬度有明显的相关性。总的趋势是原产于低纬度的大豆品种，蛋白质含量较高，而油分含量较低；原产于高纬度的大豆品种，油分含量较高，而蛋白质含量较低。因而，东北大豆以油用为主，籽粒的蛋白质含量较低而含油量较高；南方一些地区的大豆以加工豆腐等食用为主，籽粒的含油量较低而蛋白质含量较高。丁振麟（1965）采用3个杭州大豆品种进行的地理播种试验结果证明，大豆北种南引，有利于蛋白质的提高；南种北引，有利于油分的提高。然而，地理纬度与蛋白质、油分的相关性并不是绝对的。

3. 大豆籽粒品质与海拔高度的关系

据Gupta等（1980）的研究，海拔低处的大豆含蛋白质高，海拔高处的大豆蛋白质含量低。胡明祥等（1985）的研究也证明，在北纬33°以北地区，随着海拔升高蛋白质含量呈下降趋势，但在低纬度地区情况有所不同。大豆籽粒含油量的变化规律与蛋白质有所不同。一般海拔低处的油分含量低，而高处的油分含量高。但低纬度地区的情况恰恰相反，即海拔低处的大豆籽粒含油量高，海拔高处的大豆油分含量低。另外，研究报道还表明，大豆油分的碘价随海拔升高而提高，海拔高处棕榈酸（软脂酸）含量低，亚麻酸含量高；反之亦然。

4. 大豆籽粒品质与播种期的关系

大豆播种期不同，植株生长发育所遇到的环境条件各异，这些环境条件对大豆籽粒品质造成一定影响。一般认为，春播大豆蛋白质含量较高，夏播或秋播稍低；油分含量春播普遍高于夏播或秋播。播种期不仅影响大豆油分的含量，而且影响脂肪酸的组成。春播大豆籽粒的棕榈酸（软脂酸）、硬脂酸、亚油酸和亚麻酸含量低，而夏播或秋播的则较高。油酸含量则与此相反，春播高于夏播或秋播。

5. 大豆籽粒品质与施肥的关系

据报道，给大豆单施氮肥、磷肥或者氮磷混施均可增加籽粒的蛋白质含量。给大豆单施农家肥会使籽粒的含油量下降。在施用农家肥基础上再增施磷肥、氮磷肥、磷钾肥，或者不施农家肥而施氮、磷、钾化肥，都可以提高大豆籽粒的含油量。国内外的研究结果还表明，硫、硼、锌、锰、钼和铁等元素均会对大豆籽粒的品质形成产生影响。

另外，灌水、茬口、病虫为害等也会对大豆籽粒的品质带来影响。大豆花荚期灌水会提高籽粒的含油量。对大豆籽粒含油量最有利的前作是玉米，最差的是甜菜。大豆受斑点病为害后，籽粒含油量下降；籽粒受食心虫为害后，蛋白质含量有所提高，含油量则下降。

（四）优质专用大豆的类型与品质指标

1. 高蛋白质含量

大豆蛋白质含量45%以上，产量比当地同类品种增产5%。

2. 高脂肪含量的大豆

脂肪含量23%以上，产量比当地同类品种增产5%。

3. 双高含量的大豆

蛋白质含量42%，脂肪含量21%以上，产量比当地同类品种增产5%。

4. 高豆腐产量品种

豆腐产量比一般大豆高10%~20%，籽粒产量与当地高产品种相当。

5. 无（低）营养成分抑制因子

无胰蛋白酶抑制剂或无脂氧化酶。

6. 适于出口的小粒豆（纳豆）

百粒重15~16克。

7. 适于菜用的大粒品种

鲜荚长5.3厘米，宽1.3厘米，含糖量7%，蛋白质36%~37%。

8. 高异黄酮含量

长期以来，大豆异黄酮在食品中作为一种抗营养因子，但最近由于其雌激素特性，而使大豆异黄酮的抗肿瘤活性得到人们的广泛关注。大豆种子中的异黄酮含量达0.05%~0.7%，在种子下胚轴含量较高，子叶中相对较低，种皮中的含量就更少。

另外，国外大豆育种家正在选育的专用型大豆类型还有适于豆豉加工的黑豆类型；低亚麻酸含量或低棕榈酸含量品种类型；高油酸、高硬脂酸含量品种类型等。

第五节　大豆的栽培技术

一、轮作倒茬

大豆对前作要求不严格，凡有耕翻基础的谷类作物，如小麦、玉米、高粱以及亚麻、甜菜等经济作物都是大豆的适宜前作。

大豆茬是轮作中的好茬口。大豆的残根落叶含有较多的氮素，豆茬土壤较疏松，地面较干净。因此，适于种植各种作物，特别是谷类作物。据原东北农学院（1988）测定，与玉米茬和谷子茬相比，豆茬土壤的无效孔隙（<0.005 毫米粒径）数量显著减少，而毛细管作用强的孔隙（0.001~0.005 毫米粒径）数量则显著增加。由于豆茬土壤的“固、液、气”三项比协调，对后茬作物生长十分有利。

大豆忌重茬和迎茬。据黑龙江省国营农场管理局（1986）调查，重茬大豆减产11.1%~34.6%，迎茬大豆减产5%~20%。减产的主要原因是以大豆为寄主的病害如胞囊线虫病、细菌性斑点病、黑斑病、立枯病等容易蔓延；为害大豆的害虫如食心虫、蛴螬等愈益繁殖。土壤化验结果表明，豆茬土壤的五氧化二磷含量比谷茬、玉米茬少，这样的土壤再用来种大豆，势必影响其产量的形成。迄今，只知道大豆根系的分泌物（如 ABA）能够抑制大豆的生长发育，降低根瘤菌的固氮能力；但是对分泌物的本身及其作用机制却知之甚少。

目前，我国北方作物的主要轮作方式：

东北地区：大豆—春小麦—春小麦；玉米—大豆—春小麦；玉米—玉米—大豆

华北地区：春小麦—谷子—大豆；玉米—高粱—大豆；冬小麦—夏大豆—棉花

西北地区：冬小麦—夏大豆—玉米；冬小麦—夏大豆—高粱或玉米

正确的作物轮作不但有利于各种作物全面增产，而且也可起到防治病虫害的作用。例如，沈阳农业大学（1990）的试验证明，在胞囊线虫大发生的地块，换种一茬蓖麻之后再种大豆。可有力地抑制胞囊线虫的为害。

二、土壤耕作

大豆要求的土壤状况是活土层较深，既要通气良好，又要蓄水保肥，地面应平整细碎。平播大豆的土壤耕作。无深耕基础的地块，要进行伏翻或秋翻，翻地深度18~22厘米，翻地应随即耙地。有深翻基础的麦茬，要进行伏耙茬；玉米茬要进行秋耙茬，拾净玉米茬子。耙深12~15厘米，要耙平、耙细。春整地时，因春风大，易失墒，应尽量做到耙、耢、播种、镇压连续作业。

垄播大豆的土壤耕作。麦茬伏翻后起垄，或搅麦茬起垄，垄向要直。搅麦茬起垄前灭茬，破土深度12~15厘米，然后扶垄，培土。玉米茬春整地时，实行顶浆扣垄并镇压。有深翻基础的原垄玉米茬，早春拾净茬子，耢平达到播种状态。

“三垄”栽培法。这是黑龙江省八一农垦大学针对低湿地区种豆所研制的方法。“三垄”指的是垄底深松、垄体分层施肥、垄上双行精量点播。这种栽培方法比常规栽培法平均增产大豆30%~46%（杨方人，1989）。“三垄”栽培法采用垄体、垄沟分期间隔深松，即垄底松土深度达耕层下8~12厘米，苗期垄沟深松10~15厘米。垄底、垄沟深松宽度为10~15厘米。在垄体深松的同时，进行分层深施肥。当耕层为22厘米以上时，底肥施在15~20厘米；耕层为20厘米时，底肥施在13~16厘米土层。种肥的深度7厘米左右。播种时，开沟、施种肥、点种、覆土、镇压一次完成。种肥和种子之间需保持7厘米左右的间距。“三垄”栽培法具有防寒增温、贮水防涝、抗旱保墒、提高肥效、节省用种等优点，增产效果显著。

三、施肥

大豆是需肥较多的作物。它对氮、磷、钾三要素的吸收一直持续到成熟期。长期以来，对于大豆是否需要施用氮肥一直存在某些误解，似乎大豆依靠根瘤菌固氮即可满足其对氮素的需要。这种理解是不对的。从大豆总需氮量来说，根瘤菌所提供的氮只占1/3左右。从大豆需氮动态上说，苗期固氮晚，且数量少，结荚期特别是鼓粒期固氮数量也减少，不能满足大豆植株的需要。因此，种植大豆必须施用氮肥。据松嫩平原的试验结果，在中等肥力土壤上，每公顷施尿素97.5千克和三料磷肥300千克，比不施肥对照增产16.8%。大豆单位面积产量低，主要是土壤肥力不高所致；产量不稳，则主要是受干旱等的影响。

（一）基肥

大豆对土壤有机质含量反应敏感。种植大豆前土壤施用有机肥料，可促进植株生长发育和产量提高。当每公顷施用有机质含量在6%以上的农肥30~37.5吨时，可基本上保证土壤有机质含量不致下降。大豆播种前，施用有机肥料结合施用一定数量的化肥尤其是氮肥，可起到促进土壤微生物繁殖的作用，效果更好。

（二）种肥

种植大豆，最好以磷酸二铵颗粒肥作种肥，每公顷用量120~150千克。在高寒地区、山区、春季气温低的地区，为了促使大豆苗期早发，可适当施用氮肥为“启动肥”，即每公顷施用尿素52.5~60千克，随种下地，但要注意种、肥隔离。

经过测土证明缺微量元素的土壤，在大豆播种前可以挑选下列微量元素肥料拌种，用量如下：钼酸铵，每千克豆种用0.5千克，拌种用液量为种子量的0.5%。硼砂，每千克豆种用0.4克，首先，将硼砂溶于16毫升热水中，然后与种子混拌均匀。硫酸锌，每千克豆种用4~6克，拌种用液量为种子量的0.5%。

（三）追肥

大豆开花初期施氮肥，是国内、外公认的增产措施。做法是于大豆开花初期或在锄最后一遍地的同时，将化肥撒在大豆植株的一侧，随即中耕培土。氮肥的施用量是尿素每公顷30~75千克或硫酸铵60~150千克，因土壤肥力植株长势而异。为了防止大豆鼓粒期脱肥，可在鼓粒初期进行根外（即叶面）追肥。做法：首先将化肥溶于30千克水中，过滤之后喷施在大豆叶面上。可供叶面喷施的化肥和每公顷施用量：尿素9千克，磷酸二氢钾1.5千克，铝酸铵225克，硼砂1 500克，硫酸锰750克，硫酸锌3 000克。

需要指出的是，以上几种化肥可以单独施用，也可以混合在一起施用。究竟施用哪一种或哪几种，可根据实际需要而定。

四、播种

（一）播前准备

1. 种子质量要求

品种的纯度应高于98%，发芽率高于85%，含水量低于13%。挑选种子时，应剔除病斑粒、虫食粒、杂质，使种子净度达到98%或更高些。

2. 根瘤菌拌种

每公顷用根瘤菌剂3.75千克，加水搅拌成糊状，均匀拌在种子上，拌种后不能再混用杀菌剂。接种后的豆种要严防日晒，并需在24小时内播种，以防菌种失去活性。

3. 药剂拌种

为防治大豆根腐病，用50%多菌灵拌种，用药用量为种子重量的0.3%。大豆胞囊线虫为害的地块，播前需将3%呋喃丹条施于播种床内，用药量为每公顷30~97.5千克。要注意先施药后播种。呋喃丹还可兼防地下害虫。

(二) 播种期的确定

春播大豆，当春天气温通过8℃时，即可开始播种。除地温之外，土壤墒情也是限制播种早晚的重要因素。黑龙江省4月25日至5月20日，吉林省自4月20日至5月5日，辽宁省自4月20日至5月初，是大豆的适宜播种期。一个地区，一个地点的大豆具体播种时间，需视大豆品种生育期的长短、土壤墒情好差而定。早熟些的品种晚播，晚熟些的早播；土壤墒情好些，可晚些播，墒情差些，应抢墒播种。

(三) 播种方法

1. 精量点播

采用机械垄上单、双行等距精量点播；双行间的间距为10~12厘米。

2. 垄上机械双条播

双条间距10~12厘米，要求对准垄顶中心播种，偏差不超过±3厘米。

3. 窄行平播

黑龙江省北部地区多采用此种播种法。行距45~50厘米，实行播种、镇压连续作业。

无论采用何种播法，均要求覆土厚度3~5厘米。过浅，种子容易落干；过深，子叶出土困难。

(四) 种植密度

种植密度主要根据土壤肥力、品种特性、气温以及播种方法等而定。肥地宜稀，瘦地宜密；晚熟品种宜稀，早熟品种宜密；早播宜稀，晚播宜密；气温高的地区宜稀，气温低的地区宜密。这些便是确定合理密度的原则。以大豆产区东北地区为例，黑龙江省中、南部每公顷保苗19.5万~30.0万株，北部则需保苗34.5万~39.0万株。吉林省肥地每公顷保苗16.5万~19.5万株，肥力中等保苗19.5万~24.0万株，薄地则需24.0万~30.0万株。辽宁省中部一般每公顷保苗15.0万~18.0万株。东部降雨多，土壤较肥沃，适宜保苗数在12万~15.0万株，而西部降雨少，且土壤较瘠薄，每公顷保苗多在18.0万或更多。

在同一地点，大豆品种的株型不同，适宜种植密度也各异。植株高大、分枝型品种宜稀；植株矮小、独秆型品种宜密。密植程度的最终控制线是当大豆植株生长最繁茂的时候，群体的叶面积指数不宜超过6.5。

五、田间管理

（一）间苗

间苗是简单易行但不可忽视的措施。通过间苗，可以保证合理密度，调节植株田间配置，为建立高产大豆群体打下基础。间苗宜在大豆齐苗后，第一片复叶展开前进行。间苗时，要按规定株距留苗，拔除弱苗、病苗和小苗，同时剔除苗眼杂草，并结合进行松土培根。

（二）中耕

中耕主要指铲趟作业，目的在于消灭杂草，破除地面板结；中耕的另一目的是培土，起到防旱、保墒、提高地温的作用。中耕方式如下。

1. 耙地除草

即出苗前后耙地，此法只适用于机械平播的地块。出苗前耙地，在豆苗幼根长 2~3 厘米，子叶距地面 3 厘米时进行。此时耙地的深度不能超过 3 厘米。在大豆出苗后，第一对真叶至第一片复叶展开前进行耙地。此时豆苗抗耙力强，伤苗率 3%~5%，耙地深度 4 厘米。用链轨式拖拉机牵引钉齿耙，采用对角线或横向耙地（不可顺耙），选择晴天，9:00 以后进行。

2. 趟蒙头土

此法限于垄作地块采用。当大豆子叶刚拱土，大部分子叶尚未展开时，用机引铲趟机趟地，将松土蒙在垄上，厚 2 厘米。这样能消灭苗眼杂草，经过 2~3d 后苗仍可长出地面。

3. 铲前趟一犁

平作、垄作均可采用。这项措施在豆苗显行时进行，可起到消灭杂草、提高地温、松土、保墒、促进根系生长的作用。

4. 中耕除草

在大豆生育期间进行 2~3 次。中耕之前先铲地，将行上杂草和苗眼杂草铲除。在豆苗出齐后 1~2 天后趟头遍地，趟地深度 10~12 厘米。隔 7~10 天，铲、趟第二遍，趟地深度 8~10 厘米。封垄之前铲、趟第三遍，趟地深度 7~8 厘米。中耕除草的同时，也兼有培土的作用。培土有助于植株的抗倒和防止秋涝。铲趟作业的伤苗率应低于 3%。

（三）化学除草

目前，应用的除草剂类型多，更新也快。一些土壤处理剂易光解、易挥发，喷药后要立即与土壤混合，可用钉齿耙耙地，耙深 10 厘米，然后镇压。此项措施在早春干旱地区不宜采用。大豆除草剂的使用方法如下。

氟乐灵（48%）乳剂播前土壤处理剂。于播种前 5~7 天施药，施药后 2h 内应及时混土。土壤有机质含量在 3%以下时，每公顷用药 0. 9~1. 65 千克；有机质含量在 3%~5%，每公顷用药 1. 65~2. 1 千克；有机质含量在 5%以上，每公顷用药 2. 1~2. 55 千克。应注意施用过氟乐灵的地块，次年不宜种高粱、谷子，以免发生药害。如兼防禾本科杂草与阔叶杂草时，应先防阔叶杂草，后防禾本科杂草。喷药时应注意风向，以免危及邻地作物的安全。

赛克津（70%）可湿性粉剂于播种后出苗前施药。每公顷用药0.375~0.795千克。如使用50%可湿性粉剂，则用药量为0.525~1.125千克。

稳杀得（35%）乳油出苗后为防除一年生禾本科杂草而施用。当杂草2~3叶时喷施，每公顷用药0.45~0.75千克。当杂草长至4~6叶时，每公顷用药0.75~1.05千克。

喷液量与喷洒工具有关。当用人工背负喷雾器时，每公顷用液450~600千克。地面机械喷雾的每公顷用液量减至210~255千克。飞机喷施，每公顷只需21~39千克。

此外，10%禾草克乳油、12.5%盖草能乳油等也可防治禾本科杂草，每公顷用药量为0.75~1.05千克。

出苗后为防治阔叶杂草，当杂草2~5叶时，每公顷用虎威1.05千克，或杂草焚、达可尔1.05~1.5千克喷施。

随着科技的发展，出现了不少复配的除草剂，比如：豆乙微乳剂就是由氯嘧磺隆和乙草胺复配而成。60%豆乙微乳剂（有效成分900克/公顷）在播种后立即喷药，喷药量为750千克/公顷时，除草效果要显著好于单用50%乙草胺乳油的效果。

（四）防治病虫害

用40%乐果或氧化乐果乳油50克，均匀对入10千克湿沙之后，撒于大豆田间，防治蚜虫和红蜘蛛。在食心虫发蛾盛期，用80%敌敌畏乳油制成秆熏蒸，防治食心虫。每公顷用药1500克，或用25%敌杀死乳油，每公顷300~450毫升，对水450~600千克喷施。用涕灭威颗粒剂防治胞囊线虫病，每公顷60千克；或用3%呋喃丹颗粒剂，每公顷30~90千克，于播种前施于行内。用40%地乐胺乳油100~150倍液防治菟丝子，每公顷用药液300~450千克，于大豆长出第四片叶以后（在此之前施，易发生药害），当菟丝子转株为害时喷施。

（五）灌溉

大豆需水较多。当大豆叶水势为-1.2~1.6兆帕斯卡时，气孔关闭。当土壤水势小于15千帕时，就应进行灌溉。土壤水势下降到-0.5兆帕斯卡时，大豆的根就会萎缩。

大豆主产区除少数国有农场有灌溉条件外、一般生产田均不能进行灌溉。黑龙江省八五二农场1987年于大豆盛花期至鼓粒期进行喷灌，并且每公顷追尿素37.5千克、75千克和150千克，分别增产10.1%、14.3%和17.5%。东北春大豆区，自7月中旬至8月下旬，为大豆开花结荚期，也是多雨季节，但仍有不同程度的旱象，如能及时灌溉，一般可增产10%~20%。鼓粒前期缺水，影响籽粒正常发育，减少荚数和粒数。鼓粒中、后期缺水，粒重明显降低。

灌溉方法因各地气候条件、栽培方式、水利设施等情况而定。喷灌效果好于沟灌，能节约用水40%~50%。沟灌优于畦灌。

苗期至分枝期土壤湿度以20%~23%为宜。如低于18%，需小水灌溉；开花至鼓粒期0~40厘米的土壤湿度以24%~27%（占田间持水量的85%以上）为宜，低于21%（占田间持水量75%）应及时灌溉。播种前、后灌溉仍以沟灌为宜，以加大水量，减少蒸发量，满足大豆出苗对水分的要求。

（六）生长调节剂的应用

生长调节剂有的能促进生长，有的能抑制生长，应根据大豆的长势选择适当的剂型。

2，3，5-三碘苯甲酸（TIBA），有抑制大豆营养生长、增花增粒、矮化壮秆和促进早熟的作用，增产幅度5%~15%。对于生长繁茂的晚熟品种效果更佳。初花期每公顷喷药45克，盛花期喷药75克。此药溶于醚、醇而不溶于水，药液配成2 000~4 000微摩尔/升，在晴天16:00以后增产灵（4-碘苯氧乙酸），能促进大豆生长发育，为内吸剂，喷后6小时即为大豆所吸收，盛花期和结荚期喷施，浓度为200微摩尔/升。该药溶于酒精中，药液如发生沉淀，可加少量纯碱，促进其溶解。

矮壮素（2-氯乙基三甲基氯化铵），能使大豆缩短节间，茎秆粗壮，叶片加厚，叶色深绿，还可防止倒伏。于花期喷施，能抑制大豆徒长。喷药浓度0.125%~0.25%。

六、收获

当大豆茎秆呈棕黄色，杂有少数棕杏黄色，有7%~10%的叶片尚未落尽时，是人工收获的适宜时期。当豆叶全部落尽，籽粒已归圆时，是机械收获的适宜时期。如大豆面积过大，虽然豆叶尚未落尽，籽粒变黄，开始归圆时是分段收获的适宜时期，但涝年或涝区不宜采用。

目前，生产上往往收获时期偏晚，炸荚多，损失大，是值得注意的问题。

机械联合收割时，割茬高度以不留荚为度，一般为5厘米。要求综合损失不超过4%。人工收割时，要求割茬低，不留荚，放铺规整，及时脱打，损失率不超过2%。脱粒后进行机械或人工清粮，使商品质量达到国家规定的三等以上标准。种用大豆机械干燥时，只能在40~45℃温度范围内进行干燥。经过5~6小时，种子含水量可降到12%~13%。经过检重、检质，将纯度、净度、水分、百粒重和病粒率等记入表内，然后入库贮藏。

第六节　夏大豆的生育特点和栽培技术

一、夏大豆的生育特点

（一）夏大豆的分布

夏大豆大多是在冬小麦收获后，于夏季播种，秋季成熟。因此，夏大豆主要分布在黄淮海流域冬小麦产区，包括河南、山东、河北、山西、陕西、甘肃、北京、天津以及辽宁和新疆的南部等地区。除冬小麦区之外，部分春小麦区（如辽宁、河北、内蒙古的部分地区），在小麦收获后，于夏季种植早熟大豆也获得成功，实现了春小麦—夏大豆一年两熟，种植面积在不断扩大。

（二）影响夏大豆生产的环境因素

与春大豆相比，夏大豆生育期间的温、光、水等条件有很大差异。这些环境因素会影响夏大豆的生长发育，进而影响夏大豆的产量和品质。

1. 温度

夏大豆一般在6月份播种，此时气温高，有利于大豆出苗和幼苗生长；7月和8月平均气温25~28℃，符合夏大豆开花结荚的要求。9月气温下降，平均在20~24℃，正值大豆鼓粒期，有利于干物质的形成和累积。总之，从温度角度来看，基本上能满足夏大豆生长发育的要求。但是，在高纬度或高海拔地区，如河北和山东北部、辽宁南部和西部、山西中部，由于冬小麦收获晚，夏大豆播种迟，早霜来临较早，加之气温下降较快，常因积温不足影响正常成熟，因而这些地区的夏大豆产量一般不稳不高。

2. 日照

春大豆的苗期是在日照逐渐变长的情况下度过的，较长的日照有利于营养生长，开花时植株营养体较繁茂，为生殖生长打下了良好的基础。夏大豆的苗期则是在日照变短的情况下度过的，渐短的日照对短日性大豆开花起促进作用。夏大豆开花时植株矮小，营养体不繁茂，无足够的生物产量做基础，经济产量难以提高。对夏大豆来说，短日照有利于早开花、早结荚，而对生物产量的形成却并不十分有利。所以，提早在夏至之前数日播种，使夏大豆苗期在较长的日照条件下生长，尽量延长营养生长时间，即成为夏大豆高产栽培的关键措施。

3. 水分

夏大豆生育期间，正值北方雨季，降水量300~500毫米，多集中在7月、8月、9月3个月。在夏大豆生育期间，前期常出现干旱，中期雨量集中，后期雨量又减少。6月中下旬，雨量偏少，土壤墒情不足，影响适期播种和幼苗生长。夏大豆7月、8月开花结荚，此时需水较多，正好与雨季相吻合。但是，降雨时间和降水量往往分布不均，导致雨季时旱时涝，造成夏大豆大量落花落荚。9月正值大豆鼓粒期，雨量减少，也有秋旱发生。最终将导致夏大豆减产。

(三) 夏大豆的生长发育特点

1. 全生育期短，花期早

夏大豆全生育期90~120天。夏大豆播种至出苗、出苗至始花、终花至成熟的日数则大为缩短，唯有始花至终花日数与春大豆相接近。夏大豆播种后4~5天即可出苗，出苗后25~30天就能开花。

2. 植株矮小，营养体不繁茂

夏大豆开花早，营养生长和生殖生长并进期提前，个体尚未充分生长发育时即已开花。夏大豆不论在株高、茎粗、主茎节数和分枝数上均少于春大豆。营养体不繁茂，单株生长量小。所以，夏大豆应适当密植，增大群体，增加叶面积指数。据河南省农业科学院（1987）的测定，夏大豆每公顷产2 250千克的叶面积指数消长应当是：苗期0.4，分枝期0.8，初花期3.0，结荚期4.2，鼓粒期3.3。封行期不宜过早，也不宜过晚。盛花期封行最为适宜。

3. 单株生物产量积累少，经济系数高

在夏大豆的各个产量构成因素中，单株荚数少，籽粒少。百粒重不高，唯独单位面积株数比较多。夏大豆的优点是经济系数比较高。据董钻（1981）的测定，中熟品种铁丰16春播经济系数为35.9%，而夏播为42.2%。夏播早熟品种黑河3号和韦尔金的经济系数分别达42.0%和41.8%。而春播晚熟品种铁丰18和阿姆索的经济系数分别为28.8%和26.4%。另据卢增辉等（1991）测定，鲁豆2号每公顷产2 310~3 177.5千克籽粒，在不包括叶片、叶柄的地上风干物重中所占的比例为49%~52%。

在栽培上，应当利用夏大豆经济系数高的优点，增"源"、建"库"，增加生物产量，争取较高的籽粒产量。

二、夏大豆的栽培技术要点

（一）选择早熟良种

夏大豆生长季节有限，选用适宜的早熟品种是高产稳产的前提。北方夏大豆产区受地理纬度和海拔的影响，由南向北生长季由长变短，对夏大豆品种早熟性的要求愈趋严格，熟期过晚，易受早霜危害，不能正常成熟，且影响冬小麦适期播种。品种熟期过早，浪费光能与积温，达不到高产目的。因此，应选用既能充分利用有限的生长季节，又能适期成熟的品种。在品种生育期的选择上各地也各有不同。

1. 北部夏大豆区

包括辽宁南部、京津二市、河北北部、山东北部及山西中部，应选用生育期为90天左右的特早熟夏大豆品种。若夏大豆收后不赶种冬小麦，改为第二年种植春作物的两年三作时，可选用生育期较长的早熟夏大豆品种。推广的品种有冀豆6号、鲁豆5号、晋豆25、中豆27、齐黄27等。在春小麦夏大豆一年二作地区，可选用黑龙江培育的九丰3号、合丰26、北丰5号、黑河19等。

2. 中部夏大豆区

包括河北中部和南部、山东大部、山西南部、陕西南部、甘肃南部、河南北部和西部。大豆是一年二作制中主要的后茬作物。应选用生育期为90~100天的早熟夏大豆品种。推广品种有鲁豆4号、沧豆4号、化诱542、邯豆3号、晋豆11、晋豆23号、晋豆24等。

3. 南部夏大豆区

包括河南南部和东南部，山东西南部是我国主要夏大豆产区。光热资源丰富，大豆生产潜力很大，应选用生育期为100~110天的中熟夏大豆品种类型。推广品种有鲁豆7号、齐黄26、跃进10号、化诱446、豫豆23、豫豆26、中豆19等。

夏大豆品种除熟期适合要求外，还必须具备其他优良特征特性。播种时土壤墒情不足，要求品种能耐旱出土，一般籽粒不宜过大，百粒重15~18克为宜。苗期应当生长快，植株繁茂性强，开花前能形成较大的营养体，无相当大的生物产量，经济系数再高也得不到高产。夏大豆植株不宜过高，要求节间短，茎秆粗壮，以防止倒伏。

（二）抢时早播

早播是夏大豆获得高产的关键措施。山东省农业科学院作物所的试验结果，早播1天，全生育期增加积温25℃左右。在适宜播种期内，越早播，产量越高。夏大豆早播增产的原因如下。

1. 早播使营养生长时间增长，使绿色光合面积加大

播种早可延长生育天数，延长出苗至始花的时间，营养体增大，茎粗、节数、分枝数、叶片数均增加。

2. 早播可避免夏大豆生育前期雨涝和后期低温或干旱的为害

在北方，前茬收获和后茬播种都集中在6月下旬或7月上旬。播种迟了正赶上雨季。播后若遇雨，土壤板结，影响出苗。出苗后若连续降水，土壤过湿，又会出现“芽涝”，幼苗纤弱。早播可使幼苗健壮生长，抵抗雨涝的为害。9月中、下旬，正值大豆鼓粒期，气温开始下降，雨量也渐减少。当气温下降到18℃以下时，对养分积累和运转不利，使百粒重下降，青荚和秕荚增多。早播可缓解低温和干旱的为害。

3. 早播可保证麦豆双丰收

早播可早收、早腾茬，不误下茬冬小麦适期播种。冬小麦早收又为夏大豆早播创造条件。如此形成良性循环，达到连年季季增产。

夏大豆播种时，可根据土壤墒情，采取不同的播种方法。麦收后墒情较好，多采用浅耕灭茬播种，播前不必耕翻地，只需耙地灭茬，随耙地随播种，此法在黄淮海流域普遍应用。

在时间紧迫，墒情很好的情况下，为了抢墒，也可以留茬（或称板茬）播种，即在小麦收获后不进行整地，在麦茬行间直接播种夏大豆，播后耙地保墒。第一次中耕时将麦茬刨除，将杂草清除，此法还能防止跑墒。

为了保证适期早播，一般在麦收前10~15天内灌一次水。这样，既可促进小麦正常成熟，籽粒饱满，又可为夏大豆抢时早播创造良好的水分条件。

（三）及早管理

1. 早间苗，匀留苗

夏大豆苗期短，不必强调蹲苗，要早间苗、定苗，促进幼苗早发，以防苗弱徒长。间苗时期，以第一片复叶出现时较为适宜。间苗和定苗需一次完成。

2. 早中耕

夏大豆苗期，气温高、雨水多、幼苗矮小，不能覆盖地面，此时田间杂草却生长很快，需及时进行中耕除草，以疏松土壤，防止草荒，促进幼苗生长。雨后或灌水后，要立即中耕，以破除土壤板结及防止水分过分蒸发。中耕可进行2~3次，需在开花前完成。花荚期间，应拔除豆田杂草。

3. 早追肥

夏大豆开花后，营养生长和生殖生长并进，株高、叶片、根系继续增长，不同节位上开花、结荚、鼓粒同期进行，是生长发育最旺盛的阶段，需水、需肥量增加，所以，应在始花期结合中耕追施速效氮肥，如尿素112.5~150千克/公顷。土壤肥力差，植株发育不良时，可提前7~10天追肥，并增加追肥数量，每公顷追施尿素150~225千克。夏大豆施磷肥的增产效果显著。磷肥宜作基肥施入，也可于苗期结合中耕开沟施入。河南省农业科学院在低产田上进行试验的结果表明，大豆初花期追施氮、磷；增产幅度达20%~50%。

4. 巧灌水

夏大豆在播种时或在苗期，常遇到干旱，有条件的地方要提早灌水，使土壤水分保持在20%左右。花荚期通常正逢雨季；但有时也会因为雨量分布不均而出现干旱天气，应及时灌水。花荚期的土壤含水量应保持在30%左右，否则会影响产量。

（四）合理密植

夏大豆植株生长发育快，没有春大豆那么繁茂高大。所以，加大种植密度至关重要。确定夏大豆种植密度的原则是，“晚熟品种宜稀，早熟品种宜密；早播宜稀，晚播宜密；肥地宜稀，薄地宜密。”以山东为例，中熟品种留苗21万~27万株/公顷，早熟品种留苗24万~33万株/公顷。一般采用等行距39厘米。播期若延迟到7月初，留苗数可多至45万株/公顷。辽宁春小麦下茬夏大豆品种一般都是从高纬度的黑龙江引入的，保苗株数为36万~45万株/公顷（袁祖培等，1991）。

北方夏大豆区，南起河南北至辽宁，纵跨8个纬度，南北之间光、温、水等条件有较大的差异，选用夏大豆品种时，应注意高纬度的品种向低纬度引种，植株生长发育加快，生育期缩短；反之，则生长发育减慢，生育期延长。

第八章　向日葵

第一节　概　　述

向日葵是我国主要油料作物之一，由于籽实营养丰富含油脂高，生产成本相对较低，深受生产者和消费者的喜爱，具有很高的实用和经济价值，近年来，向日葵的种植面积也不断增加，经济效益不断提高。但是，由于存在品种杂、乱、多，栽培技术相对滞后等因素，造成产量不高不稳，产品商品性差，不能很好适应市场的需求。本章简单介绍了向日葵综合高产栽培技术，以期为生产实践提供支持。

一、向日葵的基本形态特征及栽培历史

向日葵，是一种可高达 3 米的大型一年生菊科向日葵属植物。其盘型花序可宽达 30 厘米。因花序随太阳转动而得名。向日葵的茎可以长达 3 米，花头可达到 30 厘米。1 年生草本，高 1.0~3.5 米，对于杂交品种也有半米高的。茎直立，粗壮，圆形多棱角，被白色粗硬毛。叶通常互生，心状，卵形或卵圆形，先端锐突或渐尖，有基出 3 脉，边缘具粗锯齿，两面粗糙，被毛，有长柄。头状花序，极大，直径 10~30 厘米，单生于茎顶或枝端，常下倾。总苞片多层，叶质，覆瓦状排列，被长硬毛，夏季开花，花序边缘生黄色的舌状花，不结实。花序中部为两性的管状花，棕色或紫色，结实。瘦果，倒卵形或卵状长圆形，稍扁压，果皮木质化，灰色或黑色，俗称葵花籽。性喜温暖，耐旱。原产北美洲，世界各地均有栽培。

向日葵从野生到人类栽培经历了漫长的历史，但在其驯化过程中主要经历了两次大的飞跃：其一，是北美印第安人把向日葵的野生形态转变成栽培形态；其二，是向日葵引入欧洲后由观赏植物逐渐改造成油料作物。从具体时间看，根据考古发现，在公元前 3 000年在美国西部的美洲印第安人部落就开始使用了野生向日葵，至今美国印第安人还保留着用向日葵作药的传统。他们把向日葵作为神，每到向日葵开花的时候，杀水牛食用以示敬神。西班牙探险家于 1510 年将向日葵从美国引入欧洲。1716 年英国人试验从葵花籽中榨取油脂成功，从此世界上开始有了葵花油。19 世纪中期人们把它作为油料作物大面积种植，20 世纪 60 年代迅速发展。目前全世界种植约 2 000万公顷，分布于 40 多个国家，种植面积较大的有俄罗斯、阿根廷、美国、西班牙、中国、印度、罗马尼亚、法国、南非、塞尔维亚等国。

在明朝人王象晋 1621 年所著《群芳谱》，清初陈扶摇 1688 年所著《种传花镜》及清朝人吴其浚 1848 年所著《植物名实图考》等书中才有了有关叙述，可见向日葵是在

明朝后期才传到我国的。当时主要当作观赏植物或嗑食干果，多种在庭院或小块地上，后来作为商品生产才有了发展。新中国成立初期全国种植近4万公顷，1955年突破6.7万公顷，但仍以嗑食为主。20世纪50年代中期，从前苏联等国引进油用型品种，逐渐纳入油料生产，面积和产量才大有发展和提高。目前全国有20多个省（区）种植，面积约100多万公顷，成为我国主要油料作物之一。

二、我国向日葵的分布及栽培现状

我国的向日葵种植主要分布于黄河以北的省份，如：内蒙古、新疆、河北、东三省、山西、陕西、甘肃、宁夏等省、区；现在市场常见到的品种可分为进口、国产、三系杂交、普通杂交、常规种，主要代表品种：用于嗑食的有三道眉、星火一号、DK119、天K188、美葵、以葵等，用于榨油的有迪卡牌G101、晋葵6号、汾葵杂3、4号、内葵杂1号、龙葵杂1号、白葵杂2号、吉葵杂1号、辽葵杂3号。

我国向日葵杂交种优势利用的研究工作起步较晚，“开始于1974年”大体分为3个阶段。第一阶段（1974～1980年），完成了向日葵三系配套工作“选出了优良杂交种”明确了增产效果和适应区域。第二阶段（1981～1988年），把主攻方向放在提高产量水平上。第三个阶段（1989至今）工作重点转到了提高籽实含油率和抗病育种方面，形成了常规育种为主“生物技术”病理技术为辅的育种体系，研究工作取得了一定的进展。但在向日葵技术领域和国外相比主要问题是资源材料匮乏，育成的杂交种皮壳率高，籽实含油率低，在抗病性和适应性方面，远不如国外品种好，特别是在食用向日葵的研究方面更是空白，没有技术储备，这和我国向日葵产业的发展不相适应。

第二节　向日葵的高产技术

一、轮作选地备耕

1. 轮作

向日葵连作会使土壤养分特别是钾素过度消耗，地力难以恢复。向日葵病害如菌核病、锈病、褐斑病、霜霉病、叶枯病，以及葵螟、蛴螬、小地老虎等，都会因连作而为害加剧。

2. 选地

葵花具有抗旱耐碱的特性，一般耕地及荒地均可种植，但盐碱过重的地块不宜种植。向日葵杂交种应种植于较好耕地上，产量、品质尤其明显，产出比大，收入颇丰，有条件的农户尽可能地利用好地种植为宜。

3. 整地

葵花为深根系作物，因此，种植葵花的地应在秋季用大中型拖拉机深耕，深度要达到30厘米左右，浇好秋水。

二、施肥

1. 需肥特性

据试验每生产 100 千克向日葵子实，需纯 N 3.3~6.1 千克，纯 1.5~2.5 千克，纯 6.3~13.9 千克。向日葵需钾量高于其他作物。

从现蕾到开花特别是从花盘形成至开花，是向日葵养分吸收的关键时期。出苗至花盘形成期间需磷素较多，花盘形成至开花末期需氮较多，而花盘形成至蜡熟期吸收钾较多。

2. 施肥技术

（1）基肥　以有机肥为主，配合施用化肥，可以为向日葵持续提供养分。基肥施用量，一般亩施 1 500~2 000千克。施用方法有撒施、条施和穴施 3 种。

（2）种肥　常规品种如星火花葵每亩施磷二铵 4~5 千克加“三元”复合肥 5 千克；向日葵杂交种每亩施磷二胺 15 千克加“三元”复合肥 10 千克。

（3）追肥　向日葵需在现蕾期之前追肥，每亩施尿素 20~25 千克。

三、播种

1. 品种

食用向日葵的主要品种有：常规种，三道眉、星火花葵、星火黑大片和美二花葵等；杂交种，进口迪卡牌 DK119、国产 DK119 以及 RH118、RH3148、RH3708、RH3138、美葵 138 等。油用向日葵的主要品种有：S33（澳 33）、S47、G101、Kws303、Kws203、康地 102 等。

2. 播种期

葵花一般在 10 厘米土层温度连续 5 天达到 8~10℃时即可播种。一般常规品种适宜播种期为 4 月下旬。杂交品种生育期大于 105 天，一般播期为 5 月 10 日左右；生育期小于 105 天，一般播期为 5 月下旬。

3. 播种方法

葵花种植以单种为好，最好集中连片种植，但也可以在地埂及沟沿上种植。播种一般采用玉米点播器点播，也可用锄头开沟或铲子点播，播种深度以 3~5 厘米为宜。

4. 种植密度

（1）常规品种　采用大小行种植，覆膜种植大行 3 尺，小行 2 尺，株距 1.2 尺，亩留苗 2 000株；不覆膜大行距 2.8 尺，小行距 1.4 尺，株距 1.3，亩留苗 2 198株。

（2）食葵杂交种　采用大小行覆膜种植，大行 2.4 尺，小行 1.2 尺，株距 1.2 尺，亩留苗 2 770株。

（3）油葵杂交种　采用大小行种植，大行 2.4 尺，小行 1 尺，早熟品种如 G101、S33 等株距 9 寸，亩留苗 3 900株左右；晚熟种如 S47、S40 等株距 1 尺，亩留苗 3 500株。

5. 种子处理

近年来地下害虫严重，播前必须进行种子处理。具体方法为：用 40%甲基异柳磷

50g 对水 3~4 千克喷拌种子 30 千克，闷种 6 小时，待种子阴凉七成干后即可播种。

四、田间管理

1. 间苗定苗

向日葵苗期生长快，发育早，为防止幼苗拥挤、徒长，当幼苗出现 1 对真叶时即应间苗。随之，当 2 对真叶时就应定苗。病虫害严重或易受碱害的地方，定苗可稍晚些，但最晚也不宜在 3 对真叶出现之后。

2. 中耕除草

向日葵田一般锄 3 次。第一次结合间苗进行除草；第二次结合定苗进行铲锄；第三次中耕除草在封垄之前进行。中耕的同时，应进行培土，以防倒伏。

3. 浇水

葵花属比较耐旱的作物。一般苗期不需浇水，适当推迟头水灌溉时间，葵花现蕾期之前浇头水，开花期浇二水，灌浆期浇三水，整个生育期一般浇水 3 次即可。后期浇水应注意防风，以免倒伏。另外，若遇连雨或持续高温干旱，应酌情少浇水，同时进行叶面喷水。特别注意葵花开花以后不可缺水，做到“见干见湿”的原则。

4. 打杈和人工授粉

有的向日葵品种有分枝的特性，分枝一经出现，就会造成养分分散，影响主茎花盘的发育。因此，当植株出现分杈，应及时打掉。

向日葵主要靠蜜蜂传粉。养蜂授粉，既可减少向日葵空壳率，又可采收蜂蜜，一举两得。在蜂源缺乏的地方，需进行人工辅助授粉，以提高结实率。人工授粉的时间，可在 9:00~11:00 时进行。这时花粉粒多，生活力旺盛，授粉效果好。

五、防治病害

在向日葵生产过程中，及时防治病害，做好向日葵的保护工作，是保证向日葵正常生育、高产稳产的重要环节。

向日葵病害种类很多，为害较重。目前，国内外向日葵主要病虫害有褐斑病、黑斑病、菌核病、锈病、黄萎病、灰腐烂病、露菌病和浅灰腐烂病等。

防治方法：

1. 向日葵菌核病

各生育期均可受害，病菌可侵染根、茎、叶、花盘等部位，形成根腐、茎腐、烂盘等。

（1）根腐型　发病部位主要是茎基部和根部，初呈水浸状，潮湿时长出白色菌丝，干燥后茎基部收缩，全株呈立枯状枯死，菌丝凝结成团，形成鼠屎状菌核于基部周围。

（2）茎腐型　发生在成株期，主要侵染植株的茎基部和中下部，病斑初为褐色水浸状，茎秆易被折断，茎内外形成大量的菌核。

（3）盘腐型　主要发生在向日葵开花末期，花盘背面全部或局部出现水浸状病斑，变褐软化，整个花盘腐烂，长出白色菌丝，逐渐产生菌核，自行脱落。

防治：向日葵菌核病的防治以农业防治和耐病品种为主。

①向日葵制种和繁育基地，要进行严格的产地检疫。

②合理轮作，至少要有三年以上的轮作期。

③选用耐病品种。

④加强栽培管理：调整播期，适时早播或晚播；向日葵地要进行深松深耕，耕深应为10~15厘米，并要及时清理病残体，减少病源；合理稀植，提倡麦葵间作；合理施肥，培育壮苗。

⑤药剂防治：a. 土壤处理：50%速克灵可湿性粉剂每公顷15千克拌适量砂土，结合播种均匀随种施入。b. 种子处理：2.5%适时乐悬浮种衣剂、40%菌核净可湿性粉剂按种子量的0.2%~0.5%拌种。c. 药剂喷施：50%速克灵可湿性粉剂1 500~2 000倍液、40%菌灵净可湿性粉剂1 000~1 500倍液、50%多菌灵可湿性粉剂500倍液、40%菌核净可湿性粉剂800倍液均匀喷撒。

2. 向日葵锈病

向日葵的整个生育期均可受害，病菌可侵染叶、茎、花盘等部位。苗期发病，叶片正面出现黄褐色小斑点，后期变成小黑点；叶片的正面产生黄色小点，之后病叶上出现圆形或近圆形的黄褐色小疱。破裂后散出褐色粉末，即病菌的夏孢子堆和夏孢子。到夏末秋初，在夏孢子堆周围形成大量黑色小疱，破裂后散出铁锈色粉末，即病菌的冬孢子堆和冬孢子。在花盘、萼片以及茎上的孢子堆情况与叶片上相似，但数量较少，且只有夏孢子堆和冬孢子堆。发生严重时叶片上布满褐疱，叶片成铁锈色，早期枯死。

防治方法：

（1）选用抗病品种

（2）加强栽培管理，及时中耕，合理施用磷肥和锌肥 收获后彻底清除田间病残体，深翻地，将遗留在地面上的病叶翻入土下，以减少大量越冬菌源，减轻第二年发病。

（3）药剂防治

①种子处理：2%立克秀可湿性粉剂按种子量的0.3%拌种，或25%羟锈宁可湿性粉剂按种子量的0.5%拌种。

②生育期喷施：在发病初期开始喷药，每隔10天喷1次，连续喷2~3次。

3. 向日葵霜霉病

向日葵的整个生育期均可受害，苗期染病，2~3片真叶时开始显现症状，叶片受害后叶面沿叶脉开始出现褪绿斑块，若遇降雨或高湿，病叶背面可见浓密白色霉层。但在持续干旱条件下，即使在发病特别严重的植株，也不出现霉层。病株生长迟缓，形成矮缩，往往不等开花就逐渐枯死；成株期染病叶片呈现大小不一的多角形褪绿斑，湿度大时叶背病斑也有白色霉层，少数感染轻的病株可以开花结实，种子小而白或与健康种子区别不大，但种子可以带菌成为第二年初侵染来源。

防治方法：

（1）选用抗病品种 如G101，诺葵212、KWS303等。

（2）合理轮作 至少要有三年以上的轮作期。

（3）加强栽培管理 适时播种，密度适当，不宜过密、过深。

（4）药剂防治

①种子处理：25%瑞毒霉可湿性粉剂按种子量的 0.4%拌种，或用 58%甲霜灵锰锌可湿性粉剂按种子量的 0.3%拌种。

②药剂喷施：苗期或成株发病后，喷洒 58%甲霜灵锰锌可湿性粉剂 1 000倍液、25%甲霜灵可湿性粉剂 800～1 000倍液、40%增效瑞毒霉可湿性粉剂 600～800 倍液、72%霜脲·锰锌可湿性粉剂 700～800 倍液，对上述杀菌剂产生抗药性的地区可改用 69%安克·锰锌可湿性粉剂 900～1 000倍液。

4. 向日葵黄萎病

向日葵黄萎病主要在成株期发生，开花前后叶尖叶肉部分开始褪绿，然后整个叶片的叶肉组织褪绿，叶缘和侧脉之间发黄，后转褐色。病情由下向上发展，横剖病茎维管束褐变。发病重的植株下部叶片全部干枯死亡，中位叶呈斑驳状，严重的开花前即枯死，湿度大时叶两面或茎部均可出现白霉。

防治方法：

（1）选用抗病品种

（2）合理轮作　至少要有三年以上的轮作期。

（3）加强栽培管理　适期播种，合理密植，增施磷钾肥，增强植株抗病性，及时清理田间病残体，减少病源，发病的茎秆要及时烧毁，以防病害扩散蔓延。

（4）药剂防治

①种子处理：50%多菌灵可湿性粉剂、50%甲基硫菌灵可湿性粉剂按种子量的 0.5%拌种，或用 80%福美双可湿性粉剂按种子重的 0.2%拌种。

②灌根：20%萎锈灵乳油 400 倍液灌根，每株灌对好的药液 500 毫升。

③叶面喷施：发病初期，用 50%退菌特可湿性粉剂 500 倍液、50%多菌灵可湿性粉剂 500 倍液、70%甲基硫菌灵可湿性粉剂 800～1 000倍液、64%杀毒矾可湿性粉剂 1 000倍液、77%可杀得 101 可湿性粉剂 400 倍液、14%络氨铜可湿性粉剂 250 倍液、75%百菌清可湿性粉剂 800 倍液等进行叶面喷施。

第九章　油料作物

第一节　概　　述

芝麻属于胡麻科，是胡麻的籽种。虽然它的近亲在非洲出现，但品种的自然起源仍然是未知的。它遍布世界上的热带地区。芝麻是我国四大食用油料作物的佼佼者，是我国主要油料作物之一。芝麻产品具较高的应用价值。它的种子含油量高达61%。我国自古就有许多用芝麻和芝麻油制作的名特食品和美味佳肴，一直著称于世。

一、现状

近几年中国芝麻产量大幅下降，2002年芝麻产量高达89.5万吨，2011年芝麻产量降低到58万吨。但是随着人们生活水平的提高，健康意识的增强，对芝麻及其制品消费量呈增长趋势。由于供需缺口不断扩大，芝麻进口量逐年增加，年均增长率超过10%，2011年进口量高达38.9万吨。

二、价值

芝麻有黑白两种，食用以白芝麻为好，补益药用则以黑芝麻为佳。它既是油料作物，又是工业原料。古代养生学陶弘景对它的评价是“八谷之中，唯此为良”。芝麻含有大量的脂肪和蛋白质，还有膳食纤维、维生素 B_1、维生素 B_2、尼克酸、维生素E、卵磷脂、钙、铁、镁等营养成分；芝麻中的亚油酸有调节胆固醇的作用。芝麻中含有丰富的维生素E，能防止过氧化脂质对皮肤的危害，抵消或中和细胞内有害物质游离基的积聚，可使皮肤白皙润泽，并能防止各种皮肤炎症。芝麻还具有养血的功效，可以治疗皮肤干枯、粗糙、令皮肤细腻光滑、红润光泽。日常生活中，人们吃的多是芝麻制品：芝麻酱和香油。而吃整粒芝麻的方式则不是很科学，因为芝麻仁外面有一层稍硬的膜，只有把它碾碎，其中的营养素才能被吸收。所以，整粒的芝麻炒熟后，最好用食品加工机搅碎或用小石磨碾碎了再吃。

三、形态特征

全株长着茸毛。茎直立，高约1米，下圆上方。总状花序顶生花单生，或两三朵簇生于叶腋。圆筒状，唇形，淡红、紫、白色。因品种不同，长筒形蒴果的棱数有4、6、8不等。种子扁圆，有白、黄、棕红或黑色，以白色的种子含油量较高，黑色的种子入药，味甘性平，有补肝益肾、润燥通便之功。芝麻油中含有大量人体必需的脂肪酸，亚油酸的含量高达43.7%，比菜油、花生油都高。芝麻的茎、叶、花都可以提取芳香油。

四、分布

芝麻原产中国云贵高原。黄淮、江淮地区芝麻种植面积占全国的60%以上。

第二节 夏芝麻高产栽培技术

夏芝麻栽培在小麦收获后种植，劳动力紧张，播期短，免耕直播可缓解夏芝麻种植劳动力紧张，延长生育期，降低成本。该项技术对于大面积提高黄淮芝麻主产区芝麻种植效益具有重要意义。由于省工省时、成本低，在黄淮芝麻主产区得到了大面积的应用，示范区平均比非示范区增产15%左右。

一、播前准备

小麦收获时留茬高度低于20厘米，有利于芝麻播种和幼苗生长。

二、适墒播种

麦收后墒情适宜，及早播种；墒情不足，灌溉播种。

三、播种方式

机械条播，行距40厘米，播种深度3~5厘米，亩播种量0.3~0.5千克；如果使用联合播种机，播种时每亩可同时施入底肥10~15千克复合肥，播种施肥一次完成。

四、合理密植

高肥水条件下密度每亩1.0万~1.2万株，一般田块每亩1.2万~1.5万株；播期每推迟5天播种，每亩密度增加2 000株。

五、田间管理

(一) 及时间苗、定苗

夏芝麻出苗后，2对真叶间苗，4对真叶定苗。

(二) 化学除草

播后苗前用72%都尔0.1~0.2升/亩，对水50升，均匀喷雾土表；或出苗后12天用12.5%盖草能40毫升/亩，加水40升喷雾。

(三) 科学施肥

初花期追施尿素8~10千克/亩。

(四) 及时防治病虫害

苗期小地老虎防治可及时采取毒饵诱杀，用敌百虫等药剂与炒香的麦麸或饼粉混合，拌匀后在芝麻田撒施；甜菜夜蛾、芝麻天蛾和盲椿象防治可用50%辛硫磷乳油加

2.5%溴氰菊酯等1 000倍液，喷杀三龄前幼虫。枯萎病、茎点枯病、叶部病害用70%代森锰锌800倍液、50%多菌灵500倍液防治；细菌性角斑病用72%农用硫酸链霉素2 000倍液防治。一般在发病初期用药，全田喷雾2~3次，间隔时间为5~7天。

六、注意事项

该技术适宜在黄淮夏芝麻产区大面积推广应用。杂草较多地块，不适合免耕直播。免耕直播地块应选择非重茬地、抗病高产芝麻品种。加强苗期田间管理，以免草荒。

第三节　春芝麻栽培技术

一、适时播种

因为芝麻是喜温作物。因此，一般在春分至清明为播种适期，力争早播，若春暖早，要提前一个季节播种。迟播气温较高雨水偏多，生长期短，易早衰，怕风害，产量低。

二、精细整地

应选择土壤疏松，肥沃，不渍水的旱地或坡地种植。种植前要做到整地细碎，平、净，然后高旱地可按畦宽3米、长30米，畦高15厘米左右的规格整地。若在水田种植，应畦宽2米，长30米，畦高18厘米，沟宽15厘米。因为老农有“尺高芝麻，寸水浸死，地里有沟，芝麻增收”的说法。

三、施足基肥

可亩用沤腐熟的过磷酸钙30千克，草木灰100千克、氯化钾10千克。如瘦瘠的土壤可加尿素4千克混合撒施，然后充分耙匀后起畦播种。拌种肥一般亩用沤好的饼肥20千克，骨粉2千克，尿素2千克，土杂肥500千克左右混合种子撒播。

四、播种用量

亩用种量为：撒播的亩播种量0.45千克；条播的亩播种量为0.35千克。点播的0.25千克。一般亩播种量不超过0.5千克。播种方式：撒播法：将种子混合土杂肥撒于地面，播后用耙轻耙一次，并轻压。条播：一般采用单秆形，窄行条播，行距33厘米，播幅17厘米。播种后稍压实。分枝形品种可采用宽行条播，行距50厘米，播幅20厘米，条播要先把种子和细土20千克混合播种后，再用500千克土杂肥作盖种肥。点播：行距33厘米，穴距20厘米，每穴播种约10粒，播后盖上土杂肥，稍加压实。播种最好在土壤湿润时播下，播后如遇干旱，应淋水或灌跑马水，速灌速排，使土壤不渍水，又不板结，易于出苗。

五、间苗定苗

在芝麻长出 1 对真叶时进行第一次间苗。在芝麻长出 2~3 对真叶时进行第二次去弱留强间苗。在 3~4 对真叶时进行移苗补苗。补苗应在雨后或阴天傍晚进行，移植后淋水定根。一般单秆形品种亩留 2 万株左右，分枝形品种亩留 1.2 万~1.5 万株。

六、中耕培土

一般第一次中耕宜浅锄，以锄表土为宜，应在 1~2 对真叶时进行。第二次中耕，在芝麻长出 3 对真叶，中耕可深 6 厘米左右。第三次中耕可在 5 对真叶时进行，深度可达 7~9 厘米左右。芝麻封行后应停止中耕，每次中耕应结合除草施肥和培土，防止倒伏。同时，疏通田间沟和田边沟，防止渍水。

七、施肥技术

除施足上面所说的基肥和种肥之外，追肥是提高芝麻产量的有效措施。地面施肥，可亩施尿素 6~9 千克，苗期施用 1/3，蕾期和盛花期施用 2/3。一般单秆形品种以现蕾至始花阶段施用。分枝形品种在分枝出现时施用，瘦瘠土地可提前在苗期多施，并适当增施。

八、科学用水

芝麻对水分的反应极为敏感。既不能长时间干旱，又不能渍水。所以在用水上，要做到既不干旱又不渍水。并且要做到雨前不中耕，雨后不渍水，经常保持土壤湿润。特别是现蕾以后，如遇干旱，产量会明显降低。

九、根外追肥

根外追肥能使芝麻增产 10%以上。具体方法是：在芝麻始花至盛花阶段，亩用磷酸二氢钾 0.2 千克加尿素 0.5 千克对水 125 千克于晴天 15:00 时后喷施。以后隔 5 天喷 1 次，连续 3~5 次。从第三次起可单用尿素对水喷施。如喷后遇雨应在第二天补喷。

十、防治病虫害

芝麻的病害有根腐病、炭疽病和叶斑病等。防治方法如下。

选用抗病品种。合理轮作。药剂防治。可亩用 0.3 波美度的石硫合剂 100 千克或 50%的托布津 2 000倍液或用 1：1：150 的波尔多液喷雾。如果是青枯病，亩用 1：1：300 的波尔多液喷根部即可防治。芝麻的虫害有小地老虎和毛虫、刺蛾，斜纹夜蛾、金龟子、萤火虫等。防治方法：可亩用 80%敌敌畏乳剂 100 毫升或 90%晶体敌百虫 150 克对水 75 千克喷雾。也可用 5%高效鱼藤氰 3 000~3 500倍液喷洒，即可把害虫杀灭。

十一、适时采收

芝麻终花期后 20 天左右便可成熟。其特征是茎叶及果实变为黄色，并大量落叶，还有少量出现裂果，这时便可收获。收割时，捆成小扎，放在地上翻晒。当晒至 50%裂果时，用 2 扎互相撞击，使其脱落。经过 2~3 次脱粒以后，便要将芝麻秆堆沤 2~4 天，使果内假隔膜分离，干燥，种子易于脱落。然后用淘洗法除沙、晒干、扬净，使可进行加工或贮藏。

第四节　其他油料作物病害

一、花生褐斑病

(一) 病害特征

1. 花生褐斑病

这种病害在发生初期，病叶上先形成黄褐色或铁锈色针头大小的病斑，以后逐渐扩大，形成直径 4~10 毫米大小不等的病斑，病斑呈近圆形或不规则形，表面淡褐色或暗褐色，边缘有较明显的黄色晕圈，严重时几个病斑连在一起，使叶片干枯。

2. 黑斑病

黑斑病发生初期叶片症状与褐斑病难以区别，后期病斑多为圆形或近圆形，直径一般为 1~5 毫米，呈黑褐色或黑色，病斑周围黄色晕圈不明显，在老病斑叶片背面，生有许多黑色小点，排列成同心轮纹，在潮湿的情况下，病斑上长一层灰褐色的霉状物。

3. 花生焦斑病

该病多从花生的边缘发病，感染病害后的病斑呈“V”字形。病斑较大，呈黑色，严重的会造成叶片萎蔫、干枯、脱落。

(二) 发病原因

花生发生叶斑病的主要原因，与轮作周期短、高温高湿的环境、品种抗病性弱，砂质土地肥力差，施肥不足等有密切的关系。秋季多雨气候潮湿病害重，干旱少雨病害轻；其次和生育期有关，通常生长前期发病轻，后期发病重，幼嫩叶片发病轻，老叶发病重，一般花生在收获前 1 个月，即 7 月中下旬至 8 月中下旬发病最重；再次和品种有关，最后和栽培管理有关，病害发生与花生连作和花生长势明显有关，连作地菌源量大病害重，连作年限越长病害越重，通常土质好、肥力高、长势强的地块病害轻，而坡地，沙性强、肥力低、长势弱的地块病害重。

(三) 防治措施

1. 喷施叶面肥

对于肥力不足的砂性壤土地，当夏花生进入结荚后期，应及时喷施叶面肥，可结合杀虫剂和杀菌剂混配施用。一般每亩每次用尿素 250 克，磷酸二氢钾 150 克，加水 30 千克喷施，每 7 天左右喷施 1 次，连续喷施 2~3 次。

2. 科学用药

在发病初期，当病叶率达 10%~15%时开始施药，可用 50%多菌灵可湿性粉剂 1 000倍液，或用 70%甲基硫菌灵可湿性粉剂 1 500倍液，或用 75%百菌清可湿性粉剂

600倍液喷雾防治，每隔7~10天喷1次，连喷2~3次。

二、油菜菌核病

（一）发病症状

苗期发病，基叶与叶柄出现红褐色斑点。后扩大转为白色，组织被腐蚀，上面长出白色絮状菌丝。病斑绕茎后，幼苗死亡。成株期叶片发病时病斑呈圆形或不规则形，中心灰褐色或黄褐色，中层暗青色，外缘具有黄晕。在潮湿情况下迅速扩展，全叶腐烂；茎部感病后病斑呈梭形，略有下陷，中部白色，边缘褐色。在潮湿条件下，病斑发展非常迅速，上面长出白色菌丝，到病害晚期，茎髓被蚀空，皮层纵裂，维管束外露，极易折断，茎内形成许多黑色鼠屎状菌核。重病株全部枯死，轻病株部分枯死或提早枯熟，种子不饱满，产量和含油率降低。

（二）病源及发病规律

菌核病是由油菜菌核菌引起的，病菌以鼠屎状的菌核寄生在土壤、种子和病株残体中越夏、越冬。当年10~12月，土壤湿度极大时，少数菌核可以直接萌发，生出菌丝侵染油菜幼苗，多数菌核次年春，随着气温回升，雨水增多，产生菌丝，可直接从植株表皮细胞间隙，花瓣、伤口和自然孔口侵入。田间传播主要靠囊孢子大量侵染花瓣，感病花瓣脱落到叶片上引起叶片发病。叶病扩展蔓延至茎上或病叶腐烂后黏附在茎上，从而引起茎秆发病。另外，已发病的茎秆、枝叶与无病的茎秆、枝叶接触也会引起病害的再侵染。

（三）防治措施

1. 施药最佳时期

在初花期施药一次，隔7~10天后再施药一次。

2. 药剂及防治方法

目前防治油菜菌核病效果较好的药剂有：36%速杀菌可湿性粉剂120克/667平方米、50%菜菌克可湿性粉剂105克/667平方米、50%禾枯灵可湿性粉剂150克/667平方米、50%速克灵（或菌核净）可湿性粉剂80~100克/667平方米；25%保鲜乳油30~40克/667平方米；2%菌克毒GAS120~180克/667平方米药剂应重点喷于油菜中下部。

第五节 其他油料作物害虫

一、豆天蛾

（一）为害症状

豆天蛾以幼虫取食大豆叶，低龄幼虫吃成网孔和缺刻，高龄幼虫食量增大，严重时，可将豆株吃成光秆，使之不能结荚。

（二）生活习性

豆天蛾每年发生1~2代，一般黄淮流域发生一代。以末龄幼虫在土中9~12厘米深处越冬，越冬场所多在豆田及其附近土堆边、田埂等向阳地。成虫昼伏夜出，白天栖息于生长茂盛的作物茎秆中部，傍晚开始活动。飞翔力强，可作远距离高飞。有喜食花蜜的习性，对黑光灯有较强的趋性。卵多散产于豆株叶背面，少数产在叶正面和茎秆上。每叶上可产1~2粒卵。初孵幼虫有背光性，白天潜伏于叶背，1~2龄幼虫一般不转株为害，3~4龄因食量增大则有转株为害习性。

（三）防治措施

一是喷粉用2.5%敌百虫粉剂或2%西维因粉剂，每亩喷2~2.5千克。

二是喷雾用90%晶体敌百虫800~1 000倍，或用45%马拉硫磷乳油1 000倍，或用50%辛硫磷乳油1 500倍，或用2.5溴氰菊酯乳剂5 000倍液，每亩喷药液75千克。

二、大豆食心虫

（一）发生规律

大豆食心虫每年发生一代，以幼虫蛀入豆荚为害豆粒，以老熟幼虫在土内作茧越冬。次年7月中旬破茧在土表化蛹。成虫在7月下旬至8月上旬开始出现，8月中旬产卵盛期，产卵5~8天。幼虫孵化后在荚上爬行8~24小时蛀荚为害。8月下旬为入荚盛期，荚内为害20~30天，9月脱荚入土越冬。

（二）发生条件

（1）大豆食心虫的发生受土壤湿度和温度影响很大　土壤含水量20%时最适宜化蛹和羽化出土，20~25℃、相对湿度90%时最适宜成虫产卵。

（2）与天敌有关　已知天敌赤眼蜂和中国瘦姬蜂。同时幼虫可被白僵菌寄生。

（3）不同品种的大豆食心虫为害程度不一样　豆荚毛长而密的着卵较无毛的品种多；荚毛直立的比弯曲的着卵多；品种结荚过早或过晚的不适于幼虫蛀入而为害轻。

（4）大豆连作地块比轮作地块受害重　食心虫9月幼虫脱荚入土越冬，成为来年豆田的虫源，因此，实行远距离轮作可减轻为害。

（三）防治方法

每亩用2.5%溴氰菊酯75毫升加水1~2倍在成虫盛发期和成虫打团飞后5~6天进行超低容量喷雾；1.5%甲基1605粉剂喷雾，每亩2~3千克；或亩用80%敌敌畏乳油100~150毫升浸泡玉米秆或玉米芯，每隔4垄插一垄；每隔5米远插一根，注意远离高粱田。

第十章　棉　花

第一节　棉花栽培技术

棉花属锦葵科棉属植物，是重要的经济作物，是纺织工业的重要原料，我国是一个植棉大国，棉花种植面积居世界前列，种好棉花也是农民增加收入的重要途径，棉花是一种技术性很强的作物，栽培技术水平的高低，产量差异很大。现将棉花高产栽培技术介绍如下：

一、地块选择

棉花是喜温、喜光作物。根系发达，根深达 2 米以上。因此，棉田应选择土层深厚，肥力中等以上的地块。土质黏重、光照差、容易积水的地块不宜种棉花。

二、施足底肥

棉花生育期长，根系分布深而广，不但要求表层土壤具有丰富的矿质营养，而且耕层深也应保持较高的肥力，并能缓慢释放养分。基肥是在棉花播种前翻耕施入土壤的，可以满足这个要求。基肥以农家肥为主，可在秋冬季节，结合深耕深翻施入土壤，也可以在春天整地时施用。一般亩施优质农家肥 3 000~4 000千克，优质复合肥 30~50 千克，同时每亩底施锌、硼肥各 1~2 千克。

三、选用优良品种

选择优良品种是获得优质高产的关键，在本地选择的品种一般要求春棉生育期 135 天左右，抗棉铃虫和黄枯萎病能力强，高产优质，经国审或省审的品种，适宜本地种植的品种有中棉 29 号、中棉 53 号，鲁棉研 15 号、鲁棉研 20 号、鲁棉研 23 号、鲁棉研 24 号、鲁棉研 25 号等杂交抗虫棉品种。

四、适期播种

（一）地膜覆盖直播棉，适时播种是一播全苗的关键

温度指标：以当地 5 厘米地温 5 天稳定通过 15℃时为适宜播种期。本地稳定通过 15℃的时间在 4 月 15 日。最迟不超过 4 月 20 日。选晴天上午下种。一般是先播种后覆膜。每穴播 2~3 粒，播深严格掌握在 3~4 厘米，做到深浅一致。覆膜前，亩用乙草胺 100~150 毫升，对水 30~40 千克均匀喷施防除杂草，然后覆膜，地膜选用幅宽 120 厘

米，一膜盖双行。

（二）营养钵育苗

1. 苗床选择

选择土壤肥沃、排水条件好、背风向阳、交通方便，多年没有种植过棉花的地块作苗床。苗床宜选南北方向，宽 1.3 米，长 8~10 米，深 14~16 厘米，床沿高于地面 4~5 厘米。

2. 配制营养土

年前将所需营养土备足。即在所定苗床地方将表土翻挖，冻土晒垡，熟化土壤。播种前 30~40 天培肥营养土。棉花育苗提倡高磷高钾低氮，氮、磷、钾、硼、锌、镁比例要合理，才能育苗出壮苗。每立方营养土需加 45%复合肥 1~2 千克，再加腐熟的饼肥 5 千克，充分拌匀打堆拍紧盖膜，每隔 10~15 天翻一次，使其充分熟化后备用。

3. 严控播量，一播全苗

一钵只播一粒，种子平摆，迅速盖土覆膜，盖籽土厚度以 1 厘米为宜，使棉花出苗后达到棉苗齐、匀、壮。

五、培育壮苗

（一）地膜覆盖棉管理

棉苗出土后，当子叶由黄变绿，抓住晴天及时开孔放苗，特别是遇到晴天高温时，要及早放苗，防止高温膜下烧苗，放苗后等子叶上水分干后，及时用细土封严膜口。当棉苗出齐后，及时间苗，去弱留强，每穴留 2 棵苗，长出第二片真叶时定苗，每穴留 1 棵壮苗。在定苗时凡遇到只缺一苗的，相邻穴可留双苗代替缺苗，如果缺苗 2 棵及以上的，一定要补缺，保证留足所要求的密度。

（二）营养钵苗管理

苗床管理要做到“一控五防三及时”，即控制好温湿度，防止高温烧苗、寒流冻苗、发病死苗、高脚旺苗和铁秆老苗，及时通风炼苗。出苗阶段，床温控制在 30~35℃；以利于快速出苗，当棉苗出齐后，及时开口通风调温，床温保持在 25~30℃；当棉苗长出 2 片真叶后，床温控制在 20℃左右，晴天白天揭膜晚上盖膜，在移栽前 5~7 天，可昼夜不盖膜进行炼苗，但遇到低温寒流一定要盖膜，做到苗不移栽膜不离床。一般出苗前不浇水，不旱不浇水，只有当苗床缺墒、苗茎明显变红时，才需浇水；浇水时要选晴天，采取小水细流一次浇透，切勿大水漫灌和经常浇水，防止形成高脚苗。

六、适时移栽，保证移栽质量

移栽时间。播后 25~30 天棉苗达 3~4 叶一心时，即可移栽，移栽密度可依据品种的特性和土壤不同的地力来确定。杂交棉一般个体优势强、植株高大、结铃多，行距 1 米，株距 0.45 米，亩栽 1 800株；肥力较差的棉田：行距宽 1 米，株距 0.3 米，亩栽 2 200株。

七、田间管理

（一）及时抗旱

棉花一生需水量较多，灌水，要做到看天、看地、看苗情。一是12:00~13:00时，看棉株顶部3~4片叶开始出现蔫萎时，就应立即抗旱；二是抗旱应在10:00时前，16:00时后或晚上进行；三是提倡沟灌，反对漫灌；四是棉田灌溉后如遇到大风，棉花吹倒后要及时扶正，以利迅速恢复棉花正常生长。

（二）整枝技术

1. 去叶枝

当第一个果枝出现后，将第一果枝以下叶枝及时去掉，保留主茎叶片给根系提供有机养料，称为去叶枝或抹油条。去叶枝是控制棉花旺长夺取高产的手段之一，弱苗和缺苗处的棉株可以不去叶枝，等其伸长后再打边心。去叶枝在现蕾初期进行。一般株型松散的中熟品种需要去叶枝，株型紧凑的早熟品种可不进行此项工作。

2. 打顶

打顶能消除顶端优势，调节光合产物在各器官内呈均衡分布，增加下部结实器官中养分分配比例，加强同化产物向根系中的运输，增强根系活力和吸收养分的能力，进而提高成铃率。

3. 打边心

打边心就是打去果枝的顶尖。打边心可控制果枝横向生长，改善田间通风透光条件，利于提高成铃率，增加铃重，促进早熟。生产上对肥水充足，长势较旺，密度较大的棉田，在田管中后期，自下而上分次打去群尖，并结合结铃情况，下部留2~3个果节，中部留3~4个果节，上部可根据当地初霜期早晚打。

（三）合理追肥

1. 轻施苗肥

追施苗肥，可以促进根系发育，培育壮苗。苗肥一般以氮肥为主，可根据苗情、地力、基肥等情况而定。对于地力差、基肥不足、长势弱的棉田，每亩追施尿素或高氮复合肥5~10千克，开沟条施，施后覆土。对于肥力高、基肥足的棉田，可以不追施苗肥。

2. 稳施蕾肥

棉花现蕾后对养分的需求逐渐增加，蕾期合理追肥，能够满足棉株发棵的需要，协调营养生长与生殖生长的关系，促进植株稳健生长。一般在棉花现蕾初期亩追施史丹利复合肥15~20千克。追肥方法以开沟深施为好，并与棉株保持适当距离，避免伤根，影响正常生长。

3. 重施花铃肥

花铃期是棉花需肥最多的时期，重施花铃肥对争取“三桃”有显著作用。一般亩施尿素史丹利复合肥20~30千克。对地力差、基肥少、长势弱的棉田，可适当早施，在棉株开花达80%以上，并坐住1~2个幼桃时进行追施，追肥方法以条施为宜。

4. 补施盖顶肥

补施盖顶肥主要防止棉花后期缺肥而早衰，促进植株稳健生长，增强抗病、抗虫、抗早衰能力，争取多结秋桃和增加铃重。一般于打顶前后进行根外追肥，对缺氮或早衰棉田，每亩喷施1%尿素溶液50~75千克，5~7天一次，连喷2~3次。对缺磷、钾或旺长贪青晚熟棉田，每隔7~10天喷一次0.2%磷酸二氢钾溶液，连喷2~3次，以达到后期不黄叶、不落叶、不早衰、高产优质的目的。

（四）合理化控

杂交棉因植株高大，应合理化控，塑造理想株型，保持果枝间平均两指半（3~4厘米），株高150~160厘米合理株型。化调化控掌握两轻、中适、后适量及少量多次原则，并结合看苗、看天、看棉地等因素进行，对长势偏旺需化控棉田，一般蕾期亩用助壮素2~3毫升或用0.8~1克缩节胺对水15千克均匀喷施，不重施，长势较弱的棉苗少用或不用。

八、病虫害防治

（一）棉花的害虫

重点防治小地老虎、棉蚜、棉铃虫、红蜘蛛、盲椿象等。防治小地老虎，可用90%敌百虫晶体50克对水2.5~5千克，喷在切碎的40千克鲜菜叶上，均匀搅拌后分堆撒施。或用2.5%三氟氯氰菊酯乳油1 000~1 500倍液于傍晚喷在棉苗基部。防治棉蚜、盲椿象，可采用10%吡虫啉或5%啶虫脒或2.5%三氟氯氰菊酯乳油1 000~1 500倍液进行防治。防治红蜘蛛，可用1.8%阿维菌素乳油3 000~4 000倍液或20%哒螨灵乳油2 000~3 000倍液在叶的正反面均匀喷施。防治棉铃虫，如果选用抗虫棉品种，对一二代棉铃虫一般不防治，重点防治三四代棉铃虫。花铃期防治合理用药是关键，可用4.5%高效氯氰菊酯乳油800~1 000倍液或2.5%三氟氯氰菊酯乳油1 500~2 000倍液、50%辛硫磷乳油1 000~1 500倍液或48%毒死蜱1 000~1 500倍液防治，喷药时间应在阴天或晴天早上或傍晚，做到“两翻一扣，四面打透”。

（二）棉花的主要病害

要重点防治立枯病、炭疽病、黄枯萎病等。防治立枯病、炭疽病，可用50%多菌灵可湿性粉剂600~800倍液灌根，防治黄枯萎病，选用抗（耐）病品种，播前进行种子处理或脱绒包衣；与禾谷类作物轮作倒茬或水旱轮作；增施钾肥，优化配方施肥，使棉株健壮生长，提高抗逆能力；清除田间枯枝落叶并及时拔除病株带到田外销毁，减少田间病原菌；适时中耕散墒，降低田间湿度。药剂防治，可用40%五氯硝基苯1千克拌棉种100千克或55%敌克松可湿性粉剂500倍液灌根。定苗后用80%乙蒜素水剂500~800倍液或3%广枯灵500~1 000倍液喷淋，每隔7~10天一次，连喷3~4次。

九、采收

当棉纤维充分成熟后及时采摘。吐絮期如遇阴雨天气，田间湿度过大，及时采摘下部已发黄的老熟桃，避免发生烂铃造成损失。做到随摘、随剥、随晒。收花时要做到“五分”，即不同品种的棉花分收，种子棉与商品棉分收，霜前花与霜后花分收，好花与僵瓣花分收，正常成熟与剥桃棉分收。再分晒、分级、分藏。在采摘、运输、储藏时，推广戴白棉布帽，使用白棉布袋采收，严禁使用化纤袋。杜绝人畜发丝、化纤丝、金属丝。推广棉单、竹床晒花，杜绝地面、马路晒花。推广单存单储，严禁家禽、家畜进入，以防止发生污染。同时，要防止棉叶、枝梗、杂草混入。

第二节 棉花病害防治技术

一、棉花苗期病害

棉花苗期发生的病害种类较多，常见的有立枯病、炭疽病、红腐病、猝倒病等。

（一）病害种类与症状

1. 立枯病

立枯病又叫烂根病、黑根病，棉苗未出土前，常侵染幼根、幼芽，造成烂种、烂芽，棉苗出土后，在接近地面的幼茎基部呈现出黄褐色斑点，逐渐扩大，产生凹陷内缩，最后围绕嫩茎形成蜂腰状凹陷腐烂，严重时可致枯死或萎倒。

2. 炭疽病

棉苗受害轻的影响生长，严重的成片死苗，棉铃受害引起烂铃。炭疽病菌在棉籽开始萌动时即行侵害，常使棉籽在土中发芽后呈水渍状腐烂，不能出土而死亡，幼苗出土后子叶上病斑呈黄褐色，边缘红褐色。幼茎基部发病后产生红褐色梭形条斑，后扩大变褐色，中间略凹陷，病斑上有橘红色黏性物，可使幼苗枯死，真叶被害时，初生小黑色斑点，扩大后变成暗褐色，圆形或不规则形病斑边缘呈紫红色。

3. 红腐病

红腐病也叫烂根病，红腐病菌在棉苗出土前即可为害，使没出土的幼芽变成红褐色烂在土中，出土的幼苗根部发病后，根尖及侧根先黄色变褐色腐烂，以后蔓延到全根，还可发展到幼茎地面部分，重病苗枯死，病斑不凹陷，土面以上受害的嫩茎和幼根变粗是红腐病的重要特征。

4. 猝倒病

猝倒病在潮湿多雨地区发生严重，是一种常见的棉苗根病，常造成棉花小苗成片青枯倒伏死亡，对棉花出苗生长影响很大，猝倒病一般先从幼嫩细根侵染，为害幼苗，也能侵害种子及刚露白的芽造成烂种、烂芽，使种苗出土和发育不良。侵害幼苗时，最初在幼茎基部贴进地面的部分出现水渍症状，严重时呈水肿状，并扩展变黄腐烂，呈水烫状而软化，迅速腐烂倒伏。

（二）发病规律

棉花苗期病害的发生与气候条件、耕作栽培措施及种子质量等密切相关。棉花播种后遇到连续阴雨或寒流低温等逆境气候条件容易发病，多年连作，地势低洼，排水不良，土壤湿度大，土质黏重，播种过早，覆土过厚及种子质量较差，常易引起苗病发生。在条件适宜时，侵害棉花的各种苗病病原菌从棉花有关部位的自然孔口或伤口入侵到体内，经繁殖生长，产生有关毒素，破坏棉花体内细胞组织，当为害达到一定程度，会在棉花外部出现症状，这时再去防治为时已晚。

（三）防治措施

一是土壤处理。方法是旋耕土地时每亩用85%三氯异氰尿酸可溶性粉剂100～150克拌干细沙土均匀撒施，可有效的杀灭土传病害的侵袭。

二是棉苗出土后，遇到天气预报有寒流侵袭，气温由20℃猛降至10℃以下，且有连阴雨3天以上时，在寒流来临之前应用50%甲基硫菌灵或50%多菌灵、或用65%代森锌、或用70%百菌清600倍液加85%三氯异氰尿酸可溶性粉剂1 500倍液叶面喷施。

二、棉花枯萎病

（一）为害症状

棉花枯萎病幼苗至成株均可发病，现蕾前后发病最盛。可归纳为5种类型。

1. 黄色网纹型

病株叶脉变黄，叶肉保持绿色，叶片局部或大部分呈黄色网纹状，叶片逐渐萎缩枯干。

2. 黄化型

叶片边缘局部或大部变黄，萎缩枯干。

3. 紫红型

叶片局部或大部变紫红色，叶脉也呈紫红色，萎缩枯干。

4. 青枯型

叶片突然失水，叶色稍变深绿，叶片变软变薄，全株青干而死亡，但叶片一般不脱落，叶柄弯曲。

5. 皱缩型

5～7片真叶时，大部分病株顶部叶片皱缩，畸型，色深绿，节间缩短，比健株矮小，一般不死亡。病株根茎剖面木质部变成黑褐色。

（二）发病规律

棉花枯萎病主要在病株种子、病株残体、土壤和粪肥中越冬。带菌种子和带菌饼肥的调运是引发新病区发病的主要原因，病区棉田的耕作、管理、灌溉等农事操作是近距离传播的重要因素。病株根、茎、叶、壳等在高湿时可长出病菌孢子，随气流、雨水传播，侵染周围健株。

棉花枯萎病的发病与温湿度关系密切，一般土温在20℃左右开始显症，土温上升到25～28℃时，形成发病高峰，当土温上升到33℃以上时病症受抑，出现暂时性隐症，入秋后待土温下降到25℃左右时，又出现第二次发病高峰。夏季暴雨或多雨年份，因土温下降，发病严重。地势低洼、土质黏重、偏碱、排水不良、偏施氮肥和施用未腐熟的带菌肥料、棉田连作、耕作粗放及根线虫多的棉田重发。

（三）防治方法

发病初期用50%百克20～30克或25%使百克40～50毫升，或用世高30～40克（3～4包）对水40～50千克常规喷雾，或对成500倍液进行灌根。发病较重的田块可间隔

5~7天再喷一次，或再灌根一次，同时用0.2%磷酸二氢钾溶液加1%尿素溶液叶面喷雾，每隔5~7天进行一次，连续2~3次，防病效果更明显。

三、棉花黄萎病

（一）棉花黄萎病的识别

棉花黄萎病能在棉花整个生长期间侵染为害。黄萎病一般在播种1个月以后出现病株，由于受棉花品种抗病性、病原菌致病力及环境条件的影响，黄萎病呈现不同症状类型。

1. 幼苗期

一是病叶边缘退绿发软，呈失水状，叶脉间出现不规则淡黄色病斑，病斑逐渐扩大，变褐色干枯，维管束明显变色。二是有些病株在苗期不明显，外观看上去正常，但切开棉花横截面，部分木质部和维管束已变成暗褐色。

2. 成株期

黄萎病在现蕾期后才逐渐发病，一般在6月下旬，黄萎病病株出现逐渐增多，到7~8月开花结铃期发病达到最高峰。常见症状如下。

一是病株由下部叶片开始逐步向上发展，叶脉间产生不规则的淡黄色斑块，叶脉附近仍保持绿色，病叶边缘向上卷曲。

二是有时叶片叶脉间出现紫红色失水萎蔫不规则的病斑，病斑逐渐扩大，变成褐色枯斑甚至整个叶片枯焦，脱落成光秆。

三是有时生长在主干上的或侧枝上的叶片大量脱落枯焦后，在病株的茎部或落叶的叶腋里，可长出许多赘芽和枝叶。

四是在7~8月，棉花铃期，在盛夏久旱遇暴雨或大水漫灌时，田间有些病株常发生一些急性型黄萎病症状，先是棉叶呈水烫样，继而突然萎垂，逐渐脱落成光秆。

五是有些黄萎病黄化但植株不矮缩、结铃少；有些黄萎病株变得矮小，几乎不结铃，甚至死亡。

（二）黄萎病的发病机理、传播途径及发病条件

1. 传播途径

棉花黄萎病是为害棉株维管束的病害。

（1）棉花种子传病　这种现象已在生产实践中得到证实。

（2）病株残体传播　棉田中的病株、病叶、病枝残体可直接落到地里或用以沤制堆肥，是造成再循环传播黄萎病的重要途径，有的当年的病株落叶都会对当年的新棉株、健康棉株造成侵染。

（3）农事传播　流水和农业操作也会造成病害蔓延。

（4）带菌土壤传播　黄萎病菌在土壤中，能以腐殖质为生或病株残体中休眠，在土壤中能存活长达20~25年之久，连作棉田土壤中不断积累菌量，发病严重。棉田一旦传入黄萎病菌，若不及时采取措施，将以很快的速度蔓延为害（特别是遇雨后）。

2. 发病条件

一是黄萎病发病的最适温度为22~25℃，高于30℃，发病缓慢，35℃以上时，症

状暂时隐蔽。在6月，棉苗4~5片真叶时开始发病，田间出现零星病株；现蕾期进入发病适宜阶段，病情迅速发展；在7~8月，花铃期达到高峰。

二是棉花品种不同，对黄萎病的抗性也不同。

三是棉花生育期不同，抗病也不同，棉花由营养生长进入生殖生长时，抗病性开始下降，黄萎病的发生逐渐加重。

四是耕作栽培条件不同，黄萎病发生率也不同。棉田连作，土壤中病菌数量累积愈多，病害愈重；水愈大，病传播愈快；营养失调也是促成寄主感病的诱因，氮、磷是棉花不可缺少的营养，但偏施或重施氮肥，能助长黄萎病的发生。

（三）黄萎病的综合防治措施

（1）棉花种植前土壤消毒　用五氯硝基苯、清壤或立本净等土壤消毒剂同肥料一同撒施深翻施入土壤。

（2）棉花苗期管理应采取“以防为主、以治为辅”的措施　喷施70%代森锰锌500~600倍液、乙蒜素1 000倍液或菌毒克1 000倍液。苗期组织幼嫩，药剂易吸收，苗期喷施药剂2~3次，可减少发病概率，易起到预防为主的预期效果。

（3）花铃期　是黄萎病易大发生的时期，根据黄萎病株显现明显这一特点，为了降低成本，可采取零星病点治疗法。在病害发生轻的棉田，对病株及病株周边的健康棉株用乙蒜素1 000倍液或无氯硝基苯1 000倍液均匀喷施，同时每株用配好的药液0.25~0.5千克药液灌根；对较重病株，重复喷灌2~3次，病株能得到及时控制；严重者拔除棉田病株，连同枯枝落叶，集中作燃料使用或在病田地边及时烧毁，拔除病株的同时及时灌根，以防当年或第二年染病。

第三节　棉花虫害防治技术

一、棉花蚜虫

在棉花上已发现的蚜虫有5种：棉蚜、棉长管蚜、苜蓿蚜、拐枣蚜、菜豆根蚜。其中为害棉花的以棉蚜为主，是我国棉花上的重要害虫之一。

（一）为害症状

棉蚜以刺吸口器插入棉叶背面或嫩头部分，吸食汁液，受害叶片向背面卷缩，叶表有蚜虫排泄的蜜露，往往滋生霉菌。棉花受害后植株矮小，叶片变小，叶数减少，现蕾迟、蕾铃减少等。

（二）生活习性

棉蚜在我国南部棉区一年发生20~30代，北部棉区一年发生10~20代，在全国大部分地区，棉蚜以卵在木槿、石榴、花椒和冬青四大越冬寄主上越冬。棉蚜有有翅蚜和无翅蚜之分，产生有翅蚜的主要原因有：①群体拥挤；②营养恶化；③气候条件不适合；④越冬寄主与乔居寄主间转移。

棉蚜的迁飞是有规律的，从迁飞性质不同可分为3种：①由越冬寄主向夏寄主迁飞；②夏寄主间的迁飞；③由夏寄主向越冬寄主迁飞。有翅蚜有趋黄色的习性。

棉蚜最适温度为25℃，相对湿度为55%~85%，多雨气候不利于蚜虫发生，大雨对蚜虫有明显的抑制作用，而时晴时雨、阴天、细雨对其发生有利。地形、地貌对蚜虫迁飞影响很大，如遇障碍物，易形成发生中心，造成严重为害。一般单作棉田发生早而重，套作棉田则发生较迟。棉株的营养条件对蚜虫的发生有影响，含氮量高的棉株，蚜虫为害严重。此外，棉蚜的天敌能有效控制其为害，当天敌总数与棉蚜数为1∶40时，基本可以控制其为害。

（三）防治方法

1. 拌种

棉花播种前按亩用种子量与3%呋喃丹颗粒剂1.5~2千克，混拌均匀，或用铁灭克（也叫涕灭威）拌种，每亩用有效成分50克，能控制蚜害40~50天。

2. 滴心和涂茎防治蚜虫

用40%氧化乐果乳剂或50%乙酰甲胺磷乳剂稀释80~100倍，用喷雾器将药液滴在棉苗顶部能控制蚜害。

二、棉花红蜘蛛

（一）种类、分布及为害

棉花红蜘蛛是棉田普遍发生的重要害虫，从棉花出苗到收获都可造成为害，但以苗期为害最重，造成损失最大。棉红蜘蛛常聚集在棉叶背面吸食汁液，被害叶片呈现黄白色小点，逐渐扩展变为红斑，严重时叶片卷缩呈红褐色，干枯脱落，造成蕾、铃脱落，甚至整株枯死。

（二）发生规律

年发生10~20代（由北向南逐增），越冬虫态及场所随地区而不同，在华北以雌成螨在杂草、枯枝落叶及土缝中越冬；在华中以各种虫态在杂草及树皮缝中越冬；在四川以雌成螨在杂草上越冬。翌春气温达10℃以上，即开始大量繁殖。3~4月先在杂草或其他寄主上取食，观赏植物发芽后陆续向上迁移，每雌产卵50~110粒，多产于叶背。卵期2~13天。幼螨和若螨发育历期5~11天，成螨寿命19~29天。可孤雌生殖，其后代多为雄性。幼螨和前期若螨不甚活动。后期若螨则活泼贪食，有向上爬的习性。先为害下部叶片，而后向上蔓延。繁殖数量过多时，常在叶端群集成团，滚落地面，被风刮走，向四周爬行扩散。朱砂叶螨发育起点温度为7.7~8.8℃，最适温度为25~30℃，最适相对湿度为35%~55%，因此，高温低湿的6~7月为害重，尤其干旱年份易于大发生。

（三）防治方法

当前对朱砂叶螨和二斑叶螨有特效的是仿生农药1.8%虫螨克乳油2 000倍液效果极好，持效期长，并且无药害。此外，可采用20%灭扫利乳油2 000倍液、20%螨克乳油2 000倍液、20%双甲脒乳油1 000~1 500倍液、10%天王星乳油6 000~8 000倍液、10%吡虫啉可湿性粉剂1 500倍液、1.8%爱福丁（BA-1）乳油抗生素杀虫杀螨剂5 000倍液、15%哒螨灵（扫螨净、牵牛星）乳油2 500倍液、20%复方浏阳霉素乳油1 000~

1 500倍液，防治2~3次。

三、棉铃虫

（一）分布及为害

棉铃虫为分布广泛的杂食性多寄主害虫，全国各地均大量发生，主要寄主有棉花、玉米、烟草、番茄、西瓜等农作物及枣、苹果、泡桐等果树林木。幼虫取食嫩梢、叶片和果实，叶片被蚕食造成缺刻和孔洞，果实被害后形成大的孔洞，引起枣果脱落。

（二）生活习性及发生规律

一年发生4~5代，以蛹在土壤中越冬，第二年春天羽化为成虫。6~8月偏旱年份有利棉铃虫生长，遇连续阴雨，土壤水分饱和，初孵幼虫成活率低，蛹会大量死亡。淮北一熟制棉区通常第二、第三代发生较重。第一代越冬成虫始见于4月下旬，第二代发生在7月中旬，第三代发生在7月底至8月中旬。一般情况第一代棉铃虫不为害棉花，而为害小麦和其他早春作物。成虫产卵为散产，二代多产于上部嫩叶正面，少数产于叶背面。它对寄主有很明显的选择性，在玉米与棉花间作的棉田，喜在玉米上产卵；在各种嗜食寄主之间，则有追逐花蕾期产卵的习性。据调查，秋播推行少、免耕技术后，粮棉混作地区复种指数高，食料丰富，有利于棉铃虫的繁殖；干旱地区灌水或肥水条件好、长势旺盛的棉田，凡是前作为麦田或绿肥的棉田及玉米与棉花相邻的棉田有利于棉铃虫越冬。

成虫白天躲在寄主叶背面及花冠处不动，在夜间活动、交配和产卵，翱翔力较强。每头雌蛾可产卵600~1 000粒，卵多产在棉花顶心和上部边心的嫩叶；嫩蕾及铃的苞叶上。初孵幼虫群集为害嫩叶；二龄幼虫开始蛀入嫩蕾中为害花蕊及顶尖和嫩叶；3~4龄幼虫食量小，以为害幼铃为主，5~6龄进入暴食期，多咬食青铃、大蕾或花朵，为害青铃的从基部蛀食，蛀孔大，孔外虫粪粒大且多。1条幼虫一般能为害6~9个蕾、铃。成虫寿命7~18天，有趋光性和趋化性，幼虫有假死性和自残性，老熟幼虫喜欢钻入4~10厘米土表层筑土作蛀化蛹。

（三）防治方法

1. 采摘卵块

由于棉铃虫大部分都在棉株的花铃中，因而在虫卵盛发始期要仔细检查棉花叶片顶心和上部边心的嫩叶、嫩蕾、群尖，结合田间打杈整枝，人工按行逐棵检查，发现卵块立即将卵块抹掉，及时摘除败花。

2. 捕杀幼虫、诱杀成虫

初龄幼虫集中为害时，利用早晚时间和阴天人工捉杀，及时采摘受害部分叶片、枝梗、花蕾，将摘除的顶心，打掉的无效花、蕾等及时带出田外集中消灭，可明显减少田间卵和初孵幼虫的存量。

3. 药剂杀卵灭幼虫

由于棉铃虫发生量区域之间差异较大，各地应定期进行田间调查，把握好虫情动态。用药要把握最佳用药时间和正确的施药部位及合理的施药方法。

应把握在棉铃虫产卵高峰到孵化盛期、当日百株卵量二代达50粒、三代达30粒、四代达 40 粒时及时施药。常用的药剂有甲氨基阿维菌素苯甲酸盐、高效氟氰菊酯、2.5%多杀菌等，对水喷雾，药液量不低于 70 千克/亩。施药时做到喷洒均匀，雾滴细，液量足，对准棉枯顶心、嫩头、嫩叶、幼蕾、幼铃部位重点打透。药剂须交替使用，施药时间选择 10:00 时以前、16:00 时以后，避开中午高温施药，以防止出现农药中毒。若喷药后防效差或喷后 2 小时内遇雨应间隔补防。

第十一章 甘　蔗

第一节 概　述

一、甘蔗栽培概况

甘蔗是甘蔗属（*Saccharum*）的总称。甘蔗原产于热带、亚热带地区，是一种一年生或多年生热带和亚热带草本植物，属 C_4 作物。是一种高光效的植物，光饱和点高，二氧化碳补偿点低，光呼吸率低，光合强度大，因此，甘蔗生物产量高，收益大。全世界有一百多个国家出产甘蔗，最大的甘蔗生产国是巴西、印度和中国。甘蔗是我国的主要糖料作物，甘蔗糖约占中国总产糖量的 80%。我国甘蔗总产量仅次于印度和巴西，位居世界第三，我国 2002~2003 年植蔗面积约 103.93 万公顷，其中，广西、云南、广东三省区占 90%以上。但单产较低（约 4.2 吨/667 平方米），是甘蔗生产上亟待解决的重大问题。中国最常见的食用甘蔗为中国竹蔗（*Saccharum sinense*）。

二、甘蔗的营养价值

甘蔗中含有丰富的糖分、水分，此外，还含有对人体新陈代谢非常有益的各种维生素、脂肪、蛋白质、有机酸、钙、铁等物质。甘蔗不但能给食物增添甜味，而且还可以提供人体所需的营养和热量。含蛋白质、脂肪、糖类、钙、磷、铁、天门冬素、天门冬氨酸、谷氨酸、丝氨酸、丙氨酸、缬氨酸、亮氨酸、赖氨酸、羟丁氨酸、谷氨酰胺、脯氨酸、酪氨酸、胱氨酸、苯丙氨酸、γ-氨基丁酸等多种氨基酸，延胡索酸、琥珀酸、甘醇酸、苹果酸、柠檬酸、草酸等有机酸及维生素 B_1、维生素 B_2、维生素 B_6、维生素 C。榨去汁的甘蔗渣中，含有对小鼠艾氏癌和肉瘤 180 有抑制作用的多糖类。

甘蔗中含有的水分比较多（84%左右），甘蔗中含有丰富的蔗糖、葡萄糖和果糖，很容易被人体吸收。多量的铁、钙、磷、锰、锌等人体必需的微量元素，其中铁的含量特别多，居水果之首，故甘蔗素有“补血果”的美称。

甘蔗中含有丰富的糖分、水分，还含有对人体新陈代谢非常有益的各种维生素、脂肪、蛋白质、有机酸、钙、铁等物质，主要用于制糖，现广泛种植于热带及亚热带地区。

甘蔗下半截甜。这是因为在甘蔗的生长过程中，它吸取的养料除了供自身生长消耗外，多余的部分就贮存起来了，而且大多贮藏在根部。甘蔗茎秆所制造的养料大部分都是糖类，所以，甘蔗根部的糖分最浓。除此之外，甘蔗的叶子和梢头部分要积聚充分的水分，以供叶的蒸腾作用所需，根部的水分相对来说就很少，梢头的大量水分冲淡了糖分，所以梢头没有根部甜。

一些甘蔗品种具有固氮作用，在固氮菌的作用下能固定大气中的氮，将无机氮转化为自身的有机氮。与豆科植物的固氮作用不同的是，甘蔗不形成根瘤，固氮菌是生活在甘蔗茎的细胞间隙中的。

第二节 甘蔗栽培技术

一、整地

整地是为甘蔗生长提供一个深厚、疏松、肥沃的土壤条件，以充分满足其根系生长的需要，从而使根系更好地发挥吸收水分、养分的作用。同时，整地还可减少蔗田的病、虫和杂草。

深耕是增产的基础。甘蔗根系发达，深耕有利于根系的发育，使地上部分生长快，产量高。深耕是一个总的原则和要求。具体深耕程度必须因地制宜，视原耕作层的深浅，土壤性状而定，一般30厘米左右。深耕不宜破坏原来土壤层次，并应结合增施肥料为宜。

早耕能使土壤风化，提高肥力。所以，蔗田应在前茬作物收获以后，及时翻耕。早耕对于稻后种蔗的田块更为重要。

二、开植蔗沟

开植蔗沟使甘蔗种到一定的深度，便于施肥管理。

常规蔗沟：蔗沟的宽窄、深浅要因地制宜，一般是20厘米左右深，沟底宽20~25厘米，沟底要平。

抗旱高产蔗沟：云南80%以上的是旱地甘蔗，推广“旱地甘蔗深沟板土镇压栽培技术”具有较好的抗旱作用。具体方法是：环山沿等高线开沟，深沟板土镇压，沟深40厘米，沟底宽25厘米，沟心距100厘米，用下沟的沟底潮土覆盖上沟的种苗。覆土6.6厘米，压实。

三、施肥

甘蔗生长期长，植株高大，产量高。所以，在整个生长期中，施肥量的多少是决定产量高低的主要因素之一。由于甘蔗的需肥量大，肥料在甘蔗生产成本中占有很大的比重，因此，正确掌握施肥技术，做到适时、适量，而又最大限度地满足甘蔗对肥料的需要，有着重要的意义。

（一）甘蔗的需肥量

据研究，每生产1吨原料蔗，需要从土壤中吸收氮素（N）1.5~2千克，磷素（P_2O_5）1~1.5千克，钾素（K_2O）2~2.5千克。

（二）甘蔗各生育期对养分的吸收

甘蔗各生育期对养分吸收总的趋势是苗期少，分蘖期逐渐增加，伸长期吸收量最大，成熟期又减少。

（三）施肥原则

根据甘蔗在不同生育期的需肥特征，制定出的施肥原则是："重施基肥，适时分期追肥"。如果只施追肥，而不施基肥，则甘蔗容易长成：头重脚轻，上粗下细，容易倒伏。反之只施基肥，不施追肥，则后劲不足，形成"鼠尾蔗"，影响产量。

1. 重施基肥

肥料主要是有机肥、磷、钾化肥和少量氮素化肥，磷肥和钾肥主要作基肥施用，因为甘蔗对磷肥的吸收主要是在前中期。而且磷肥在土壤中的移动性小，需要靠近根部才易被吸收。甘蔗对钾肥的吸收也主要是在前中期（占80%左右）。而且蔗株在前中期吸收的钾素可供后期所需。所以钾肥宜早施，量少时作基肥一次施用，量多时，拿一半作基肥，另一半在分蘖盛期或伸长初期施用。

2. 分期追肥

按照甘蔗的需肥规律，追肥的施用原则可概括为"三攻一补、两头轻、中间重"。"三攻"就是攻苗肥、攻蘖肥、攻茎肥。"一补"就是后期补施壮尾肥。"两头轻"指苗期、伸长后期施肥量要少，"中间重"指伸长初期施肥量要多。

第三节　新植蔗的栽培技术

新植甘蔗采用栽种甘蔗苗繁殖，栽种后不久即生根，长出许多嫩芽，形成丛状。收割时仅收割甘蔗茎，将根仍留在土壤内，即宿根，来年，宿根重新分枝生茎；因此，甘蔗为多年生植物，它的收获多的可达7~8次，在我国南方地区，一般为3次，即三年后挖去宿根，重新种植。

甘蔗为喜温、喜光作物，年积温需5 500~8 500℃，无霜期330天以上，年均空气湿度60%，年降水量要求800~1 200毫米，日照时数在1 195小时以上。近年来全国推广甘蔗种植新方法，即"深耕、浅种、宽行、密植"，同时施足基肥等使甘蔗亩产量大大提高，根据甘蔗的生长发育特点以及对土壤、营养、水分等外界的要求，下面以春植的糖料蔗为例对新植糖料蔗的栽培技术进行简要阐述。

一、整地及播种

（一）深耕整地

播种前最好进行蔗地机械深耕深松，耕地深度为30~40厘米，深松深度达30~40厘米。实践证明，蔗地进行深耕深松是提高糖料蔗单产和含糖分，提高劳动生产率和土地产出率，降低生产成本和增加蔗农收入的有效措施，可促进甘蔗的可持续发展。据验收，进行机械化深耕深松与传统人畜力耕作相比，平均亩产增1.64吨，每亩节约成本261.2元，增产增糖效果十分显著。没有机械化耕作的土地也要尽量做到精细整地，使耕作层达到深、松、碎、平，创造良好的保水、保肥、透气和增温的土壤条件，以利于甘蔗的发芽和根系的生长。同时要根据蔗地的地势状况平整土地或修筑成梯田，以利于大雨来临时的排水。

（二）开好种植沟

旱地甘蔗宜提倡“深沟浅植”。中等肥力以上的蔗地要改变传统的窄行种植（90~100 厘米）为宽行种植（120~130 厘米），沟深 20~30 厘米、沟底宽 25~35 厘米；水田种蔗，肥水充足，行距要适当加宽。同时要注意开好排水沟。为了便于机械化管理和操作，行距可根据使用的机械进行调整。我区目前推广的新台糖品种具有较强的分蘖能力和宿根性，且生长旺盛，要夺取高产必须具有较好的通风透光条件，实践证明，推广 1.2~1.3 米的宽行种植，不仅能充分利用地力和光照，减少病虫害的发生，还能确保糖料蔗健壮生长，促进有效蔗茎增加，且蔗茎长、粗、重，从而易获得较高产量。

对一些瘦瘠的旱坡地行距可为 100 厘米，以增加蔗地的亩有效茎数和减少土壤水分蒸发而达到高产。旱坡地还要按等高线开行，这样可以减少雨水冲刷土壤，起到保水保肥保土的作用。

二、采用良种，选好蔗种

（一）选用良种

因地制宜地选用适宜当地栽培的良种是夺取高产的有效措施，糖料蔗良种是指抗逆性强（特别是抗旱力强）、适应性广、宿根性强且高产高糖的品种。目前，广西推广的良种有新台糖 16 号、新台糖 22 号、新台糖 25 号、新台糖 26 号和新台糖 27 号，桂糖 94/116、桂糖 94/119，台优、粤糖 93/159、粤糖 94/128、粤糖 95/168、园林 1 号、园林 2 号、园林 3 号、园林 6 号等品种。实践证明，选用良种，各地可根据品种的特性和本地的气候特点、土壤条件、各品种引种时在当地的表现以及早中晚熟品种搭配等多项因素进行选择。一般来说，水田和水肥条件较好的旱地应选用新台糖系列品种，有利于充分发挥品种的高产高糖特性，取得高产高糖产高效。土壤较为贫瘠可选用桂糖94/116 或桂糖 94/119 等品种，桂中偏北的地方要注意选择耐寒性强的品种，同时要注意同一块地甘蔗品种在新植的时候要轮换，同一蔗区内甘蔗品种宜安排种植 3 个品种以上，避免品种的单一，以减少病虫害的发生。

（二）种茎的选择

甘蔗既可用全茎作种又可以用部分茎作种，所以，蔗种又可分为全茎种、半茎种和梢部种，在生产上一般选用植株梢部以下 40~50 厘米的幼嫩茎作种，或者说选用梢部生长点以下 10 个芽作种最好。因茎梢含糖分低，含葡萄糖、果糖、淀粉、蛋白质等较多，而作为原料蔗进厂回收率低价值低，同时由于其茎芽保护较好，用其作种既可减少原料蔗的损失，减少用种量，又可提高发芽率。特殊情况下可采用全茎做种。但无论用哪一段作种对种茎的要求是一样的，那就是要新鲜、蔗芽饱满健壮、无病虫害、品种纯正。

（三）种茎处理

1. 砍种

首先按每段种茎 2~3 个芽进行斩种，斩种要先剥除叶梢（蔗壳），然后将种茎平放木垫上，芽向两侧，用干净的利刀快速斩种，尽量做到切口平，不破裂，作业时要眼明手快，一边砍种一边要及时将死芽、烂芽、虫芽、气根多和混杂品种剔除掉，以提高种苗的质量。砍下的种苗就按芽的成熟程度分别放置，即较老的放一堆，较嫩的放一堆，这样到地里种植，出苗就比较整齐，便于管理。

2. 种茎消毒

把斩好的种茎放入50%可湿性多菌灵125~160克对水100千克的溶液中浸5~10分钟即可。也可用其他消毒农药按照说明进行消毒处理。冬春植蔗特别要做好种子消毒工作，切不可麻痹大意，广西高温高湿，越冬的病源多虫口密度大，病虫滋生繁殖快，很容易发生各种各样的病虫害，如发生凤梨病，造成烂种烂芽、缺苗断垄，影响全年的甘蔗生产。

三、施足基肥

甘蔗是高产作物，不仅需水量大，而且需肥量也大，所以，要放足基肥，基肥以有机肥（农家肥）和化肥配合施用。要将甘蔗全生育期所需的磷肥钾肥全部作为基肥，氮肥则施20%左右。一般要求每亩农家肥500~1 000千克，钙镁磷肥70~100千克、氯化钾15~20千克，尿素10千克混合作基肥。或用氮、磷、钾含量分别10%复合肥100~150千克作基肥，用氮、磷、钾含量分别25%复合肥50~100千克作基肥。其中，有机肥和磷肥应先堆沤15天后再施用。基肥的施用，一般选在天气晴朗、土壤温度较低的种植前一天施下较好。化肥的应均匀施放在种植沟内，然后将肥料与土壤拌匀后再下种，尽量避免蔗种与肥料直接接触，以防止烧伤种苗。

如有条件的地方使用酒精废液喷淋甘蔗技术，在甘蔗下种后亩施5~6吨酒精废液，可不施用化肥作基肥，也能满足甘蔗的生长需要。

四、合理密植

目前推广的良种中大部分为中大茎种，要求每亩基本苗数为5 000~6 000株。春植蔗下种一般7 000~8 000个芽；冬植可适当增加15%~20%的芽，为8 500~9 000个芽；而秋植蔗下种量可减少15%~20%的芽，为5 000~6 000个芽。要保证每亩中大茎种有效茎数为4 000~5 000条，中小茎种有效茎数达5 000~6 000条，这样产量才有保证。

摆种要求：种茎竖向以品字形或铁轨式双行窄幅摆放，两行种之间距离8厘米左右，种茎与土壤紧贴，芽向两侧。一般人工摆种，下种时手用力往下轻压，利于蔗茎吸收土壤水分及新根的入土。宽行（125厘米以上）种植的种茎可进行横向摆放，以增加行内的苗数。

五、使用除虫药和除草剂

摆放好种茎，由于种茎糖分高，易引来各种地下害虫的咬食为害，因此，要及时撒上除虫药，如每亩用特丁磷4~5千克，撒施在种植沟内，也可每亩用3~4千克克百威或4~5千克甲基异柳磷撒施植沟。然后盖土3~5厘米。甘蔗由于行距宽，萌芽慢，因此，行间杂草滋生快，影响甘蔗的前期生长，为此最好能在盖土后（一周内）施用除草剂，除草剂可选用40%阿特拉津150~200克/亩；50%乙草胺乳油100毫升/亩；25%敌草隆200克/亩。两种药减半量混合施用效果更好。均对水40~50千克喷雾。此外，进行覆盖和间套种作物减少杂草的生长。

六、地膜覆盖

地膜覆盖是一项保护性的栽培技术，多年来应用于甘蔗上增产增糖效果显著。地膜覆盖为什么能增产呢？一是提高了土温；二是保持土壤水分；三是维持了土壤疏松；四是抑制了杂草的生长；五是加快了土壤养分的分解。从而促进蔗芽的早萌动，早出土，提高甘蔗发芽率。盖膜的方法如下：在完成下种、施肥、喷除草剂等工序后，选用宽40~45厘米、厚0.005~0.010毫米的地膜，铺开拉紧，使地膜紧贴蔗行，膜两边用细碎的泥土压紧压实，使地膜露光部分不少于20厘米，盖膜时土壤必须湿润，土壤干旱时要淋水后才能盖膜。目前许多地方使用盖膜犁来覆盖地膜，一次就可完成盖土、盖膜等工序，且盖膜质量好，工效高。

综上所述，播种田间作业的顺序为：开种沟→施基肥→盖薄土→摆放种茎→撒防虫药→盖土→淋水（雨天或土壤湿度较大时可不淋水）→喷施除草剂。冬植蔗和早春植蔗加盖地膜。

第四节 甘蔗“三高”丰产栽培技术

一、选用良种，合理轮作

推广应用甘蔗良种是提高甘蔗单产的最有效途径，必须选用与蔗区环境条件相适应、抗逆性好、宿根性强的良种，才能获得高产。广西植区选用新台糖10号、16号、20号、22号和粤糖93/159等早、中、晚熟品种，既保证高产又能兼顾糖厂按时开榨和确保糖料蔗的高含糖分。

由于甘蔗生长期长、植株高大、产量高、对土壤养分消耗较多，长期连作或宿根年限较长，土壤肥力下降，养分失去平衡，病虫草害也较严重。合理轮作对甘蔗稳产高产的作用很大，有两种方式：一是水旱轮作，可使土壤疏松，不易板结，蔗稻兼益；二是旱地轮作，甘蔗新植1年并宿根1~2年后轮种花生、大豆、芝麻、蚕豆、甘薯、玉米、谷子等短期作物，有利于改善土壤物理性能。

二、蔗地深耕，重施基肥

一般采用牛犁翻耕或机械深松耕。前者实行两犁两耙，犁至30厘米，耙碎土壤；后者用没有犁壁的硬土层破碎器深度松土，犁35~45厘米深至底土。通常在整地时施基肥，以有机肥为主，适量的磷、钾化肥为辅。一般用1 000~1 500千克/667平方米，腐熟农家肥和10~15千克/667平方米过磷酸钙及硫酸钾，均匀撒施于蔗田；也可在下种前将土、肥拌匀施于植蔗沟内，边施肥、边下种、边覆土。

三、精心选种，浸种消毒

选择蔗茎粗壮、不空心、不蒲心，蔗芽饱满，无病虫为害的蔗茎做种。通常采用生长点以下 50~67 厘米的一段蔗梢做种，用利刀砍成单芽段、双芽段或多芽段，切口要平整，避免破裂。

浸种能增强种苗吸水能力、促进发芽，也可杀灭种苗上的部分病虫害，包括清水浸种、2%石灰水浸种和药剂浸种。不同方法浸种时间各不相同，长则 1~2 小时、短则5~10 分钟，药剂浸种可用50%多菌灵或甲基硫菌灵 800 倍液浸泡 5~6 分钟。催芽能缩短种苗萌发出土的时间、提高萌芽率，有堆肥酿热催芽法和蔗种堆积催芽法两种。催芽时间大约 1 周，当种苗上的根点突出、蔗芽胀起呈“鹦鹉嘴”状时，即可下种。

四、适时下种，深沟栽培

甘蔗下种有大田直播和育苗移栽。根据下种期的不同，分成春植蔗、秋植蔗和冬植蔗等栽培制度。春植蔗下种在立春至清明节之间，适当早植有利于甘蔗提高产量。秋植蔗在立秋至霜降期间，下种不宜太早也不宜太迟，以中间时期为佳。冬植蔗在立冬至立春两头温度较高时下种最好，温度较低时要用地膜覆盖，保证蔗苗安全越冬。

深沟栽培可以确保前期种苗萌发和后期土壤积蓄水分，利于生长，增强抗旱能力。

1. 深沟浅种法

沟深 40~50厘米，下种时再挖沟底 7~10 厘米，施入底肥后下种，然后盖土 10~15 厘米，效果较好。

2. 深沟板土法

边开植蔗沟边下种，在开挖第二沟的蔗沟时，用其沟底湿土盖第一沟的种苗，而后进行镇压。

3. 穴植聚土法

在坡地上免耕（或者耕犁 1 次后）挖穴，后一穴挖起的耕层熟土聚于前一穴内，将深层生土置于穴外风化，穴深 40 厘米，穴与穴距离 100~120 厘米，穴直径 70~80 厘米。

4. 槽植法

沿等高线深开沟，然后闭垄成槽。槽深和宽各 30 厘米，每隔 10~20 厘米留 1 个 20 厘米宽的隔埂，形成槽状。

五、合理密植，覆盖地膜

旱地甘蔗出苗率较低，分蘖少，应加大下种量保证有效茎数。行距在 1~1.2 米，比水田种植密度大 8%~16%，下种量在 12 万~13.57 万个/公顷有效芽，或者移栽 7.5 万~9 万株/公顷有效苗。新植蔗种植后，应全部喷施芽前除草剂，进行土壤封闭处理。先喷种植沟，盖膜后喷膜外裸露地面。每公顷用阿特拉津 750 毫升加乙草胺 1 500毫升对水 900 千克均匀喷施。芽前除草剂应选择阴天且土壤湿润时喷施，药效可持续 50 天，防效达 95%以上。选用厚 0.005 毫米、宽 45 厘米的地膜，盖膜前要求土壤持水量 85%以上，地膜充分展开并且紧贴种植沟两侧，边缘用碎土压好，透光面在 20 厘米以上，无通风漏气现象，达到增温保湿的效果。

六、抓好宿根蔗护理

宿根蔗要选上一年高产、蔗株分布均匀、无病虫害的蔗地。砍后 7~10 天将蔗叶隔行还田，并破垄松蔸。出现断垄 30 厘米以上的蔗行进行补种或移蔸补缺，确保无断垄现象。松蔸应彻底掘净蔗头周围的泥土，但不挖离原位，保证蔗芽能够萌发。施基肥后及时覆盖地膜和进行化学除草。

七、查苗补苗，追肥培土

在萌芽末期检查蔗田，发现有 30 厘米以上的缺株断行，就需补苗。补苗与间苗相结合。

追肥以有机肥配合一定量的氮素化肥为宜，一般 3~4 次。在施“攻苗肥”时小培土 3 厘米可促进分蘖；在施“攻蘖肥”时中培土 6 厘米能保护分蘖；在施“攻茎肥”时大培土 20~30 厘米，能抑制分蘖；部分高产蔗田还需补施“壮尾肥”并高培土，可有效防止倒伏，为翌年宿根蔗栽培奠定基础。

八、中耕除草，合理排灌

甘蔗封行后，应及时铲除杂草。人工除草与中耕松土同时进行。雨后中耕能减少土壤水分蒸发，可增产 28. 8%，增糖 3. 6%。用化学除草剂代替人工除草，减少耕作次数和施肥次数，使土壤少受干扰和破坏，也具有保水抗旱的效果。

甘蔗苗期需水量少，适逢雨季，低洼地块应注意排水，保持土壤湿润即可，切忌“浸泡”。伸长期是一生需水量最大的时期，土壤必须保持湿润状态。成熟期耗水量逐渐减少，应保持相对干燥，利于蔗糖分的积累。

九、防治虫害、鼠害

秋、冬植蔗及冬管宿根蔗开春追肥小培土和春砍宿根蔗破垄松蔸施肥时，按每公顷用量 60~75 千克要求施呋喃丹或特丁灵，可预防二点螟、条螟、蔗龟和其他地下害虫。条螟防治也可在“花叶期”初期用甲胺磷 1 000倍液喷雾防治。5~7 月发现绵蚜虫为害时，用 40%乐果乳油对水 700 倍液喷雾，或用 50%霹蚜雾 750 克对水 600 千克喷施。在生长后期，注意防治鼠害，一般用灭鼠剂拌谷，分点施放于田间诱杀。

十、适时砍收

高糖早、中熟品种和淘汰蔗地须在 2 月中旬前砍收完毕，按照先熟先砍，即秋植—宿根—冬植—春植顺序，先砍淘汰蔗，后砍留宿根蔗。宿根性稍差的高糖品种如新台糖 1 号、10 号等适宜在 12 月 15 日前或翌年立春后砍收。因为这 2 个品种在 12 月中旬至 1 月底期间的低温阴雨天气出苗较差。砍收时宜用锋利蔗斧砍入泥 3~5 厘米，并尽量减少蔗蔸破裂，做到增收保蔸。

第十二章　谷　　子

谷子耐旱耐瘠薄，抗逆性强，适应性广，是喜温、喜光照的短日照作物，根据谷子生长发育特点和对环境条件的要求，主要栽培技术如下。

一、地块、茬口的选择

选择在无污染和生态环境良好的地区，远离工矿区和公路干线，避开工业和城市污染源的影响。包括工业“三废”、农业废弃物、城市垃圾和生活污水等。谷子不宜重茬，连作一是病害严重，二是杂草多，三是大量消耗土壤中同一营养要素，致使土壤养分失调。因此，谷子最好的前茬作物依次为豆类、马铃薯、甘薯、麦类、玉米、高粱、棉花、油菜、烟草等茬口。

二、耕地和整地的要求

前茬作物收获后，及时深翻，耕深20厘米以上，施肥深度15~25厘米效果为佳。早春耙耱保墒，播前浅耕，耙细整平，使土壤疏松，达到上虚下实。秋季深耕可以熟化土壤，改良土壤结构，增强保水能力，加深耕层，利于谷子根系下扎，使植株生长健壮，从而提高产量。

没有经过秋冬耕作或未施肥的旱地谷田，春季要及早耕作，以土壤化冻后立即耕耙最好，耕深应浅于秋耕。春季整地要做好耙耱、浅犁、镇压保墒工作，以保证谷子发芽出苗所需的水分。

三、品种的选择

每个谷子品种都有其特征特性、适宜地块和气候条件，要根据种植地块所处的生态区、地力条件、前茬作物以及生产用途等选择所需品种。如所处地区高寒冷凉则需选用早熟品种，如种植地块为瘠薄坡地则需选用耐瘠薄抗旱品种，如生产目的是自己喝粥则需选用优质品种，如生产目的是为了获取较大的经济效益则需选用商品性状好、产量高、市场价格高的品种。任何一个品种都不会是十全十美的，要全面衡量、综合考虑、抓住重点、选用优种。

谷子播种前还可进行异地换种。谷子的异地换种是山区农民的一项传统经验。据试验研究，当某个品种在当地种植3~5年之后，如果不进行穗选复壮，就会出现植株生活力减弱、抗病力降低、穗形变小、千粒重降低、秕谷增多等种性退化现象，此时，不再使用自己的谷子留种，而是附近调换回来同一品种的种子直接用于生产，确实能够减轻病害、减少秕谷率，有明显增产作用。异地换种时，要从自然条件相似的地区换种，丘陵山区气候复杂，换种距离应小些，一般在10~20千米，最远不超过50千米。通常是川地换用山区的种子，较热的地方换用较冷凉地区的种子。

四、种子处理

首先是精选种子，通过筛选或水选，将秕谷或杂质剔除，留下饱满、整齐一致的种子供播种用。其次是晾晒浸种，播种前将种子晒 2~3 天，用水浸种 24 小时，以促进种子内部的新陈代谢作用、增强胚的生活力、消灭种子上的病菌，提高种子发芽力。还可进行拌种闷种，即用 50%苯莱特或 50%多菌灵可湿性粉剂，按种子重量的 0.3%拌种；或用 35%阿谱隆按种子重量的 0.3%~0.4%拌种，防治谷子白发病。用 50%多菌灵按种子重量的 0.5%拌种，防治黑穗病。用种子重量的 0.1%~0.2%辛硫磷闷种可防治地下害虫。

五、播期、播量及播深的确定

谷子播种时间应根据当地的自然条件、耕作制度和谷子品种的特性确定。河南省春谷播期在 4 月下旬至 5 月上中旬。夏谷播期均在夏收后的 6 月中旬左右。

谷子播种量应根据种子质量、墒情、播种方法来定，以一次保全苗、幼苗分布均匀为原则，一般每亩用种 1 千克左右。

谷子播种深度以 3~5 厘米为宜，播后镇压使种子紧贴土壤，以利种子吸水发芽。在干旱少雨情况下可采用地膜覆盖栽培技术。播种方法应采用条播，播后镇压，行距 30~45 厘米。

六、种植密度的确定

谷子栽培密度与当地的气候条件、土壤与肥水状况、种植方式及所用的品种密切相关。春谷山地每公顷留苗 30 万~34.5 万株；平川旱地每公顷留苗 33 万~37.5 万株。

七、施肥技术

谷子栽培中施肥技术对产量有直接的影响，应做好基肥、种肥、追肥 3 个环节的施肥：

1. 基肥

高产谷田一般以每亩施农家肥 5 000~7 500千克为宜，中产谷田 1 500~4 000千克为宜或每亩施用优质有机肥 1 500~2 000千克、过磷酸钙 40~60 千克、硫酸钾 5~6 千克。基肥秋施应在前茬作物收获后结合深耕施用，有利于蓄水保墒并提高养分的有效性；基肥春施要结合早春耕翻，同样具有显著的增产作用；播种前结合耕作整地施用基肥，是在秋季和早春无条件施肥的情况下的补救措施。基肥常用匀铺地面结合耕翻的撒施法、施入犁沟的条施法和结合秋深耕春浅耕的分层施肥方法。

2. 种肥

在播种时施于种子附近，主要是复合肥和氮肥，施肥后应浅搂地以防烧芽。因谷子苗期对养分要求很少，种肥用量不宜过多，每亩硫铵以 2.5 千克为宜，尿素 1 千克为宜，复合肥 3~5 千克为宜，农家肥也应适量。

3. 追肥

追肥增产作用最大的时期是在谷子的孕穗抽穗阶段，需要追施速效氮素化肥、磷肥或经过腐熟的农家肥。拔节后到孕穗期结合培土和浇水每亩追施尿素 15~16 千克，硫酸钾 1~1.5 千克。灌浆期每亩用 2%尿素溶液和 0.2%磷酸二氢钾溶液 50~60 千克叶面喷施；齐穗前 7 天，用 300~400 毫克/千克浓度的硼酸溶液 100 千克叶面喷洒，间隔 10 天可再喷一次。高产田不加尿素，只喷磷、硼液肥。

八、田间管理技术

1. 苗期管理

及早疏苗、晚定苗、查苗补种、保全苗为原则。一般是在 4~5 片叶时先疏一次苗，留苗量是计划数的 3 倍左右，6~7 叶时再根据密度定苗。对生长过旺的谷子，在 3~5 叶时压青蹲苗、控制水肥或深中耕，促进根系发育，提高谷子抗倒伏能力。

2. 灌溉与排水

播前灌水有利于全苗，苗期不灌水，拔节期灌水能促进植株增长和细穗分化，孕穗、抽穗期灌水有利于抽穗的幼穗发育，灌浆期灌水有利于籽粒形成。谷子生长后期怕涝，在谷田应设置排水沟渠，避免地表积水。

谷子苗期不灌水，有句农谚说“小苗要旱，老苗要灌”谷子是苗期耐旱，拔节后耐旱性逐渐减弱，特别是从孕穗到开花期是谷子一生中需要水分最多、最迫切的时期，这个时期水分供应充足与否对谷子的穗长、穗码数、穗粒数等产量性状影响很大，若水分供应不足极易造成“胎里旱”和“卡脖旱”，严重影响产量，所以，拔节后到开花、孕穗、抽穗、灌浆这一时期要及时灌水，保证谷子生长发育所需水分。灌浆后到成熟基本不再灌水。谷子生长后期怕涝，在谷田应设置排水沟渠，避免地表积水。谷子一生对水分要求的一般规律可概括为早期宜旱，中期宜湿，后期怕涝。

3. 中耕与除草

中耕可以松土、除草，为谷子的发育创造良好的环境条件。大多进行 3~4 次中耕，幼苗期中耕结合间苗或在定苗后进行；拔节期中耕结合追肥、浇水进行谷子浅培土，孕穗期中耕结合除草进行高培土，谷田主要有谷莠子、苋菜等杂草，其防治以秋冬耕翻、轮作倒茬为主，播种前喷施除草剂灭草，田间杂草通过及时中耕除草消除。

4. 后期管理

谷子抽穗以后既怕旱又怕涝，应注意防旱保持地面湿润，缺水严重时要适量浇水，大雨过后注意排涝，生育后期应控制氮肥施用，防止茎叶疯长和贪青晚熟，同时谨防谷子倒伏。

九、病害的防治

河南省谷子主要病害为白发病、黑穗病、红叶病，其防治原则为预防为主，综合防治，以农业、生物防治为主，化学防治为辅。其防治方法为选用抗病品种，选留无病种子，拔除病株、烧毁或深埋，春谷应适当晚播，使用瑞毒霉、拌种双、甲基异硫磷等农药对种子进行拌种、闷种。

十、收获时期

谷子蜡熟末期或完熟初期应及时收获，此时谷子下部叶变黄，上部叶黄绿色，茎秆略带韧性，谷粒坚硬，种子含水量为20%左右。谷子收获过早，籽粒不饱满，谷粒含水量高，出谷率低，产量和品质下降；收获过迟，纤维素分解，茎秆干枯，穗码干脆，落粒严重。如遇雨则生芽、使品质下降。谷子脱粒后应及时晾晒，干燥保存。谷籽粒小壳硬，库存期间虫害不重，主要应防止鼠害。

上述栽培技术中选用优种是谷子丰产的内因，选地整地是谷子生产的基础，适期播种是培育壮苗的关键，合理施肥、科学管理是谷子产量与品质的重要保证。

第十三章　优良种质资源在栽培中的应用

第一节　作物品种与育种目标

在农业生产上，选用优良品种，生产数量足、质量好的种子，采用适合品种特性的栽培条件，才能充分发挥其增产作用，从而获得较大的经济效益。为了满足农业生产对良种种子数量和质量上的要求，必须加速繁殖新育成品种和现有良种，以及杂交种的亲本，并配制优良的杂交种，尽快生产出足量的优质种子应用于生产，实现品种优良化，种子质量标准化。作物良种繁育学就是研究加速良种种子生产，以获得大量优质种子的基本原理和方法技术。它所研究的内容综合性强，注重基础理论与应用技术相结合，是一门指导良种繁育工作的应用科学。

一、品种与农业生产

种子是农业最基本的生产资料，是从事农业再生产、扩大再生产的基础和前提，是人类赖以生存的最基本食物来源及畜禽饲料，同时又是工业的原料。因此，选用优良品种及高质量的种子，在提高产量，改进产品品质上具有重大意义。

从事良种繁育工作，明确什么是品种，将有利于认识，繁育和利用品种。

（一）品种的概念

品种是人类根据经济上的需要，将野生植物驯化成栽培植物，并经长期培育和不断选择而形成的作物群体，以及利用现代化技术所获得的新类型。它具有相对稳定的遗传性，从而表现出比较一致的性状，并能在一定的自然、栽培条件下获得高额而稳定的产量和品种优良的产品，从而满足农业生产的要求。

品种是人类创造的，具有经济价值的作物群体，是经济上的类别，不是植物分类学的单位。

优良品种在农业生产上的经济价值，是有时间性和地区性的。如果一个优良品种由于没有做好良种繁育，发生了混杂退化；或因不能适应改变了的生长地区，栽培条件，耕作方式以及病虫分布；或者因为人类对于产量和品质的要求不断提高，新的优良品种育成，失去农业生产上的作用，不能再作为农业生产资料，也就不是一个优良品种。

（二）优良品种的性状

一个优良品种应该具有比较一致的性状，在形态特征，生物学特性和主要经济性状上应较相同，尤其是哪些影响着产量和品质的主要性状。但这种性状上的一致程度，也决定于作物的种类，生产地区和对产品的要求。一些作物的品种在形态特征，生物学特性上的一致性要求较高，不然就会显著地影响产量和品质；另一些作物品种性状的一致性较差，也不至于降低其应用价值。

优良品种是在一定生态条件下，具有遗传性稳定的优良性状，适应性也强的作物生态类型。它们对于生态条件有较强的适应性，能比较充分地利用自然和栽培中的有利条件，抵抗和减轻不利因素的影响，因而适应性较好，表现高产、稳产、优质、低消耗。例如，小麦优良品种能充分利用生产中的有利条件，产量较高；抗病，抗逆性强，产量比较稳定；蛋白质含量高，加工品质好；便于栽培管理和机械化操作；利用肥，水比较经济，抗病力强，消耗农药少，生产成本较低。由此可见，优良品种是具有稳定的优良性状，适应性强，增产效果显著，在生产上起高、稳、优、低作用的农业生产资料。

良种的遗传性是相对稳定的，这才能在适合的栽培条件下，表现其优良的性状，也才能通过相应的繁育技术，生产出纯度高，生活力强的优质种子应用于生产。

品种的适应性是由多方面因素构成的。优良品种的高、稳、优、低是品种各性状间的协调性，个体与群体间的协调性，对于自然，栽培条件综合适应的结果。

综上所述，优良品种具有高产、稳产、优质、抗病、抗虫、抗逆力强和适应性广等综合的优良性状。这些性状之间相互联系、相互影响、相互制约的、不能孤立、片面地强调某一性状，而且性状间要能协调，以适应自然、栽培条件。

二、育种目标

开展育种工作时，首先必须制定育种目标。育种目标就是对所选育的新品种的具体要求，即具有哪些优良性状。现代农业对新品种提出了不同的要求，归纳起来可概括为以下几点。

（一）高产

高的经济产量是普遍追求的主要目标之一，只有充分发挥品种的增产潜力，才能实现单位面积的较高产量，才能满足国民经济和人民生活对粮食的需求。

（二）稳产

稳定的经济产量也是普遍追求的目标之一，只有实现了单位面积的稳定产量，才能确保单位面积的较高产量，不至于出现产量的大起大落。

（三）优质

随着农业现代化的进展和人民生活水平的提高，对农作物品质提出了不同的要求。通过育种手段可提高农作物的营养品质，加工品质，改善外观品质，还可以培育一些满足特殊需求的品种，如糯玉米、黑稻米、彩色棉花、方形西瓜等。

（四）抗逆性强

病虫害的蔓延与为害，是造成农作物产量低而不稳的重要原因之一，培育抗病、虫品种是一种有效的手段。我国许多地区水资源缺乏对农作物产量造成严重影响，另外，旱、涝、盐碱等不良条件也限制了农业的发展，所以，培育抗逆性强的品种显得尤其重要。

（五）早熟

早熟或熟期适当是许多地区高产稳产的重要条件。早熟可提高复种指数，满足耕作制度改革的要求，同时可减轻或避免某些自然灾害的危害。

由于生产条件及生产、生活要求的多样化，生产上对品种的要求是多方面的。同时，植株性状间彼此联系又相互影响。所以育种工作中，应根据各地区不同时期的特点，在解决主要问题的基础上选育综合性状优良的品种，以促进生产的不断发展，不能孤立、片面地追求某一性状而忽视其他性状。

第二节　选择和鉴定技术

一、选择的作用

选择是选育新品种和改良现有品种的重要手段，是育种过程中不可缺少的环节。

遗传、变异和选择既是生物进化的重要因素，也是人工选育新品种的理论基础。变异有自然变异和人工变异。利用自然变异，通过人工选择来培育新品种，构成了系统育种的主要内容；通过有性杂交和诱变等手段所创造的人工变异，经选择培育出各种各样的育种材料和品种，从而产生了许多育种方法。

连续定向的人工选择，可以显著地改变原始群体的性状。在作物育种史上，对一些作物的重要品质性状，如棉花的纤维长度、甜菜的含糖量、玉米籽粒的含油量和蛋白质含量等，都曾进行长期连续的定向选择，对提高其经济价值起到了很大的作用。

二、选择的基本方法

选择的基本方法有单株选择和混合选择法两种。这两种方法都可以用于对自然变异和人工变异材料进行选择。

（一）单株选择法

单株选择法是将当选的优良个体分别脱粒、保存，下一年分别种成一行（或小区），根据后代株行的表现来鉴定上年当选单株的优劣，淘汰不良株行。凡一次选择产生的后代，不发生性状分离的，就不再进行选择；如果当选单株的后代继续分离，就要进行多次的选择，直到所需性状趋于稳定为止。

单株选择法适用于自花授粉作物及常异花授粉作物群体中自然变异和人工变异个体的选择，如：小麦、水稻、棉花等作物的自然变异群体中选择优良单株培育新品种，生产原种一般也采用单株选择。异花作物，如玉米，为利用杂种优势，选育自交系必须采用单株选择法。

（二）混合选择法

混合选择法是从品种群体中，选择性状优良，相似的个体（单株、单穗、单铃），混合脱粒，下年播种成小区，与原品种进行比较、鉴定。

混合选择法用于自花授粉作物的品种改良效果较小，但在自花授粉作物的良种繁育工作中经常采用。混合选择法比较适用于对异花授粉作物进行改良和提纯，因混合选择获得的群体是由经过选择的优良植株组成的，其性状和纯度比原始会有所提高，同时由于群体内的植株间还存在一定的遗传性差异，能保持较高的生活力，避免近亲繁殖引起的生活力衰退。

选择的次数，一般自花授粉作物进行一次选择即可，常异花和异花授粉作物通常要多次混合选择才有效。

三、性状鉴定的技术

性状鉴定是进行有效选择的依据。运用正确的鉴定方法，对育种材料做出客观的科学评价，才能准确的鉴别优劣，做出取舍，从而提高育种效率，加速育种的进程。

（一）直接鉴定和间接鉴定

直接鉴定是根据被鉴定性状本身的表现进行鉴定。如：一般的形态特征可目测进行感官鉴定；植物的抗寒性，可根据作物在低温条件下所受的损害程度进行鉴定。间接鉴定是根据被鉴定性状与另一些性状的相关关系，如通过叶片的蜡质层的有无和厚薄，气孔的数目和大小以及茸毛的有无和多少，叶片的持水力等鉴定品种的抗旱性。

（二）自然鉴定和诱发鉴定

自然鉴定是在田间自然条件下对育种材料进行的一种较直观的鉴定方法。但在鉴定抗逆性时，不良的条件不是每年都发生的，需要人工创造逆境条件进行诱发鉴定，如人工创造干旱、低温、病害、虫害等条件，以便于鉴定抗旱性、抗寒性、抗病性和抗虫性等。

（三）当地鉴定和异地鉴定

育种工作中主要是在当地条件下进行鉴定，有时为了鉴定抗病虫性、光温反应特性、适应性等，需要到异地条件下进行鉴定。异地鉴定对个别灾害的抗耐性是有效的，但不宜同时鉴定其他目标性状。所以，需要在当地生产条件下表现出的性状，必须在有代表性的地块上进行田间直接鉴定，结果才可靠。

随着育种水平的提高和育种目标的多样化需求，对性状的鉴定往往需要田间、室内及多种方法同时进行。

第三节　作物育种方法与技术

一、系统育种

（一）系统育种的意义

系统育种是根据育种目标的要求，在现有品种群体中，通过连续单株选择的方法，选出优良的变异个体（单株、单穗、单铃），经过后代鉴定，进而育成新品种的方法。

系统育种法在棉花育种中一直占有重要地位。此法具有简便易行、收效快的特点，但也有一定的局限性。因为它是从品种群体的自然变异类型中选择优良个体而培育成新品种的，一般来说，自然变异的概率，尤其是符合人类要求的有利变异的概率是很低的，所以选择率不高；同时，应用连续单株选择育成的品种，是由一个单株繁衍而成的群体，其遗传基础较贫乏，遗传可塑性变小，对复杂的外界条件的适应力差，改进提高的潜力有限。所以，一些用系统育种法育成的品种，虽然在某个性状上有所改进，但其综合性状难以有较大的突破。因此，随着育种目标的多样化和育种技术水平的提高，系统育种法的作用日趋减小。

（二）系统育种的程序和方法

1. 系统育种程序

系统育种从选株开始到育成品种并推广，要经过一系列的实验过程。如下图所示。

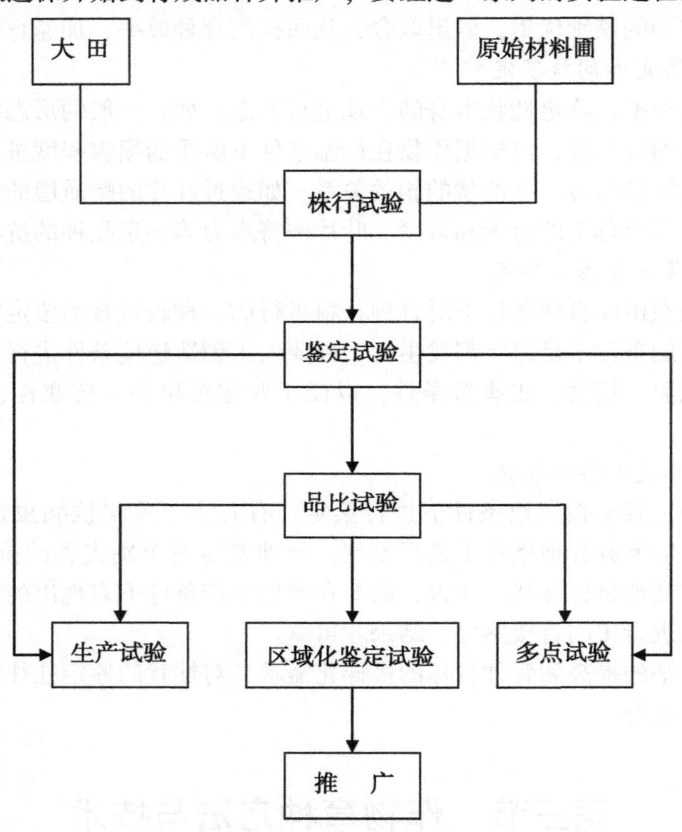

（1）选择优良变异植株（穗、铃）　在田间或原始材料圃中选择符合育种目标的优良单株，田间选株要挂牌标记，以便识别。再经室内复选，淘汰性状表现不好的单株（穗、铃），当选的单株（穗、铃）分别脱粒保存，作为下年试验播种使用。

（2）株（穗、铃）系试验　将上年入选的单株分别种植成株行。每隔 9 个或 19 个株行种上原品种作为对照，后代鉴定是系统育种的关键。在选择关键时期，如各个生育期，发病严重期、成熟前期，观察鉴定各个单株后代的一致性和各种性状表现严格选优。入选的优系再经室内复选，保留几个、十几个、最多几十个优良株系。如果入选的株系在主要性状上表现整齐一致则可称为品系，下年参加品系比较试验。当个别表现优异但尚有分离的株系可继续选株，下一年仍参加株系试验，即采用多次单株选择，直到选出主要性状符合育种要求，且表现整齐一致的品系。

（3）品系鉴定试验　以较大的小区面积鉴定品系的生产能力和适应性。各入选品系相邻种植，并设置2~3次重复以提高试验的精确性。试验条件应与大田生产接近，保证试验的代表性。品系比较试验进行2年。根据田间观察评定和室内较全面的考种以及品质鉴定，选出比对照显著优越的品系1~2个参加品比试验。表现优异的品系，在第二年品系比较试验的同时，应加速繁殖种子，以便进行生产试验。

（4）品种试验比较　对品系鉴定试验选出的优良品系进行最后的筛选和全面评价。在连续2~3年品比试验中，均比对照品种显著增产的为当选品种，即可申请参加国家组织的区域性试验，审定合格后，定名推广。

（5）区域化试验　是对各单位选送的品种，根据品种特性划分自然区进行鉴定，以便客观地鉴定新品种的推广价值和最适宜的推广区域，对品系鉴定、品比试验和区域化试验中表现优异的品系、品种可在各地接近大田生产条件下，同时进行大面积生产试验鉴定和栽培试验。

2. 选择优良变异单株时应注意的问题

系统育种根据所选单株的性状表现，可以采用一次单株选择或多次单株选择法。在选择过程中，应注意以下几个环节。

（1）选择对象要恰当　从我国育种实践来看，系统育种的选择对象绝大多数来自生产上广泛栽培或即将推广的品种，这类品种综合性状好，产量高、品质好，适应性较强。实行优中选优，以保持和提高其优良性状，克服其不良性状，最易见效。

（2）选择目标要具体、明确，选株数量要适当　供选择的群体大小和选株数量，应视具体情况而定。一般来说，在改良品种时，群体愈大，选株数量愈多，成功的可能性愈大，但相应会增加育种的工作量。

（3）准确观察和鉴定　系统育种的关键是在株行或穗行阶段，只有根据单株后代的表现才能正确鉴别当选单株的优劣，因此，应在整个生育过程中，尤其是在关键时期和性状显现的有利时期进行观察鉴定比较。

二、杂交育种

自然界通过生物群体间的天然杂交而产生变异，是自然选择和生物进化的物质基础。人类通过人工杂交和选择，有意识地将不同亲本的理想基因组合在一起，创造新的种质资源，选育前所未有的优良新品种。杂交育种是当前作物育种中最常用和最有效的育种方法。

（一）杂交育种的亲本选配

通过不同品种间杂交获得杂种，再对杂种后代进行选择、鉴定、培育，以产生新品种的方法，称为杂交育种。杂交育种之所以能培育出综合性状优良的新品种，就在于充分利用了基因的重组、累加和互作，将分别属于不同品种的、控制不同性状的优良基因重新结合，或是将双亲中控制同一性状的不同微效基因积累于一个杂种个体，通过定向选择育成集双亲优点于一体的新品种，或是培育成在某性状上超过亲本的优良类型。因此，选配亲本是杂交育种成败的关键，一个优良的杂交组合，往往能在不同的育种单位分别育成多个优良品种。相反，如果亲本选配不当，即使在杂交后代中精心选择多年，却仍徒劳无功。

亲本的选配应遵循的原则：

一是双亲应优点多、缺点少，亲本之间的优、缺点能互补。

二是至少应选择对当地适应的推广品种作亲本之一。

三是注意选用遗传差异性大的亲本。

四是选用遗传力强且一般配合力好的品种作亲本。

(二) 杂交育种技术

1. 杂交技术

掌握熟练的有性杂交技术是开展杂交育种工作的前提，杂交工作开展前，需了解作物的花器构造、开花习性、授粉方式、花粉寿命及胚胎受精能力持续的时间等问题。杂交的方法与技术虽因作物而异，但也有其共同原则。

(1) 调节开花期　如果双亲品种在正常播种期播种情况下花期不遇，则需要用调节花期的方法使亲本间花期相遇。最常用的方法是分期播种，一般是将早熟的亲本或主要亲本每隔7~10天为一期，分3~4期播种。对于具有明显春化阶段的作物，进行春化处理常能有效地促进抽穗。还可以根据作物品种类型对光照的反应，予以光照处理，此外，也可采取一些农业技术措施，如地膜覆盖、合理施肥、调整种植密度及中耕断根等起到延迟或提早花期的作用。

(2) 控制授粉　准备用作母本的材料，必须防止自花授粉和天然异花授粉。因此，需在母本雌蕊成熟前进行人工去雄或隔离。常用的去雄方法是人工夹除雄蕊法。花较大、雄蕊数目不多的禾谷类作物，选择健壮适时的穗，剪除顶端及发育不良的小穗小花，用镊子夹除雄蕊。棉花的花，在柱头外包有雄蕊管，可将花连同雄蕊管用手一起剥掉的方法去雄。豆科植物可以除去花冠，再将雄蕊一一去掉。花小、人工去雄难的作物，可利用雌雄蕊对温度的不同敏感性实行温度杀雄。去雄的花朵要套玻璃纸袋进行隔离。

授粉最适时间一般是在该作物每天开花最盛的时候，此时采粉较易，柱头受精能力最强，所以，采的花粉应是来自父本典型株上的新鲜花粉。

(3) 授粉后的管理　杂交后在穗或花序下挂上小纸牌，表明父母本的名称，去雄、授粉日期，书写要工整。授粉后1~2天及时检查各花朵状态，对授粉未成功的花可补充授粉，以提高结实率，保证杂种种子数量。

2. 杂交方式

(1) 单交　用A×B或A/B表示，A、B为父、母本，有正、反交之说。

单交的特点：只进行一次杂交，简单易行，时间经济，杂交和后代群体的规模也较小。当A、B两个亲本的优缺点能够互补，性状总体基本上符合育种目标要求时，单交的育种效果一般是好的，应尽量采用单交方式。

(2) 复交　在两个以上亲本间进行一次以上的杂交称为复交。一般先配单交组合，再将这些组合相互杂交，或与其他品种杂交。

三交 (A×B) ×C，或表示A/B//C，A、B两个亲本的核遗传组成在这个杂交组合

的 F_1 中各占 1/4，而 C 为 1/2。

四交　｛（A×B）×C｝X 天，或表示为 A/B//C/3/天；其中 A、B 各占 1/8，C 占 1/4，天占 1/2。

双交　双交是指两个单交的 F_1 再次杂交，参加杂交的亲本可以是 3 个或 4 个。（A×B）×（CX 天）、（A×B）×（A×C）或表示为 A/B//C/天、A/B//A/C。

复交的特点是：要进行两次或两次以上的杂交，杂交工作量大，F_1 出现性状分离，杂种遗传基础比较复杂，其后代群体分离更广泛，分离时间长，群体规模要比单交大，经多代选择有可能获得综合多个亲本性状的优良类型。

（3）回交　指两个品种杂交后，杂交后代再与亲本之一进行重复杂交。可进行一次，也可进行多次。

3. 杂种后代的处理

（1）系谱法　自杂种第一次分离世代开始选单株，分别种植成株行，即系统；以后各世代均在优良系统中继续进行单株选择，直至选到优良一致的品系。在选择过程中，典型的系谱法要求对材料所属的杂交组合、单株、株行、株系群等按亲缘关系编制号码和进行性状的记载，以便于查找系统历史与亲缘关系，所以称为系谱法。

其常规工作如下。

杂种一代（F_1）种植 F_1 和 F_2 的地块通称杂种圃。在杂种圃内按杂交组合顺序排列，点播杂交种子，并相应播种对照品种及亲本以便获得足够的种子。两个纯合亲本杂交所得 F_1，植株之间表现一致，所以一般不选单株。必要时也可选单株。按组合混合收获，写明行号或组合号，如选择单株时，应将所选单株单独收获并编号。

杂种二代（F_2）或复交一代　按杂交组合点播，同时，在田间均匀布置对照并播种亲本行，以便根据各杂种植株最邻近的对照行表现选择单株。参照亲本及 F_2 表现，了解亲本的性状遗传特点，为选配亲本积累经验。

（2）混合种植法　在自花授粉作物的杂种分离世代，按组合混合种植，不予选择，直到估计杂种后代纯合率达到 80%以上时、或在有利于选择时，如病害流行或某种逆境条件如旱害、冻害严重年份，才进行一次单株选择，下年种成株行，根据其后代表现选拔优良系统升级鉴定比较。

混合种植法的理论依据是：一是育种目标性状多属于数量性状，它们是由许多具有累加效应的微效基因所控制，在杂种后代中形成连续性变异，易受环境影响，遗传力在早代很低，所以，不如等到高世代纯合个体百分率增加后再行选择。二是杂种 F_2 是不同基因型组成的群体，判断优良基因型准确性差，所以，F_2 的选择工作十分困难。三是由于受到种植群体的限制，对 F_2 进行严格选择，不可避免地会损失许多对产量有利的基因，而混合法具有较大的杂种群体，从而可能保存大量的有利基因，提供在各个世代中继续重组的机会。

（3）系谱法与混合种植法的比较

首先对质量性状或遗传力较高的数量性状，用系谱法在早代选择，可起到定向选择的作用。育种工作者可以及早地集中力量掌握少数优良系统，及时组织试验、示范。繁殖，这是系谱法的优点。混合种植法是在种植若干年后才进行个体选择成为系统，而在杂种群体中选择个体要比在系统中选择困难得多，选择数量必须加大，使得第二年的系统选拔工作更为繁重，此外，花费的时间较长。其次，系谱法从 F_2 起实行严格选择，中选率极低。为了严格选择，有时不得不把一些选择可靠性极小的性状也列入选择标准，实际选择效果不高，有时反而淘汰了不少有利基因，使育成的新品种遗传基础比较狭窄。运用混合种植法则可为有利基因的保存、重组、累加提供较多的机会，所以，可能选到产量潜力高的个体。再次混合种植法与系谱法相比，在同等土地面积上能种植更多的杂交组合和保存更多类型的植株。

第四节　杂种优势的利用

一、杂种优势的概念

杂种优势是一种普遍的生物学现象，它是指两个遗传组成不同的亲本杂交，杂种第一代在生长势、生活力、适应性及产量和品质等方面比其双亲和后代都优越的现象。

利用杂种优势不仅可以提高产量，改善品质，而且还可以提高作物的抗逆性和适应性。目前利用杂种优势成功的作物主要有：玉米、水稻等。

二、杂种优势的表现

从生物学角度看，根据 F_1 杂种优势表现可概括为三种类型：第一种是杂种营养体发育较旺盛的营养型，主要表现为茎、叶、根等营养体发育快而健壮，优势明显。第二种是杂种生殖器官分化快而健全，繁殖力强，粒多、粒大、籽粒产量高。第三种是杂种对不良环境适应力强的适应型，主要表现为 F_1 的适应性广，抗逆性强。当然，这种杂种优势表现型的划分只是相对的，是指某种作物在某一方面的杂种优势较明显或利用价值较高而言。实际上，杂种优势的表现是综合的。例如，杂交水稻在营养体上表现为茎叶繁茂、健壮，根系发达；在抗逆性上表现为抗寒、抗病和抗旱能力大大增强；在繁殖能力上表现了穗多、穗大，粒多、粒大，因而表现了高产、稳产。

三、利用杂种优势的基本条件

一是要有纯度高的优良亲本品种或自交系。

二是亲本间杂交一代要有强大的杂种优势。

三是亲本的繁殖和杂交种的配制简单易行、种子生产成本低。

四、杂交种的类别

根据作物的繁殖方式，花器构造和繁殖系数等特点，可利用不同类型的杂种于生产。

（一）品种间杂交种

对于雌雄异花或雌雄同花但去雄方便的作物（如玉米、棉花等），可采用品种间杂交的方式，这是一种简便有效的方法。

(二) 自交系间杂种

对于容易人工自交的作物（如玉米等），可利用自交系间杂种。利用自交系间杂交种的杂种优势，是目前生产上普遍采用且增产效果显著的一种方法，一般比优良品种可增产25%~40%或更多。利用自交系间杂交种的特点是：育种程序复杂，所需时间长，但所配出的杂种生长整齐一致，优势明显。由于F_2出现严重的性状分离，优势急剧下降，所以，一般不宜利用自交系间杂种的F_2及以后各代。

(三) 自交不亲和系间杂种

有一些作物如油菜、甘薯等，它们的某些品系虽然雄蕊正常，能够散粉，但自交或系内兄妹交均不结实或结实极少，这种特性称自交不亲和性，具有这种特性的品系叫自交不亲和系。对于具有自交不亲和性的作物，可利用自交不亲和品系间杂交种。

(四) 种间杂交种

某些种间杂交一代结实率不降低的作物，可利用种间杂交优势。如陆地棉产量较高、较早熟，海岛棉纤维品质好，但成熟晚、产量低，用陆地棉和海岛棉杂交，可获得产量高、纤维品质好的品种。需指出的是，并不是所有作物或同一作物的任何两个种间都可以利用这种优势，因为种间杂种一代的结实率往往较低，而影响优势表现。只有F_1结实正常的，才能利用种间杂交优势。

五、利用种间杂交优势的途径

(一) 利用人工去雄制种

人工去雄配制杂交种是杂种优势利用的常用途径之一。适于人工去雄配制杂交种的作物应具备3个条件：①花器较大，易于人工去雄；②人工杂交一朵花能得到数量较多的种子；③种植杂种时，用种量小。

(二) 利用化学药剂杀雄制种

化学杀雄是在植物花粉形成以前或发育过程中，选用内吸性化学药剂，用适当的浓度和时期，喷洒在植株上，由于雌雄性器官对化学药剂反应的敏感性不同，在不影响雌性器官的前提下阻止花粉的形成或花粉的正常发育，使花粉失去受精能力，达到去雄的目的。适用于花器小，人工去雄困难的作物，如水稻、小麦等。

(三) 利用标记性状制种

用某一显性或隐性性状作标志，区别真假杂种，就可用不去雄授粉的方法获得杂种。具体方法：给杂交父本选育或转育一个苗期出现的显性标志性状，或给杂交母本选育或转育一个苗期出现的隐性标志性状，用这样的父、母本进行不去雄放任杂交，从母本上可收获自交和杂交的两类种子。播种后根据标志性状，在间苗时拔除具有隐性性状的幼苗，即假杂种或母本苗，留下的具有显性性状的幼苗就是杂种植株。

(四) 利用自交不亲和性制种

在生产杂交种子时，利用自交不亲和系作母本，以另一个自交亲和系作父本，从母本上收获的就是杂交种。如果双亲都是自交不亲和系，就可以互为父、母本，从两个亲本上采收的种子都是杂交种。

（五）利用雄性不育性制种

利用雄性不育性制种是克服人工去雄难的最有效的方法。因为雄性不育特性是可以遗传的，选育出雄性不育系及其保持系后，便可以从根本上免除去雄的手续，大大提高制种的效率。

六、杂交制种技术

为配制出纯度高、质量好、数量多的杂交种子，供生产用，必须搞好制种工作。其具体做法是：

（一）安全隔离

杂交种子生产制种区必须安全隔离，严防非父本的花粉飞入制种区，影响杂交种子质量。具体的方法有：空间隔离、时间隔离、自然屏障隔离和高秆作物隔离。

（二）规格播种

1. 确定父、母本播种期

使父、母本的开花期相遇良好，这是杂交制种成败的关键。一般情况下，若父、母本花期相同或母本比父本早开花 2~3 天，父、母本可同期播种；若母本开花过早或较父本开花晚，父、母本应分期播种，先种开花晚的亲本，隔一定天数再种另一亲本。

2. 规定父、母本行比

在保证有足够的父本花粉前体下，应尽量增加母本行数，以便多收杂种种子。

3. 提高播种质量

力求做到一次播种全苗，既便于去雄授粉，又可提高种子质量。必须严格把父本行和母本行分开，不得错行、并行、串行和漏行。

（三）精细管理

在出苗后要经常检查，两亲本生长状况，判断花期是否相遇。在花期不能良好相遇的情况下，要采用补救措施，如对生长慢的可采取早间苗，早定苗、留大苗，偏肥、偏水等，促进生长；对生长慢的可采用晚间苗、晚定苗、留小苗，控制肥水，深中耕等办法，抑制生长，以及按照作物特点，采用促进或抑制生长的其他办法。

（四）去杂去劣

为提高制种质量，在亲本繁殖区严格去杂的基础上，对制种区的父、母本也要认真去杂去劣，以获得纯正的杂种种子。

（五）去雄授粉

根据作物的特点和采用相应的去雄授粉方法，做到去雄及时、干净、彻底，授粉良好。玉米、高粱、水稻、小麦等风媒作物，可进行若干次的人工辅助授粉，提高结实率，增加产种量。有时还采用一些特殊措施，如玉米的剪苞叶、剪花丝等，促进授粉杂交。

（六）分收分藏

成熟后要及时收获。父、母本必须分收、分藏，严防人为混杂。一般先收母本，再收父本。折断落地的株、穗，在不能确切分清是父本还是母本时，不能作为种子用，按杂穗处理。

第五节　引　种

一、引种的作用

广义的引种，是指从外地区或外国引进新的植物、新作物、新品种以及为育种和有关理论研究所需要的各种品种资源材料。在生产上所说的引种，是指从外地区或外国引进作物品种，经过试验比较，表现适应性强，比当地推广品种增产，能直接在本地区推广种植。

现今世界各地广泛栽培的各种植物类型，大多数是通过相互引种，并不断加以改进、衍生，逐步发展而丰富起来的。引种是利用现有品种资源最简易而迅速有效的途径，不仅可以扩大当地作物种类和优良品种种植面积，充分发挥优良品种在生产上的作用，是解决当地生产对良种迫切需要的有效措施之一，而且能充实品种资源，丰富育种的物质基础。因此，引种也是育种工作的重要组成部分。

二、引种的理论

气候相似理论。任何一种作物都是在一定的自然条件下和耕作栽培条件下，通过长期的自然选择和人工选择而形成的。同一种作物的不同的生态因素会有不同的反应，表现出相对不同的生育特性，如光温特性、生育期长短、抗性、产量结构及品质等生态性状。任何生态因素都是通过生态环境复合体起作用的，其中，气候因素是首要的和先决的，土壤因素则在很大程度上决定于气候因素，生物因素又受气候因素和土壤因素的影响。

为了减少引种的盲目性，提高引种的预见性和成功率，引种地区间的气候条件必须相似，即气候相似理论。其基本要点是：地区之间在影响作物生产的主要气候因素方面，应该足以保证植物品种相互引用成功。

三、引种的规律

1. 低温长日照植物的引种规律

低温长日照植物从高纬度地区（如我国的东北、华北、西北）引种至低纬度地区（如我国的南方）种植，由于低纬度地区冬季温度高于高纬度地区，春季日照短于高纬度地区，往往不能满足其发育阶段对低温和长日照的要求，表现生育期延长，甚至于不能开花，但营养器官生长旺盛；反之，低纬度地区的植物向高纬度地区引种，由于植物发育过程中对低温的要求能较早的得到满足，过快通过春化阶段，且光照时数较短，较快通过光照阶段，由营养生长转入生理生长，表现生育期缩短，植株小，产量低，也易遭受冷害。

2. 高温短日照植物的引种规律

高温短日照植物从低纬度地区引种到高纬度地区，由于高纬度地区不能满足植物生长发育对温度和日照的要求，往往表现生育期延迟，植株增高，穗、粒可能增大但易早霜冻；反之，从高纬度地区引种到低纬度地区，则表现生育期缩短，提早成熟，植株、穗、粒变小，产量下降，特别是引种到低纬度地区又延迟播种，营养生长期明显缩短，产量很低。

因此，南种北引，引早熟品种类型；北种南引，引晚熟品种类型，一般均易成功。

引种时还必须考虑海拔高低。从温度上考虑一般海拔每升高 100 米，相当于纬度增高 1 度。因此，同纬度的高海拔地区和平原地区之间的引种不易成功，而纬度偏低的高海拔地区与纬度偏高的平原地区间的引种成功率较高。

四、引种的原则

（一）引种要有明确的目的性

为提高引种效果，避免盲目引种，必须针对本地区生态条件、生产条件及生产上种植的品种所存在的问题，确定引入品种的类型和引种的地区。对引种地区的生态条件、品种对温度和光照反应的特性做详细的了解，要考虑本地区和品种原产地之间生态条件差异的程度，研究引种的可行性。要特别注意考察所引品种生育期是否适应当地的耕作制度。根据需要和可能进行引种，切不可盲目贪多，以免造成不应有的损失。

（二）要坚持引入试验

引入的品种适应性和增产潜力如何，能否在生产上推广种植，必须经过试验才能确定。因此，对引入品种要先进行小面积的观察试验，了解其生育期、产量性状、抗逆性、适应性等，并与当地主要栽培品种进行比较。从中选出最好的品种，要在较大面积上进行品种比较试验和多点试验，以便更全面地了解品种的生产能力和适应性，恰当地确定推广使用的价值和适宜的推广范围。与此同时，要进行栽培试验，摸索适合该品种的栽培技术措施。

（三）要有组织的进行引种

不管是生产性引种还是育种资源材料的引种，都要在有关主管部门领导下，有组织有计划的进行。要建立严格的引种手续和登记、试验、保存制度，引入品种要统一编号登记，国外品种要统一译名，搞好品种交流，扩大利用范围，充分发挥引入品种的作用。

五、引种的注意事项

（一）加强检疫工作

引种是传播病虫害和杂草的一个重要途径，国内外在这方面有许多严重教训。从外地，特别是国外引进的种子，一定要严格遵守种子检疫制度，做好检疫工作，严防带进检疫性病虫害和杂草。为确保安全，新引入的材料在投入引种实验前，应特设检疫圃，隔离种植。在鉴定中如发现检疫对象，有新的危险病虫和杂草，应采取根除措施，不得使其蔓延。

（二）进行种子检验

引入品种经过一系列引种试验确定推广后，如要从原产地大量调入种子，必须在调运前先对种子的含水量、发芽率、净度和品种纯度等方面，按照各级种子规定的标准进行检验。符合规定标准的，方可调运；不符合规定标准的，则应采取补救措施或停止调运。

（三）引种与选择相结合

新引入的品种往往会出现一些变异个体。产生变异的原因一般是由原产地和引入地区自然条件的差异以及品种本身的遗传基础所决定。为了保持所引品种的优良种性和纯度，在生产种植过程中要注意进行去杂去劣，或采用混合选择法留种。对优良变异植株则分别脱粒、保存、种植，按系统育种程序选育新品种。

第六节　品种的混杂和退化

一、品种混杂、退化的概念

品种的混杂退化是指品种在生产栽培过程中，纯度降低，种性发生不良的变异，失去了品种原有的形态特征，抗逆性、适应性减退，产量下降和品质劣化等现象。目前，品种混杂退化最严重的是玉米品种，在一些地区，有的品种纯度只有70%~80%，有的自交系在形态特征、生物学特性或配合力上，都几乎完全失去了原有特点，严重地影响着制种产量和玉米生产。

二、品种混杂、退化的原因

一个优良品种混杂退化以后，直接影响产量和品质。引起农作物品种混杂退化的原因很多，主要有以下几个方面。

（一）机械混杂

机械混杂就是良种繁育过程中，不按良种繁育技术规程办事，操作不严，使一个良种混入了别的作物，或同一作物不同种、品种、类型的种子。这是品种混杂的主要原因。不论什么品种，一旦发生混杂以后，就会降低品种性状的一致性，不便于栽培管理，造成加工上的困难，降低产品的利用率。

机械混杂是良种在收获、脱粒、晒种和贮藏的过程中，由于人为的疏忽或条件的限制造成的。在装运、种子处理（浸种、拌种）、播种和补种时也容易发生机械混杂。对已发生机械混杂的，应该及时拔除干净，否则，就会逐年加重。

（二）生物学混杂

生物学混杂一般是由同一作物不同品种发生天然杂交，造成品种间的混杂。但有时某些不同种的作物，在自然情况下，也可能发生天然杂交。

（三）授粉不良

异花授粉作物自由异花授粉受到限制，或授粉不充分，也会引起品种混杂变质。异花授粉作物在自交或异花授粉不充分时，遗传基础贫乏，降低了后代的生活力，优良性状就得不到充分的发育，也会减弱对不良环境的抵抗性，降低产量和种子质量。

(四) 品种遗传性发生变化和自然突变

一般的说，一个良种基本上是一个纯系，但不是绝对的，个体间遗传性上总会有些差异，特别是那些杂交育成的品种。有的遗传性尚未十分稳定，某些杂合基因型还会发生分离，个体间还在继续进行生理和形态上的分化。如果在良种繁育中，不继续加以选择而任其自然分离，就会出现很多劣株，而发生严重的混杂退化。各类作物品种，在自然情况下都会发生频率很低的突变。良种的某些性状一旦发生突变，产生了不良植株，如果不经过人工选择和淘汰，不良的变异类型增多，品种纯度下降，也会导致混杂退化。

(五) 不适合的繁殖和选择方法

无性繁殖作物采用不适当的繁殖方法，或不良器官繁殖，使其种性变劣，也会降低品种的适应性和生活力而引起品种混杂退化。在良种繁育过程中，没有正确地按良种的各种性状进行选择，把非典型的和生活力弱的个体加以淘汰，年复一年，杂劣植株增多，也会使良种迅速的发生混杂退化。

(六) 不良的环境和栽培条件

在不良的自然环境和栽培条件下，由于不适于品种性状的发育，植株生长不良，生产性能减退，种子质量降低。作物良种每一个性状的发育，都要求一定的生活条件和栽培管理技术。如果把一个良种栽培在不适合的气候、土壤条件下，栽培管理又粗放，就不能满足这个品种性状发育上的要求，因而优良的性状就得不到充分的表现，以致产量降低、品质变坏，特别是异常的环境条件，还可以使良种的性状发生变异，产生一些不良植株，严重的影响着产量和品质。

综上所述，良种混杂退化的现象是及其多样的，造成的原因也很复杂，而且是相互关联的。混杂了的品种，更易发生退化，退化了的品种势必出现混杂。机械混杂后，更易发生天然杂交，出现不稳定的后代，分离出一些不良的植株，就会较快地发生混杂退化。由于生物学混杂和不良自然、栽培条件等因素的影响，品质的遗传基础发生不良的变异，本身的一些性状变劣了出现一些不同类型的植株，降低了品种的纯度。因而生产性能、适应力、产量和品质日趋下降，以至于不符合生产上的需要，而发生严重的混杂退化现象。

三、防止品种混杂退化的方法

品种的保纯和防止退化是一个比较复杂的问题，涉及良种繁育的各个环节。为了做好这项工作，必须先了解防杂保纯、防止退化的必要性，认识到这项工作的重要意义；因此，要采取措施，做好以下几项工作。

(一) 防杂保纯

1. 制订严格的种子繁育规划，防止人为的机械混杂

(1) 合理安排繁殖田的轮作和耕耘　繁殖田不宜连作，以防上季残留种子在下季出苗而造成混杂，并注意适当的耕耘，以消灭杂草。

(2) 注意种子的接收和发放手续　在种子的接收和发放的过程中，要采取防止混杂的一切措施。不要弄错品种或种子等级，要严格检查其纯度、净度、发芽势、发芽

率等。

（3）注意种子的预措和播种　播种前的种子处理，如选种、浸种、催芽、拌种等，必须做到不同品种、不同等级的种子分别处理。用具要清洗干净，并专人负责。播种时，同一作物不同品种的繁殖地块，应相隔远些。自花授粉作物不得不相邻种植时，则两块地之间要留一隔离道，而且在收获时，相邻两块地的品种应各去掉 1 米左右作为商品粮。

（4）严格注意收、运、脱、晒、藏等操作技术　繁殖田必须单收、单脱、单晒、单藏。晒种时，要有专人负责，不同品种之间要有隔离设备。贮藏时，不同作物和品种必须分别存放，集中贮藏。优良品种的种子要袋装，内外各放一标签，标明品种名称、产地、等级、年代和重量等。以上操作的用具和场地，必须彻底清扫干净，专人负责，经常检查，以防混杂。

2. 采用隔离措施，严防生物学混杂

异花授粉作物的繁殖田，必须采取严格的隔离措施，避免因风力或昆虫传粉造成生物学混杂。常异花授粉作物也要适当隔离。隔离的方法有空间隔离、屏障和高秆作物隔离等。

采用优良的农业技术。在优良的环境条件下，良种比混入品种的成苗率高，田间纯度就相对高；反之，在不良的环境条件下，良种的成苗较低，田间纯度也相对较低。同时不良的栽培条件不仅可以增加当年的混杂程度，而且还影响下年的田间纯度。其原因是由于较差的条件下，适应性强的混入品种成苗率高，生长好，穗粒数多，影响到下年田间混杂程度高。所以，繁育良种必须选用优良的田块，并采用优良的农业技术，以防混杂退化，改善良种种性。

（二）加强选择

加强人工选择不仅可以起到去杂去劣的作用，并有巩固和积累优良性状的效果，对良种提纯有显著的作用。

按照对当选材料处理的方式不同，可将选择分为混合选择和单株选择两种基本方法。在良种繁育上，经常采用的片选（块选）、株（穗）选留种，就是混合选择。如将单株（穗）选择与混合选择相结合，即采用单株（穗）选择、分系比较、混系繁殖来产生原种，则称为改良混合选择。

（三）利用低温、低湿条件贮存原种

在低温、低湿条件下保存原种，防止混杂，保持良种种性是近代良种繁育上的一项先进技术，可有效地防止良种退化，延长良种的使用年限。

参考文献

安玉麟 . 2004. 中国向日葵产业发展的问题与对策［J］. 内蒙古农业科技（4）：1-4.

陈忠辉 . 2001. 农业生物技术（种植专业）［M］. 北京：高等教育出版社 .

官华忠，等 . 2005. 浅析中国高粱的起源［J］. 种子（24）4：76-79.

郭银之，等 . 1982. 向日葵栽培技术［M］. 哈尔滨：黑龙江科学技术出版社 .

梁一刚 . 1992. 向日葵优质高产栽培法［M］. 北京：金盾出版社 .

刘秉华 . 2006. 冬小麦亩产 1200 斤关键技术［M］. 北京：中国三峡出版社 .

牟致远，周开达 . 1989. 作物良种繁育学［M］. 成都：四川科学技术出版社 .

农业部农民科技教育培训中心 . 2011. 向日葵种植技术［M］. 北京：农业教育音像出版社 .

王庆成，孟昭东 . 2009. 高产玉米良种及栽培关键技术 . 第四版［M］. 北京：中国三峡出版社 .

余松烈 . 1979. 作物栽培学（北方本）［M］. 北京：农业出版社 .

赵广春，徐俊恒，苏成军 . 2006. 百种作物无公害施肥技术［M］. 郑州：中原农民出版社 .